"十二五"职业教育国家规划教材

经全国职业教育教材审定委员会审定

典型机床电气故障诊断与维修

主　编　王　春　杨志良

副主编　张　恒　陈洪飞

参　编　郭　坚　宁佩勇　李　俊

　　　　徐　杰　是丽云

机械工业出版社

CHINA MACHINE PRESS

本书是经全国职业教育教材审定委员会审定的"十二五"职业教育国家规划教材，是根据教育部于 2014 年公布的《中等职业学校机电技术应用专业教学标准》，同时参考维修电工、钳工、机修钳工等职业资格标准编写的。本书主要分为普通机床典型故障诊断与维修和数控机床典型故障诊断与维修两个模块，每个模块都采用了项目、任务的编写形式。本书介绍了三相异步电动机、CA6140 型车床、X62W 型万能铣床和 M7130 型平面磨床等普通机床的典型故障诊断方法及维修方法、技巧，以及 FANUC 0i Mate-D 数控系统、CK6150 型数控车床、XK5032 型数控铣床和 VDL-850 立式加工中心等数控系统的典型故障诊断方法及维修方法、技巧。

　　本书可作为中等职业学校机电技术应用、机电设备安装与维修、机械加工、数控应用技术等专业的教材，也可作为相关维修技术人员的岗位培训教材。

　　为便于教学，本书配套有助教课件等教学资源，选择本书作为教材的教师可通过 QQ（2607947860）索取，或登录 www.cmpedu.com 网站，注册、免费下载。

图书在版编目（CIP）数据

典型机床电气故障诊断与维修/王春，杨志良主编. —北京：机械工业出版社，2015.9（2025.9 重印）

"十二五"职业教育国家规划教材

ISBN 978-7-111-50595-2

Ⅰ.①典…　Ⅱ.①王…②杨…　Ⅲ.①机床-电气设备-故障诊断-中等专业学校-教材②机床-电气设备-维修-中等专业学校-教材　Ⅳ.①TG502.34

中国版本图书馆 CIP 数据核字（2015）第 136386 号

机械工业出版社（北京市百万庄大街 22 号　邮政编码 100037）
策划编辑：张晓嫒　责任编辑：王　荣　责任校对：杜雨霏
封面设计：张　静　责任印制：邓　博
北京中科印刷有限公司印刷
2025 年 9 月第 1 版第 14 次印刷
184mm×260mm・14.75 印张・359 千字
标准书号：ISBN 978-7-111-50595-2
定价：39.00 元

电话服务　　　　　　　　　网络服务
客服电话：010-88361066　　机　工　官　网：www.cmpbook.com
　　　　　010-88379833　　机　工　官　博：weibo.com/cmp1952
　　　　　010-68326294　　金　　书　　网：www.golden-book.com
封底无防伪标均为盗版　　机工教育服务网：www.cmpedu.com

本书是根据教育部《关于中等职业教育专业技能课教材选题立项的函》（教职成司[2012] 95 号），由全国机械职业教育教学指导委员会和机械工业出版社联合组织编写的"十二五"职业教育国家规划教材，是根据教育部于 2014 年公布的《中等职业学校机电技术应用专业教学标准》，同时参考维修电工、钳工、机修钳工等职业资格标准编写的。

本书以目前加工制造行业中常见的普通机床、数控机床为实践对象，通过典型故障诊断与维修实例，将机床电气故障诊断与维修的基本思路、基本方法和基本原则渗透到课程教学过程中，使学生学会查阅相关产品说明书及相关维修技术资料，掌握典型机床的操作、调整及机床电气维修常规工具、仪器、仪表的使用方法，能准确分析并排除典型机床电气系统常见故障。

本书教学内容分为两个模块：普通机床典型故障诊断与维修和数控机床典型故障诊断与维修。每个模块里设计的工作任务均来自生产一线，并逐一经过实验验证。

本书编写时，坚持理实一体化的课程改革新理念，努力体现以下编写特色。

1. 图文并茂，内容紧贴岗位要求。

在充分的市场调研下，本书内容选取了部分典型普通机床以及目前市场上占有率相对较高的数控机床作为案例进行分析说明，通过详实的图片、具体的操作步骤向读者深入浅出地介绍了故障诊断与维修的思路及方法。

2. 案例丰富，内容设计引入行业经验。

为了体现本书内容的实用性，在编写过程中聘请了行业、企业专家进行技术指导，对岗位能力、工作过程进行重新整合，以市场上典型应用机电控制设备为载体，将典型生产任务转化成学习项目，通过一个个案例的引入分析，使学生系统地掌握典型机床电气故障诊断与维修技能。

3. 任务驱动，内容编排切合能力发展。

本书充分体现任务引领、实践导向的课程设计思想，设计了 8 个项目 23 个任务，这些任务内容既覆盖了机床电气控制的关键环节，又对典型故障诊断思路进行了分析，每个任务根据各自特点、难易程度采用不同的训练模式，并结合职业技能鉴定要求组织活动内容。

本书由江苏省常熟中等专业学校王春、杨志良任主编，张恒、陈洪飞任副主编，郭坚、宁佩勇、李俊、徐杰及无锡机电高等职业技术学校是丽云参与编写。具体分工为：杨志良、陈洪飞、郭坚、宁佩勇、是丽云编写模块一，王春、张恒、李俊、徐杰编写模块二，王春、杨志良、张恒、陈洪飞负责统稿。

本书经全国职业教育教材审定委员会审定，评审专家对本书提出了宝贵的建议，在此对他们表示衷心的感谢！编写过程中，编者参考了大量的文献资料，在此向文献资料的作者致以诚挚的谢意，并感谢对本书编写给予支持的行业、企业专家。

由于编者水平有限，书中难免有错误和不妥之处，恳请广大读者批评指正。

编　者

目　录

模块一

普通机床典型故障诊断与维修

项目一

三相异步电动机电路故障诊断与维修

任务目标

1. 正确理解三相异步电动机单向连续运行电路的工作原理。
2. 能正确识读接触器自锁控制电路的原理图、接线图和布置图。
3. 能根据故障现象，检修接触器自锁控制电路。

工作任务

如图 1-1-1 所示，根据电路故障现象，利用检测工具，进行故障排除，并将故障排除过程记录在表 1-1-1 中。

表 1-1-1　故障排除过程

故障现象	故障分析及测量流程	故障检测结果

知识引导

图 1-1-1 是三相异步电动机单向连续运行电路，下面结合该电路来介绍故障排除的处理方法。

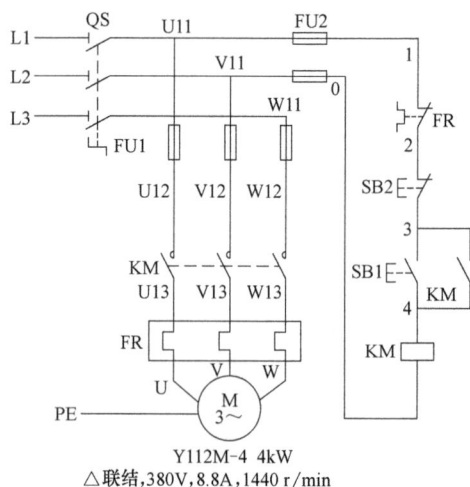

图 1-1-1　三相异步电动机单向连续运行电路

一、三相异步电动机单向连续运行电路

这种电路的主电路由熔断器 FU1、接触器主触头 KM 和电动机 M 组成。在控制电路中又串接了一个停止按钮 SB2，在起动按钮 SB1 的两端并接了接触器 KM 的一对常开触头。这种当松

开起动按钮后，接触器通过自身的辅助常开触头使其线圈保持得电的功能叫作自锁。与起动按钮并联起自锁作用的辅助常开触头叫作自锁触头。接触器自锁控制电路不但能使电动机连续运转，而且还具有欠电压和失电压（或零电压）保护作用。

工作过程如下：先合上电源开关 QS。

起动：按下SB1→KM线圈得电 ┬→ KM主触头闭合 ───→ 电动机M起动连续运转
　　　　　　　　　　　　　　└→ KM辅助常开触头闭合

停止：按下SB2→KM线圈失电 ┬→ KM主触头分断 ───→ 电动机M失电停转
　　　　　　　　　　　　　　└→ KM辅助常开触头分断

图 1-1-2 是接触器自锁控制电路接线和布置图。

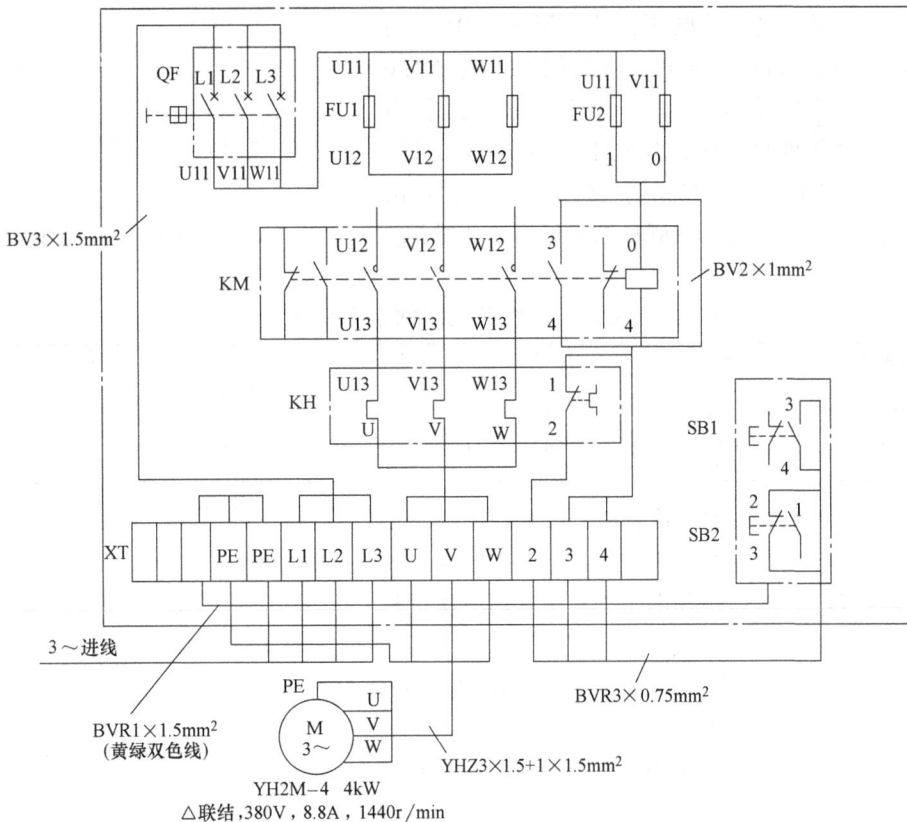

图 1-1-2　接触器自锁控制电路接线和布置图

二、电动机基本控制线路故障诊断分析的一般步骤和方法

1. 用试验法观察故障现象，初步判定故障范围

在不扩大故障范围、不损坏电气设备和机械设备的前提下，对线路进行通电试验，通过观察电气设备和电器元件的动作是否正常、各控制环节的动作程序是否符合要求，初步确定故障发生的大概部位或回路。

2. 用逻辑分析法缩小故障范围

根据电气控制线路的工作原理、控制环节的动作程序以及它们之间的联系，结合故障现象做具体的分析，缩小故障范围，特别适用于对复杂线路的故障检查。

3. 用测量法确定故障点

利用电工工具和仪表对电路进行带电或断电测量，常用的方法有电压测量法、电阻测量法、测电笔法和校验灯法。

（1）电压测量法　测量检查时，首先把万用表的转换开关置于交流电压 500V 的档位上，然后按如图 1-1-3 所示的方法进行测量。

接通电源，若按下起动按钮 SB1 时，接触器 KM 不吸合，则说明控制电路有故障。

检测时，在松开按钮 SB1 的条件下，先用万用表测量 0 和 1 两点之间的电压，若电压为 380V，则说明控制电路的电源电压正常。然后把黑表笔接到 0 点上，红表笔依次接到 2、3 各点上，分别测量出 0—2、0—3 两点间的电压，若电压均为 380V 的话，再把黑表笔接到 1 点上，红表笔接到 4 点上，测量出 1—4 两点间的电压。根据其测量结果即可找出故障点，见表 1-1-2。表中符号"×"表示不需再测量。

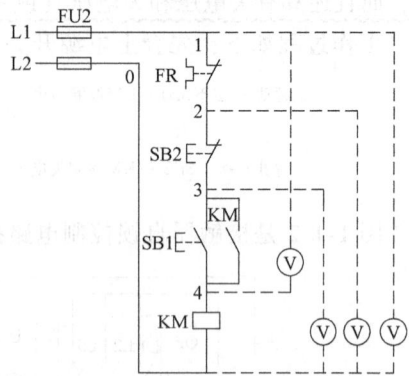

图 1-1-3　电压测量法

表 1-1-2　电压测量法查找故障点

故障现象	0—2	0—3	1—4	故障点
按下 SB1 时，接触器 KM 不吸合	0	×	×	FR 常闭触头接触不良
	380V	0	×	SB2 常闭触头接触不良
	380V	380V	0	KM 线圈断路
	380V	380V	380V	SB1 接触不良

（2）电阻测量法　测量检查时，首先把万用表的转换开关置于倍率适当的电阻档位上（一般选 R×100 以上的档位），然后按如图 1-1-4 所示的方法进行测量。

接通电源，若按下起动按钮 SB1 时，接触器 KM 不吸合，则说明控制电路有故障。

检测时，首先切断电路的电源（这点与电压测量法不同），用万用表依次测量出 1—2、1—3、0—4 各两点间的电阻值。根据其测量结果可找出故障点，见表 1-1-3。

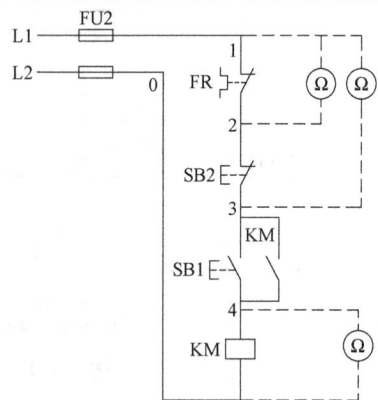

图 1-1-4　电阻测量法

表 1-1-3　电阻测量法查找故障点

故障现象	1—2	1—3	0—4	故障点
按下 SB1 时，接触器 KM 不吸合	∞	×	×	FR 常闭触头接触不良
	0	∞	×	SB2 常闭触头接触不良
	0	0	∞	KM 线圈断路
	0	0	R	SB1 接触不良

注：R 为接触器 KM 线圈的电阻值。

三、控制电路的故障分析及诊断

控制电路的故障分析及诊断见表 1-1-4。

表 1-1-4　控制电路的故障分析及诊断

故障现象	原因分析	诊断方法
按下按钮 SB1，接触器 KM 不吸合	可能故障点： 1. 熔断器 FU2 熔断 2. 热继电器 FR 触头接触不良或动作后未复位 3. 停止按钮 SB2 常闭触头、起动按钮 SB1 常开触头接触不良 4. 接触器线圈断线或损坏 FU2　FR　SB2　SB1　KM	用电阻法依次测量以确定故障点 热继电器故障时应检查电动机是否过载
接触器 KM 不自锁	可能故障点： 1. 接触器辅助常开触头接触不良 2. 自锁回路断线 KM	自锁回路检查 采用电阻测量法 断开电源，用万用表的电阻档，将一支表笔固定在 SB2 的下端头，按下 KM 的触头架，另一支表笔逐点顺序检查通路情况，当检查到电路不通的情况时，则故障在该点与上一点之间
按下停止按钮 SB2，接触器不释放	可能故障点： 1. 停止按钮 SB2 触头焊住或卡住 2. 接触器 KM 已断电，但可动部分被卡住 3. 接触器铁心接触面上有油污，上下粘住 4. 接触器主触头烧焊住 U12　V12　W12　SB2　KM	采用电阻测量法 1）停止按钮 SB2 检查：断开 QF，用万用表的电阻档，将两支表笔固定在 SB2 的上、下端头，按下 SB2，检查通断情况 2）接触器主触头检查断开 QF，用万用表的电阻档，将两支表笔分别固定在 KM 的上、下端头，检查通断情况

四、主电路的故障分析及诊断

主电路的故障分析及诊断见表 1-1-5。

表 1-1-5　主电路的故障分析及诊断

故障现象	原因分析	诊断方法
按下按钮后，接触器不吸合，电动机不能起动	可能故障点： 断路器故障、电源连接导线故障 QF　L1　L2　L3	电源电路检查 方法 1：测量电压法 用万用表 500V 交流电压档分别测量 U11-V11、V11-W11、U11-W11 间的电压，观察是否正常。若正常，故障在控制电路；若不正常，则检查电源的输入端电压。电压正常，故障点在断路器，电压不正常，故障在电源 方法 2：测电笔法 用测电笔，从三相电源端逐相逐点检查，观察测电笔是否有电。若都有电，则故障在控制电路；若某点没电，则故障点在该电路的有电和没电两点之间
按下按钮后，接触器吸合，但电动机不能起动	接触器吸合，说明控制电路没有故障，故障在主电路中 可能故障点： 熔断器 FU1 故障、接触器主触头故障、连接导线故障、电动机故障 U11　V11　W11　FU1　U12 V12 W12　KM　U　V　W　M 3~	电动机单向转动主电路检查方法： 合上 QF，接触器主触头上端头以上部分用测电笔逐点检查是否有电，故障点在有电点和没有电点之间；也可用万用表的 500V 交流电压档，通过两两间的电压测量进行故障相线判断。因为电动机不能长时间缺相运行，因此接触器主触头下端头以下部分，不能采用按下 SB 后，用测电笔检查每一相的有电的方法；因此检查时要断开电源，用万用表的电阻档逐相逐点检测通路情况，找出故障点。若主电路正常，电动机仍不能起动，则判断是电动机故障

（续）

故障现象	原因分析	诊断方法
接触器吸合后响声较大	可能故障点： 1. 电源电压过低 2. 接触器铁心接触面有异物,使铁心接触不严密 3. 接触器铁心的短路环断裂	采用测量电压法 用万用表500V交流电压档测量 FU2 的电压,观察是否正常。电压正常,则接触器故障
控制电路正常,电动机不能起动并有嗡嗡声	可能故障点： 1. 电源断相 2. 电动机定子绕组断线或绕组匝间短路 3. 定子、转子气隙中灰尘、油泥过多,将转子包住 4. 接触器主触头接触不良,使电动机单相运行 5. 轴承损坏、转子扫膛	1. 用钳形电流表测量电动机三相电流是否平衡 2. 断开 QF,可用万用表电阻档测量绕组是否断路
电动机加负载后转速明显下降	可能故障点： 1. 电动机运行中电路断一相 2. 转子笼条断裂	电动机运行中电路是否断一相点,可用钳形电流表测量电动机三相电流是否平衡

任务实施

一、准备工作

➤设备：三相异步电动机单向连续模拟控制板或者具有相似功能的实验台。

➤工具：万用表、螺钉旋具、尖嘴钳等工具。

➤情境导入：按下起动按钮后，电动机不能正常起动（人为地设定一两个故障点进行练习）。

➤任务确定：根据电路原理，结合实际故障现象，完成电动机不能正常起动故障的诊断与排除。

二、电动机不能正常起动常见故障分析与检修方法

故障一：按下按钮 SB1，KM 线圈不吸合

【分析故障范围】根据工作原理和故障现象分析得出，故障范围在控制电路部分，如图 1-1-5 所示。

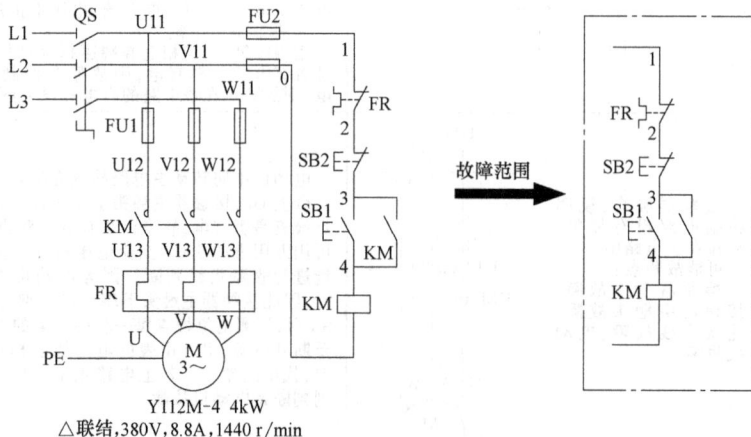

Y112M-4 4kW
△联结,380V,8.8A,1440 r/min

图 1-1-5 故障一电路图

【查找故障点】用电压测量法准确、迅速地找出故障点。

注意：1）测量时用万用表交流电压 500V 档，合上 QS 电源开关。

2）分断 QS 电源开关，然后把万用表的转换开关置于倍率适当的电阻档上，一般选 R×100 以上的挡位。

测量流程如下：

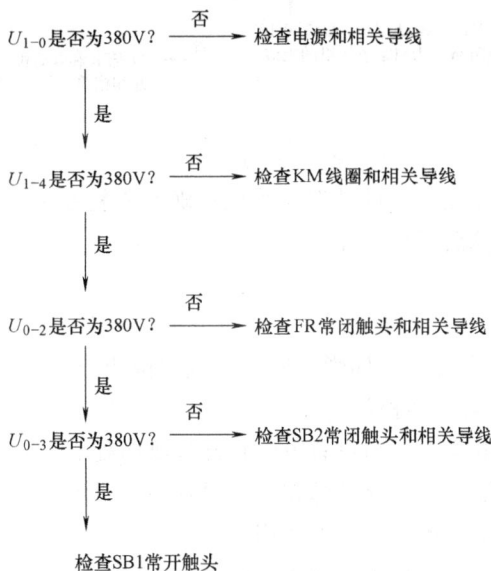

【排除故障】根据故障点的不同情况，迅速排除故障。

【通电试车】排除故障后通电试车。

故障二：按下按钮 SB，接触器 KM 线圈吸合，但电动机不转动（或断相）。

【分析故障范围】根据故障现象分析得出，故障范围在主电路部分，如图 1-1-6 所示。

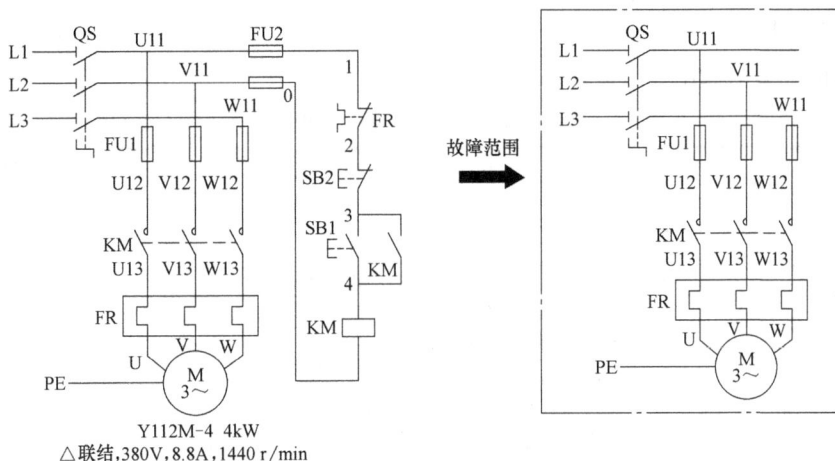

图 1-1-6　故障二电路图

【查找故障点】用测量法（电压法或电阻测量法）准确、迅速地找出故障点。

测量流程如下：

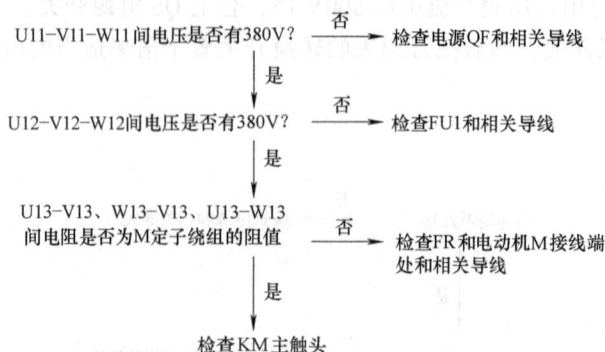

U11-V11-W11间电压是否有380V？ ——否——→ 检查电源QF和相关导线

↓是

U12-V12-W12间电压是否有380V？ ——否——→ 检查FU1和相关导线

↓是

U13-V13、W13-V13、U13-W13 间电阻是否为M定子绕组的阻值 ——否——→ 检查FR和电动机M接线端处和相关导线

↓是

检查KM主触头

【排除故障】 根据故障点的不同情况，采取正确的修复方法，迅速排除故障。

【通电试车】 排除故障后通电试车。

三、注意事项

1）按每组同学2~3人分组，同学之间相互设故障点（2~3个）并进行检修，在检修过程中如果遇到问题，可向教师提问。

2）在控制电路或主电路中人为设置电气自然故障两处。

3）要认真听取和仔细观察指导教师在示范过程中的讲解和检修操作。

4）要熟练掌握电路图中各个环节的作用。

5）在排除故障的过程中，分析思路要正确。

6）工具和仪表使用要正确。

7）不能随意更改线路以及带电触摸电器元件。

8）带电检修故障时，必须有教师在现场监护，并要确保用电安全。

9）检修必须在规定时间内完成。

任务评价

任务评价见表1-1-6。

表1-1-6 项目一任务一评价表

评价项目	内容	配分	评分标准	学生评价		教师评价
				自评	互评	
任务实施	确定故障现象	10	1. 不能正确操作连续正转线路，扣2分 2. 不能确定故障现象，经一次提示扣5分			
	确定故障范围	20	1. 不能分析故障范围，经一次提示扣5分 2. 检测方法、步骤错误，经一次提示扣5分			
	故障排除	30	1. 查出故障点但不会排除，经一次提示扣5分 2. 产生新的故障或扩大故障范围，扣5分			
安全操作与职业素养	安全操作	20	1. 个人安全措施符合要求：穿工作服、电工鞋；停电检修前必须验电；分组实施过程中须有专人监护安全操作 2. 工具和仪表使用得当，不损坏仪器设备			
	5S管理规范	20	任务实施过程中按照5S管理规范（整理、整顿、清洁、清扫、素养）执行，仪器、器件、工具摆放合理；任务完成后工位保持整洁			

巩固提高

1) 在三相异步电动机接触器自锁连续正转电路中，熔断器、热继电器和接触器是如何起到各种保护作用的？

2) 已安装合格的具有过载保护的接触器自锁控制电路板上，人为设置电气自然故障，通电运行并观察故障现象，将故障现象记入表 1-1-7 中。

表 1-1-7　故障现象记录表

故障设置元器件	故障点	故障现象
SB1	触头接触不良	
SB2	触头不能分断	
KM	线圈接头脱落	
KM	自锁触头接触不良	
KM	一相主触头接触不良	
FR	整定值调得太小	
FR	常闭触头接触不良	

任务二　　三相异步电动机正反转电路故障诊断与维修

任务目标

1. 正确理解三相异步电动机接触器联锁正反转电路的工作原理。
2. 能正确识读接触器联锁正反转电路的原理图、接线图和布置图。
3. 能根据故障现象，检修接触器联锁正反转电路。

工作任务

根据电动机正反转控制电路不能正常起动现象，利用常规检测工具，进行故障排除，并将故障排除过程记录在表 1-2-1 中。

表 1-2-1　故障排除过程

故障现象	故障分析及测量流程	故障检测结果

知识引导

正转控制电路只能使电动机朝一个方向旋转，带动生产机械的运动部件朝一个方向运动。要满足生产机械运动部件能向正、反两个方向运动，就要求电动机能实现正、反转控制。

当改变通入电动机定子绕组的三相电源相序，即把接入电动机三相电源进线中的任意两相对调接线时，电动机就可以反转。

一、三相异步电动机正反转电路

如图 1-2-1 所示的接触器联锁正反转控制电路中，接触器 KM1 和 KM2 的主触头绝不允许同时闭合，否则将造成两相电源（L1 相和 L3 相）短路事故。为了避免两个接触器 KM1 和 KM2 同时得电动作，就在正、反转控制电路中分别串接了对方接触器的一对辅助常闭触头。

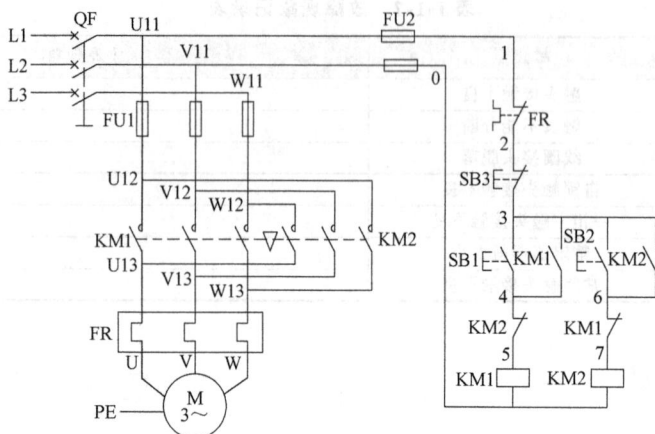

图 1-2-1　接触器联锁正反转控制电路

接触器联锁正反转控制电路接线和位置图如图 1-2-2 所示。

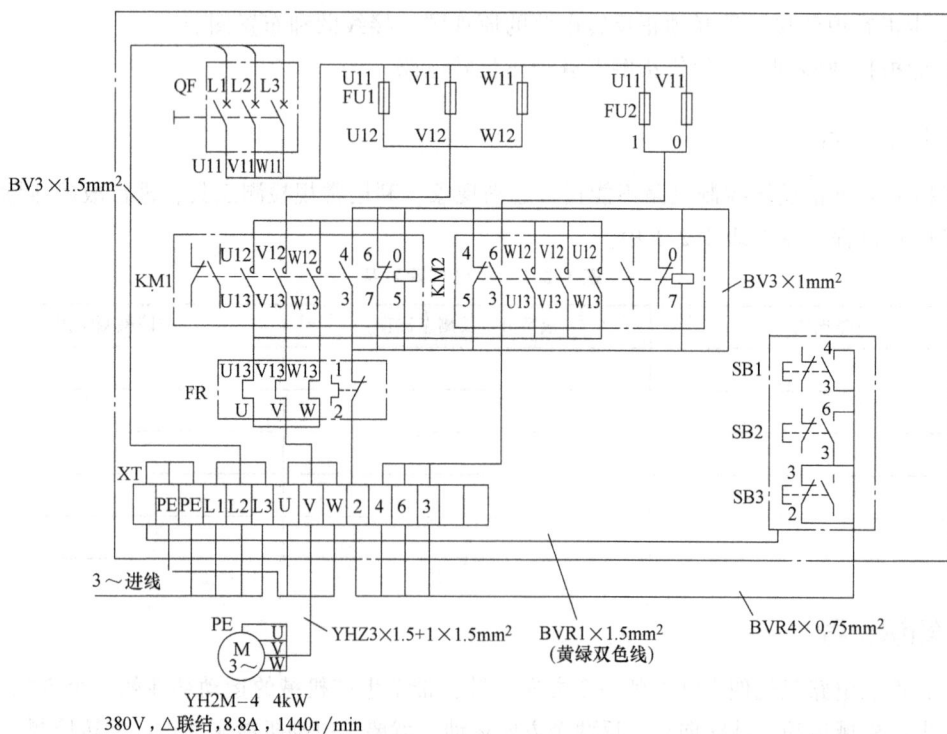

图 1-2-2　接触器联锁正反转控制电路接线和位置图

工作过程如下：

1. 正转控制

按下SB1 → KM1线圈得电
- KM1主触头闭合 → 电动机M起动运转
- 自锁触头闭合自锁
- KM1联锁触头分断对KM2的联锁

2. 反转控制

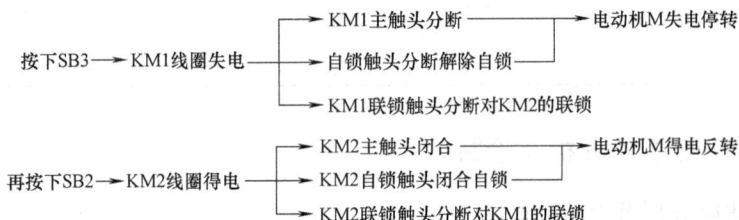

按下SB3 → KM1线圈失电
- KM1主触头分断 → 电动机M失电停转
- 自锁触头分断解除自锁
- KM1联锁触头分断对KM2的联锁

再按下SB2 → KM2线圈得电
- KM2主触头闭合 → 电动机M得电反转
- KM2自锁触头闭合自锁
- KM2联锁触头分断对KM1的联锁

当一个接触器得电动作时，通过其辅助常闭触头使另一个接触器不能得电动作，接触器之间这种相互制约的作用叫做接触器联锁（或互锁）。实现联锁作用的辅助常闭触头称为联锁触头（或互锁触头），联锁符号可用"▽"表示。

二、控制电路的故障分析及诊断

控制电路的故障分析及诊断见表1-2-2。

表1-2-2 控制电路的故障分析及诊断

故障现象	原因分析	诊断方法
正转正常，反转接触器不动作，电动机不起动	正转正常，说明FU1正常，热继电器正常，电动机正常，电源电路正常，FU2、热继电器的常闭触头、SB3正常。可能故障路径如下图 SB2 0 6 KM1 7 KM2	方法1：用测电笔检查SB2的上端头是否有电。没有电，则断开电源检查按钮SB2上端头的连接导线；有电，则按下按钮SB2用测电笔检查SB2的下端头是否有电。没有电，则按钮SB2损坏；有电，则测接触器KM1常闭触头的上端是否有电。没有电，可判断6号导线断路；有电，则测接触器KM1常闭触头的下端是否有电。没有电，则说明KM1常闭触头接触不良或损坏；有电，则测量KM2线圈的上端是否有电。没有电，则7号线断路；若有电，则测量KM2线圈的下端是否有电。有电，则0号线路断路；没有电，则KM2线圈断路 方法2：断开电源，万用表位于电阻档，固定一表笔接FU2的下端头，按下SB2，另一表笔依次测量SB2的上下端头、接触器KM1常闭触头的上下端头、KM2线圈的上下端头和FU2的另一下端头，正常为通路，故障点在不通点和其上一点之间
按SB1，电动机正常转动，松开按钮后，电动机停转	松开按钮后，电动机停转，说明控制电路没有形成自锁，可能故障是在图中部分 1. 接触器的自锁触头接触不良 2. 自锁线路断路 3 KM1 4	检查方法参见项目一任务一，接触器自锁控制电路

（续）

故障现象	原因分析	诊断方法
按下 SB1、SB2 均无反应	可能为熔断器 FU2 开路或者 FR 常闭触头出现故障如图中部分 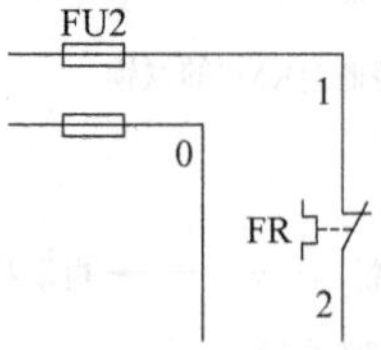	用万用表电阻档分段测量，确定故障点在 FU2 上还是在 FR 上。如果 2 处均无反应则问题可能在电源电路上

三、主电路的故障分析及诊断

主电路的故障分析及诊断见表 1-2-3。

表 1-2-3　主电路的故障分析及诊断

故障现象	原因分析	诊断方法
按 SB1、SB2 正、反转按钮，接触器 KM1、KM2 动作，但电动机都不起动	按 SB1、SB2 正、反转按钮，接触器 KM1、KM2 动作，说明控制电路正常，故障在主电路上，可能故障是： 1. 熔断器 FU1 熔体熔断 2. 热继电器的热元件损坏 3. 电动机故障 4. 连接导线故障 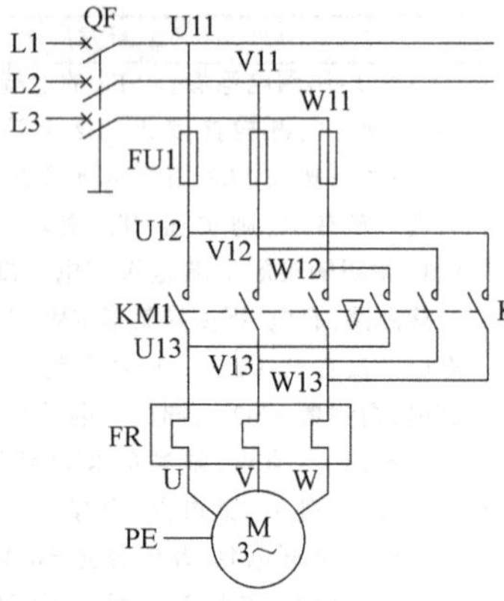	1. 用测电笔检查熔断器的上下端头是否有电，有电，说明熔断器正常，没有电，则检查熔断器上端头接线和熔丝 2. 用测电笔检查接触器的上端头是否有电，若没有电，则断开电源用万用表的电阻档检查接触器上端头的连接导线；若都有电，则断开电源，拆下电动机的连接导线，用万用表的电阻档检查热继电器的热元件，若导通不正常，则故障在热继电器的热元件上；若导通正常，则检查电动机是否正常 3. 因为两个继电器的主触头同时损坏的可能性较小，所以将主触头的检查放在最后进行。在上述的检查中没有问题，则断开电源，用万用表的电阻档，将万用表的两表笔连接在主触头的上下两端，按下触头架，检查通断情况
正转正常，反转断相	正转正常，反转断相，说明控制电路正常，正转正常，说明电源电路正常，FU1 正常，热继电器的热元件正常，电动机正常，可能故障是： 1. 接触器主触头的某一相接触不良 2. 连接 KM2 主触头某一相的连接导线松脱或断路 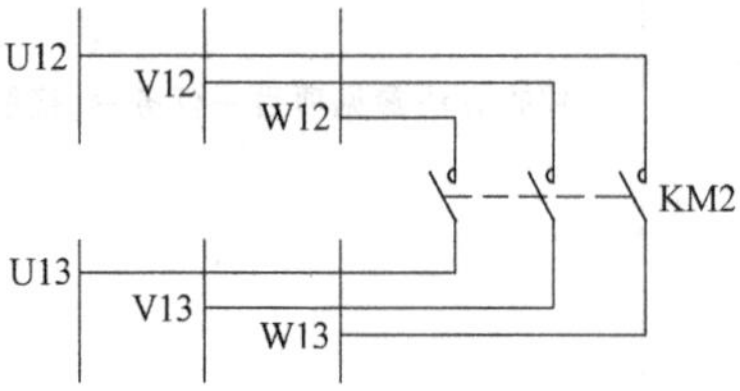	用测电笔检查 KM2 主触头的上端头是否有电，若某点没电，则该相连接导线断路；都有电，断开电源，按下触头架，用万用表的电阻档，分别测量 KM2 主触头的上下端头，检查导通情况，不通的，则为故障点；若全部导通，检查 KM2 主触头的下端头连接导线的导通情况，万用表的两表笔，分别在 KM2 主触头的下端头测量两相间导通情况，与其他两相都不通的，则为故障相

（续）

故障现象	原因分析	诊断方法
按 SB1、SB2 正、反转按钮,接触器 KM1、KM2 都不动作,电动机都不起动	接触器 KM1、KM2 都不动作,可能故障是: 1. 电源电路故障 2. 熔断器 FU2 熔体熔断 3. 热继电器的常闭触头接触不良 4. 0 号线断路	1. 电源电路和 FU2 的检查参见接触器自锁连续正转电路 2. 用测电笔从 FU2 的下端头开始,逐点测量是否有电情况,故障点在有电点与无电点之间
按 SB1,电动机正常转动;按 SB3,电动机不能停止	按 SB3 电动机不能停止,可能故障是: 1. 按 SB3 不能分断控制电路 2. 接触器的主触头烧结融合不能正常分断	按下 SB3 后,用测电笔测量 SB3 的下端头,有电,则按钮 SB3 不能分断;没有电,则控制电路正常,故障在 KM1 的主触头上。接触器的检修参见接触器自锁连续正转电路
按 SB1、SB2 正、反转按钮,电动机都有"嗡嗡"声,不能正常起动	正、反转同时断相,一般是接触器故障较少,可能故障是: 1. 熔断器 FU1 故障 2. 连接导线故障 3. 电动机故障 4. 接触器主触头故障	检查方法参见接触器自锁连续正转电路中主电路检查法

任务实施

一、准备工作

➤ 设备:三相异步电动机正反转电路板或者具有相似功能的实验台。

➤ 工具:万用表、螺钉旋具、尖嘴钳等工具。

➤ 情境导入:按下 SB1,KM1 不能自锁(人为地设定一两个故障点进行练习)。

➤ 任务确定:根据电路原理,结合实际故障现象,完成电动机不能正常工作的故障诊断与排除。

二、实施步骤

【观察故障现象】 按 SB1，电动机正常转动，松开按钮后，电动机停转。

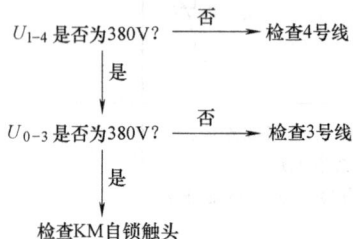

图 1-2-3 故障范围

【分析故障范围】 故障范围根据原理分析，控制电路没有形成自锁，则可能的原因是接触器的自锁触头接触不良或自锁线路断路。故障范围如图 1-2-3 所示。

【查找故障点】用测量法（电压法）准确，迅速地找出故障点。

>> **注意** 测量时用万用表交流电压 500V 档，合上 QF 电源。

测量流程：

U_{1-4} 是否为380V? ──否──→ 检查4号线
↓是
U_{0-3} 是否为380V? ──否──→ 检查3号线
↓是
检查KM自锁触头

【通电试车】通过检测，发现故障点如图 1-2-4 所示，迅速排除故障后，通电试车。

三、注意事项

1）按每组同学 2~3 人分组，同学之间相互设故障点（2~3 个）与检修，在检修过程中如果遇到问题，可向教师提问。

2）在控制电路或主电路中认为设置电气自然故障两处。

3）要认真听取和仔细观察指导教师在示范过程中的讲解和检修操作。

4）要熟练掌握电路图中各个环节的作用。

图 1-2-4 故障点照片图

5）在排除故障的过程中，分析思路要正确。

6）工具和仪表使用要正确。

7）不能随意更改线路和带电触摸电器元件。

8）带电检修故障时，必须有教师在现场监护，并要确保用电安全。

9）检修必须在规定时间内完成。

任务评价

任务评价见表1-2-4。

表1-2-4 项目一任务二评价表

评价项目	内容	配分	评分标准	学生评价		教师评价
				自评	互评	
任务实施	确定故障现象	10	1. 不能正确操作正反转电路,扣2分 2. 不能确定正反转电路的故障现象,经一次提示扣5分			
	确定故障范围	20	1. 不能分析正反转电路故障范围,经一次提示扣5分 2. 检测方法、步骤错误,经一次提示扣5分			
	故障排除	30	1. 查出故障点但不会排除,经一次提示,扣5分 2. 产生新的故障或扩大故障范围扣5分			
安全操作与职业素养	安全操作	20	1. 个人安全措施符合要求:穿工作服、电工鞋;停电检修前必须验电;分组实施过程中须有专人监护安全操作 2. 工具和仪表使用得当,不损坏仪器设备			
	5S管理规范	20	任务实施过程中按照5S管理规范(整理、整顿、清洁、清扫、素养)执行,仪器、器件、工具摆放合理;任务完成后工位保持整洁			

巩固提高

1. 在接触器联锁正反转控制电路中,两个接触器主触头如何接线才能实现电动机正反转控制?两个接触器能否同时得电闭合?为什么?

2. 接触器联锁正反转控制电路在实际应用过程中操作很麻烦(必须先按停止按钮才能实现反转),有没有办法使得实现正反转既安全又方便呢?请设计方案进行技术改造。

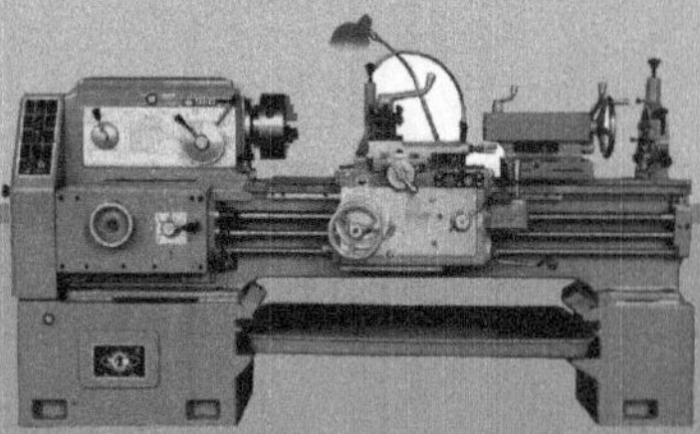

项目二 CA6140型车床电气故障诊断与维修

任务一 车床主轴常见故障诊断与维修

任务目标

1. 熟悉普通车床的基本组成和控制过程。掌握机床电气控制线路的特点和控制要求。提高识别机床电气控制电路的能力。

2. 能根据故障现象，分析出故障产生原因及检修车床主轴电路常见故障。

工作任务

通过对车床电路工作原理及电气原理图的理解，分析车床故障原因，结合 CA6140 型车床试验台的使用说明及注意事项，学会用万用表检查机床电路故障并排故，并将故障排除过程记录在表 2-1-1 中。

表 2-1-1 故障排除过程

故障现象	故障分析及测量流程	故障检测结果

知识引导

一、CA6140 型车床的主要结构

车床是机械加工业中应用最广泛的一种机床，占机床总数的 25% ~50%。在各种车床中，应用最多的就是普通车床。普通车床主要用来车削外圆、内圆、端面和螺纹等，还可以安装钻头或铰刀等进行钻孔和铰孔等加工。

车床主要分为卧式车床、立式车床、转塔车床、单轴自动车床、多轴自动和半自动车床、仿形车床、多刀车床和各种专门化车床。其中在普通车床里，卧式车床应用最广泛。车床型号定义如图 2-1-1 所示。

CA6140 型卧式车床的外观结构如图 2-1-2 及图 2-1-3 所示。它主要由床身、主轴箱、

进给箱、溜板箱、刀架、尾架、丝杠和光杠等部件组成。

CA6140 型车床有两种主要运动：一种是用卡盘或顶尖将被加工工件固定，用电动机拖动进行旋转运动，称为车床的主轴运动；另一种是溜板箱带动刀架直线移动，称为车床的进给运动。车床工作时，绝大部分功率消耗在主轴运动上，并通过丝杠带动溜板箱进行慢速移动，使刀具进行自动切削。溜板箱的运动只消耗很小的功率。

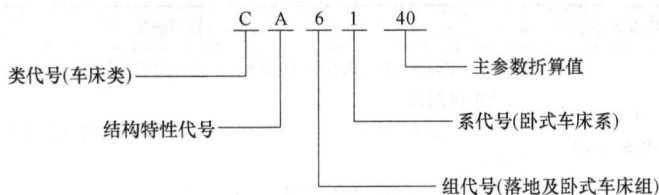

图 2-1-1　CA6140 型车床型号定义

图 2-1-2　CA6140 型车床的外观

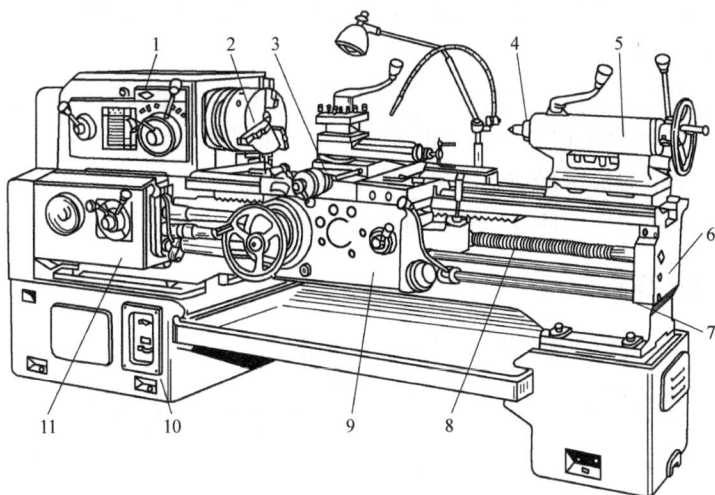

图 2-1-3　CA6140 型卧式车床的结构

1—主轴箱　2—卡盘　3—刀架　4—后刀架　5—尾架　6—床身　7—光杠　8—丝杠

9—床鞍　10—底座　11—进给箱

二、电气控制要求

车床在加工各种旋转表面时必须具有切削运动和辅助运动。切削运动包括主运动和进给运动，而切削运动以外的其他运动皆为辅助运动。

表 2-1-2   CA6140 型卧式车床的主要运动形式及控制要求

运动种类	运动形式	控制要求
主运动	主轴通过卡盘或顶尖带动工件的旋转运动	1. 主轴电动机选用三相笼型异步电动机，不进行调速，主轴采用齿轮箱进行机械有级调速 2. 车削螺纹时要求主轴有正反转，一般由机械方法实现，主轴电动机只做单向旋转 3. 主轴电动机的容量不大，可采用直接起动
进给运动	刀架带动刀具的直线运动	进给运动也由主轴电动机拖动，主轴电动机的动力通过交换齿轮箱传递给进给箱来实现刀具的纵向和横向进给。加工螺纹时，要求刀具移动和主轴转动有固定的比例关系
辅助运动	刀架的快速移动	由刀架快速移动电动机拖动，该电动机可直接起动，也不需要正反转和调速
	尾架的纵向移动	由手动操作控制
	工件的夹紧与放松	由手动操作控制
	加工过程的冷却	冷却泵电动机和主轴电动机要实现顺序控制，冷却泵电动机也不需要正反转和调速

根据 CA6140 型车床的运动情况和工艺要求，对车床各电动机及其控制电路选择要求如下：

1）主拖动电动机一般选用三相笼型异步电动机，并采用机械变速。

2）为车削螺纹，主轴要求正反转，小型车床由电动机正反转来实现，CA6140 型车床则靠摩擦离合器来实现，电动机只作单向旋转。

3）一般，中、小型车床的主轴电动机均采用直接起动。停车时为实现快速停车，一般采用机械制动或电气制动。

4）车削加工时，需用切削液对刀具和工件进行冷却。为此，设有一台冷却泵电动机，拖动冷却泵输出冷却液。

5）冷却泵电动机与主轴电动机具有联锁关系，即冷却泵电动机应在主轴电动机起动后才可选择起动与否；而当主轴电动机停止时，冷却泵电动机立即停止。

6）为实现溜板箱的快速移动，由单独的电动机拖动。

7）电路应有必要的保护环节、安全可靠的照明。

三、电气控制线路分析

CA6140 型车床电气控制原理图如图 2-1-4 所示。

M1 为主轴及进给电动机，拖动主轴和工件旋转，并通过进给机构实现车床进给运动；M2 为冷却泵电动机，拖动冷却泵输出冷却液；M3 为快速移动电动机，拖动溜板实现快速移动。CA6140 型车床的电气原理图分析如下：

1. 主轴及进给电动机 M1 的控制

主轴及进给电动机 M1 的控制由起动按钮 SB2、停止按钮 SB1 和接触器 KM 构成电动机单向连续起动—停止电路。

图 2-1-4　CA6140 型车床电气控制原理图

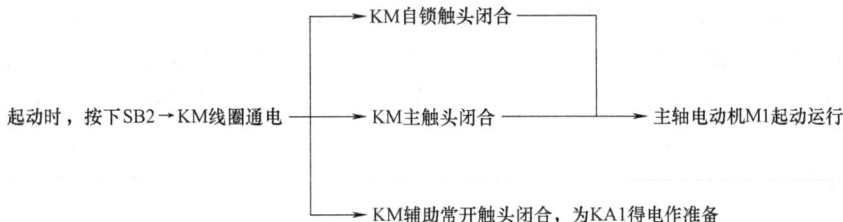

停止时，按下 SB1→KM 断电→M1 自动停车。

2. 冷却泵电动机 M2 的控制

由于主轴电动机 M1 和冷却泵电动机 M2 在控制电路中采用了顺序控制，因此只有当主轴电动机 M1 起动后（即 KM 的常开辅助触头闭合），再合上转换开关 SB4，中间继电器 KA1 才能吸合，冷却泵电动机 M2 才能起动。当 M1 停止运行或断开转换开关 SB4 时，M2 随即停止运行。

3. 刀架快速移动电动机 M3 的控制

刀架快速移动电动机 M3 的起动是由按钮 SB3 控制的，它与中间继电器 KA2 组成点动控制电路。先将进给操作手柄扳到所需移动的方向，然后按下 SB3，KA2 得电吸合，电动机 M3 起动运转，刀架沿指定的方向快速接近或离开工件加工部位。刀架快速移动电动机 M3 是短时工作制，故未设过载保护。

4. 保护环节

CA6140 型车床的控制电路由控制变压器 TC 将 380V 交流电压降为 110V，为控制电路供电，由熔断器 FU2 做短路保护。在正常工作时，行程开关 SQ1 的常开触头闭合，当打开床头皮带罩后，SQ1 的常开触头断开，切断控制电路电源，以确保人身安全。钥匙式开关 SB 和行程开关 SQ2 在车床正常工作时是断开的，断路器 QF 的线圈不通电，QF 能合闸。当打开电气控制箱壁龛门时，行程开关 SQ2 闭合，QF 的线圈得电，断路器 QF 自动断开，切断车床的电源，以保证设备和人身安全。

四、机床电气控制电路的故障分析方法

由于各类机床型号不止一种，即使同一种型号，制造商的不同，其控制电路也存在差别。只有通过典型的机床控制电路的学习，进行归纳推敲，才能抓住各类机床的特殊性与普遍性。重点学会阅读、分析机床电气控制电路的原理图；学会常见故障的分析方法以及维修技能，关键是能做到举一反三，触类旁通。检修机床电路是一项技能性很强而又细致的工作。当机床在运行时一旦发生故障，检修人员首先对其进行认真的检查，经过周密的思考，作出正确的判断，找出故障源，然后着手排除故障。

机床电气原理图一般由主电路、控制电路、照明电路和指示电路等几部分组成，对照阅读电气原理图查找故障的方法如下：

1. 主电路的分析

阅读主电路时，关键是先了解主电路中有哪些用电设备，主要所起的作用，由哪些电器来控制，采取哪些保护措施。CA6140 型车床的主电路如图 2-1-4 的 2～4 区所示。

CA6140 型车床的主电路共有三台电动机，主轴电动机 M1 由接触器 KM 控制，带动主轴旋转和驱动刀架进给运动，由 FU 和断路器 QF 作为短路保护，热继电器 FR1 作为过载保护，接触器 KM 作为欠/失电压保护；冷却泵电动机 M2 由于容量不大，所以由中间继电器 KA1 来控制，为切削加工过程中提供冷却液，由热继电器 FR2 作为过载保护；刀架快速移动电动机 M3 由于是点动控制短时工作制且容量不大，故由中间继电器 KA2 控制且未设过载保护，M3 的功能是拖动刀架快速移动；FU1、FU2 作为冷却泵电动机、刀架快速移动电动机和控制变压器的短路保护。

2. 控制电路的分析

阅读控制电路时，根据主电路中接触器的主触头编号，很快找到相应的线圈以及控制电路，依次分析出电路的控制功能，从简单到复杂，从局部到整体，最后综合起来分析，就可以全面读懂控制电路。

3. 照明电路的分析

阅读照明电路时，查看变压器的电压比、灯泡的额定电压。

4. 指示电路的分析

阅读指示电路时，需要注意当电路正常工作时，它为机床正常工作状态的指示；当机床出现故障时，它是机床故障信息反馈的依据。

任务实施

一、准备工作

> 设备：CA6140 型卧式车床或者具有相似功能的实验台。
> 工具：万用表、钳形电流表、绝缘电阻表、扳手、钢丝钳、剥线钳、尖嘴钳、螺钉旋

具、电工刀、验电器、校验灯等。

> 情境导入：CA6140型卧式车床的主轴电动机不能正常运行。
> 任务确定：根据电路原理，结合实际故障现象，完成故障诊断与排除。

二、实施步骤

1. 实施中出现的电气故障及排除方法

试车中出现故障，应先进行一般性的外观检查，检查各电器有无破损、变色及接线有无脱落、松动；若外观找不出故障点，应将主轴电动机从电路中分离，对控制电路一部分一部分检查，并可以通电进行试验，观察电器元件是否按要求顺序动作，逐渐缩小故障点的范围，边找边排除，直到故障排除为止。

在教师的指导下，在车床上通过测量等方法找出主轴电动机M1主电路的实际走线路径。测量线路实际走线路径的方法是：首先根据电器布置图（见图2-1-5），确定主轴电动机主电路中各电器元件的位置，然后再根据接线图中的电器接点号（实际电器设备上就是编码套管号）找出走线路径。主轴电动机M1主电路的实际走线路径如图2-1-6所示。

2. CA6140型车床主轴电动机常见故障分析与检修

首先在CA6140型车床上人为设置故障点，观察示范检修过程，然后自行完成故障点的检修实训任务。

故障一：主轴电动机M1转速很慢并发出"嗡嗡"声，且刀架快速移动电动机M3也不能起动，并发出"嗡嗡"声。

该故障是典型的电动机断相运行，其检修流程图如图2-1-7所示。

主轴电动机M1断相运行故障检修方法步骤如下：

【观察故障现象】　合上电源开关QF，按下SB2时，KM吸合，主轴电动机M1转速很慢甚至不转，并发出"嗡嗡"声。这时要立即按下急停按钮SB1，使KM失电，主触头断开，切断M1电源，防止烧毁电动机。再按下SB3，电动机M3也断相运行。

【分析故障范围】　由于M1、M3两台电动机都发生断相运行，说明故障点位于电源电路中。又因为接触器KM能动作，即变压器TC二次侧能输出110V电压，所以L1、L2两相电源电路正常，故障点一定位于L3相电源电路中。故障电路如图2-1-8所示。

【故障点查找及排除】　采用测电笔测量法查找故障点方法如下：

从L3相电源进线端依次测量熔断器FU、断路器QF的接线端子是否有电，从而可以判断故障点。

1）用测电笔测量FU（W10）时，测电笔不亮，则说明L3相电源中的熔断器熔芯接触不良或熔断，旋紧或更换同规格熔断器即可。

2）测量QF进线端（W10）时，测电笔不亮，则说明L3相电源中的FU与QF之间连接导线线头松脱或断线，用螺钉旋具紧固导线或更换同规格导线即可。

3）测量QF出线端（W11）时，测电笔不亮，则说明QF触头接触不良，维修QF触头或更换QF即可。

【通电试车】　检查车床各项操作，直至符合技术要求为止。通电试车。

故障二：主轴电动机M1转速很慢并发出"嗡嗡"声，但是，刀架快速移动电动机M3却能正常起动运行。

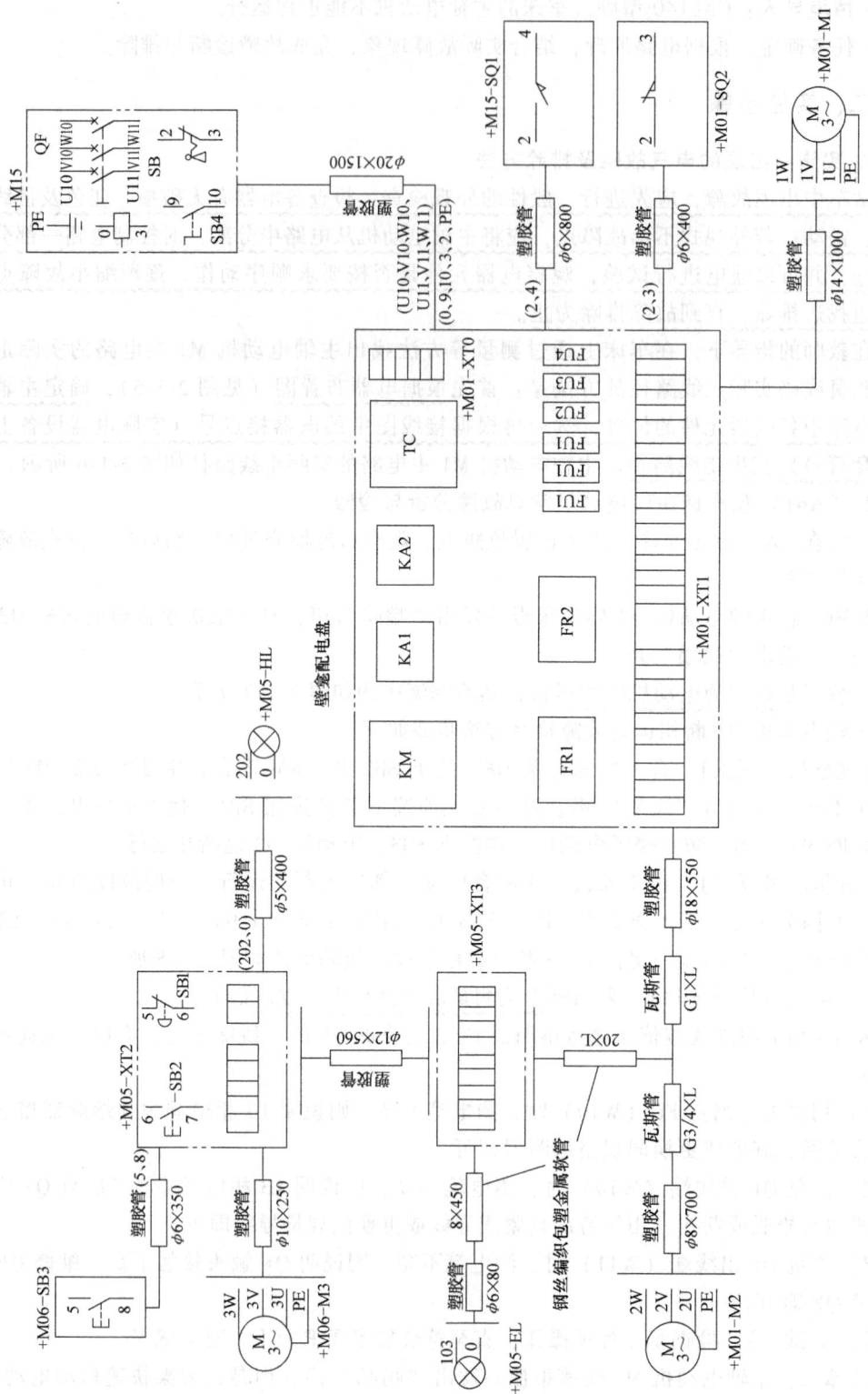

图 2-1-5　CA6140 型车床电器布置图

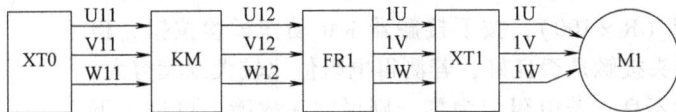

图 2-1-6 主电路的实际走线路径

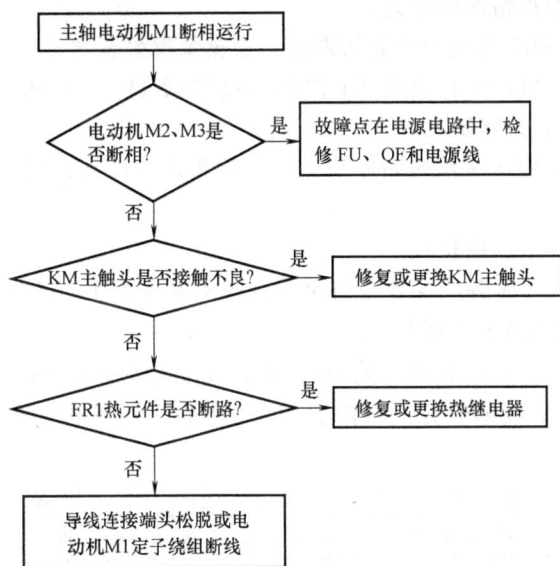

图 2-1-7 主轴电动机 M1 断相运行检修流程图

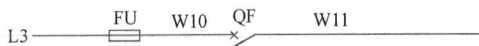

图 2-1-8 故障一电路图

【观察故障现象】 合上电源开关 QF，按下 SB2 时，KM 吸合，主轴电动机 M1 转速很慢甚至不转，并发出"嗡嗡"声。这时要立即按下急停按钮 SB1，使 KM 失电，主触头断开，切断 M1 电源，防止烧毁电动机。再按下 SB3，电动机 M3 却能正常起动运行。

【分析故障范围】 因为刀架快速移动电动机 M3 能正常运行，说明故障点在 M1 自身主回路中，故障电路如图 2-1-9 所示。

【故障点查找及排除】 采用<u>测电笔测量法和电阻测量法查找故障点方法</u>，步骤如下：

1. 判断是否有电

用测电笔测量接触器 KM 主触头上方接线端是否有电，若测电笔不亮，则说明该相 QF 与 KM 主触头之间连接导线松脱或断线，根据情况修复之。

2. 若有电的情况

若接触器 KM 主触头上方接线端都有电，则说明故障点在测电笔测试点下方。这时采用电阻测量法判断故障点。方法步骤如下：

1）断开电源开关 QF，拆下变压器 TC 一次绕组某一端头（防止通过变压器和电动机绕

23

组构成回路，影响测量阻值），并做好绝缘处理，再将万用表的转换开关调至电阻档（R×100），按下接触器 KM 动作试验按钮，检测接触器 KM 主触头接触是否良好，若测得电阻值比较大或无穷大，则说明该触点接触不良；若电阻值为零，则说明无故障，可进入下一步检修。

2）检测接触器 KM 主触头与热继电器 FR1 之间连接导线 U12、V12 和 W12 的通断，根据情况修复之。

3）检测热继电器 FR1 的热元件是否断路，根据情况修复之。

4）检测热继电器 FR1 与电动机 M1 之间连接导线 1U、1V 和 1W 的通断情况，根据情况修复之。

5）检测电动机 M1 定子绕组是否断线，接线端头是否松动，根据情况修复之。

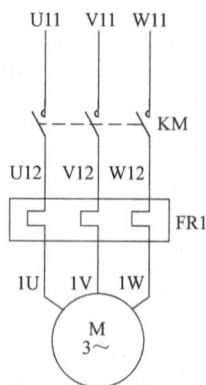

图 2-1-9　故障二电路图

6）恢复变压器 TC 一次侧接线。

【通电试车】　检查车床各项操作，直至符合技术要求为止。通电试车。

故障三：主轴电动机 M1 不能起动。

【观察故障现象】　先合上电源开关 QF，然后按下起动按钮 SB2，主轴电动机 M1 不能起动运行，但接触器 KM 能够吸合，再按下 SB3 和 SB4，发现电动机 M2 和 M3 都能起动。

【分析故障范围】

因为按下起动按钮 SB2，接触器 KM 能吸合，又因为电动机 M2 和 M3 都能起动，所以故障一般为 M1 主电路中存在断点，且至少两相电源断相所致。电路断相故障检测如图 2-1-10 所示。

>> 注意　　1）这时应立即按下急停按钮 SB1，接触器 KM 线圈失电，KM 主触头分断，切断 M1 电源，避免 M1 长时间通电而烧毁电动机。

2）对于电动机断相运行这一故障，由于电动机不能长时间通电，故对于接触器 KM 主触头下方的故障点一般只能采用电阻测量法。遇到故障现象时，不要盲目地急于进行控制电路的检修，应进行合理的试机，通过试机认真观察故障现象，缩小故障范围，然后采用合理的检修方法，进行查找排除故障。

图 2-1-10　电路断相故障检测

【查找故障点】

采用校验灯法查找故障点方法，步骤如下：

1）选一只额定电压为 380V 的小灯泡（或信号指示灯），将其一端（假设为灯的 1 脚）引线接在断路器 QF 的出线端 U11 上保持不变，另一端（假设为灯的 2 脚）引线依次接 KM（V11）接点、KM（V12）接点、FR1（V12）接点、FR1（1V）和电动机 M1 定子绕组（1V）接点，根据灯的发光情况可找出电动机 M1 的 V 相主电路中的故障点。

2）例如，若灯接 KM（V11）接点时不亮或较暗，则说明电动机 M1 的 V 相 KM 主触头与 QF 之间连接导线（V11）松动或断线；若灯接 KM（V12）接点时不亮或较暗，则说明 V 相的 KM 触头接触不良。

3）保持灯的 1 脚不变，2 脚再依次接 M1 的 W 相主电路中的各点，根据灯的发光情况可找出电动机 M1 的 W 相主电路中的故障点。

4）将灯的 1 脚改接到熔断器 QF 的出线端 V11 上，2 脚再依次接电动机 M1 的 U 相主电路中的各点，根据灯的发光情况可找出电动机 M1 的 U 相主电路中的故障点。

【排除故障】　根据故障点具体情况，采用恰当的方法排除故障。

【通电试车】　检查车床各项操作，直至符合技术要求为止。通电试车。

故障四：按下停止按钮 SB1，主轴电动机 M1 不能停止。

【分析故障范围】　主轴电动机 M1 不能停止的主要原因是 KM 主触头熔焊、活动部件被卡阻或 KM 铁心端面被油垢粘住不能脱开、停止按钮 SB1 被击穿短路、触头熔焊或线路中 5、6 两点连接导线短路。

【查找故障点】　断开 QF，若 KM 释放，说明故障是停止按钮 SB1 被击穿、触头熔焊或导线短路；若 KM 过一段时间释放，则故障为铁心端面被油垢粘住；若 KM 不释放，则故障为 KM 主触头熔焊或活动部件被卡阻。可根据情况采取相应的措施修复。

在故障修复过程中，应根据具体故障情况采用合适的方法修复故障点。例如，对于接线端松动现象，可用螺钉旋具加以紧固；对于导线断线情况，应更换同规格导线；对于触头接触不良的故障，应根据具体情况可采取清洗灰尘油污、轻轻打磨毛刺或氧化层、调整触头压力弹簧以及更换触头等方法加以修复。

【操作提示】

1）检修前要认真识读分析电路图、电器布置图和接线图，熟练掌握各个控制环节的作用及原理，掌握电器的实际位置和走线路径。

2）认真观摩教师的示范检修，掌握车床电气故障检修的一般方法和步骤。

3）检修过程中要注意人身安全，所使用的工具和仪表应符合使用要求。

4）检修时，严禁扩大故障范围或产生新的故障点。

5）停电要验电，带电检修时，必须有指导教师在现场监护，以确保操作安全，同时要做好检修记录。

三、安全生产和文明生产要求

1）机床通电查找故障点时，一定要遵守安全用电操作规程，并要有人在旁监护，以防触电事故发生。

2）在故障维修时一定要切断机床电源，而且停电要验电，以确保操作安全，同时要做好检修记录。

3）检修过程中一定要使用绝缘性能合格的工具和仪表。

4）在实际故障检修过程中，不一定严格按照逐点排查，也可根据实际情况进行隔点排查，以提高检修速度。

5）在任务实施过程中要严格遵守安全用电操作规程，节约材料，爱护工具和设备，自觉将所用工具、仪表、器材及设备进行保养和归位，做好实训工位和场地的卫生工作。

任务评价

任务评价见表2-1-3。

表 2-1-3　项目二任务一评价表

评价项目	内容	配分	评分标准	学生评价		教师评价
				自评	互评	
任务实施	确定故障现象	10	1. 不能熟练操作 CA6140 型车床，扣 5 分 2. 不能确定车床主轴电路故障现象，经一次提示扣 2 分			
	确定故障范围	20	1. 不能分析车床主轴电路故障范围，经一次提示扣 5 分 2. 检测方法、步骤错误，经一次提示扣 5 分			
	故障排除	30	1. 查出车床主轴电路故障点但不会排除，经一次提示扣 5 分 2. 产生新的故障或扩大故障范围，扣 5 分			
安全操作与职业素养	安全操作	20	1. 个人安全措施符合要求：穿工作服、电工鞋；停电检修前必须验电；分组实施过程中须有专人监护安全操作 2. 工具和仪表使用得当，不损坏仪器设备			
	5S 管理规范	20	任务实施过程中按照 5S 管理规范（整理、整顿、清洁、清扫、素养）执行，仪器、器件、工具摆放合理；任务完成后工位保持整洁			

巩固提高

1. 试分析 CA6140 型卧式车床主轴电动机不能停车的原因。

2. 结合电路图 2-1-4，根据下列故障现象分析故障的原因。

（1）接触器 KM 吸合，但主轴电动机 M1 不能起动。

（2）起动按钮 SB1，主轴电动机 M1 只能实现点动。

任务二　车床进给轴故障诊断与维修

任务目标

1. 掌握 CA6140 型车床进给系统结构组成、工作原理及实际走线路径。

2. 能熟练检修 CA6140 型车床进给系统的常见电气故障。

工作任务

通过对车床电路工作原理分析，电气原理图分析，车床故障检修分析，试验台的使用说明及注意事项，学会如何用万用表检查机床电路故障并排故，将故障排除过程记录在表 2-2-1 中。

表 2-2-1　故障排除过程

故障现象	故障分析及测量流程	故障检测结果

知识引导

一、刀架快速移动电动机 M3 的控制要求

普通车床（如 C616 型、C618 型、CA6140 型）等是金属切削加工最常用的一类机床。普通机床刀架的纵向和横向进给运动是由主轴回转运动经挂轮传递而来，通过进给箱变速后，由光杠或丝杠带动溜板箱、纵溜板、横溜板移动。进给参数要靠手工预先调整好，改变参数时要停车进行操作。刀架的纵向进给运动和横向进给运动不能联动，切削次序也由人工控制。通过进给箱实现刀具的纵向和横向进给，并可改变进给速度。其中刀架带动刀具的直线进给运动由主轴电动机拖动，其动力通过挂轮架传递给进给箱，从而实现刀具的纵向和横向进给。加工螺纹时，要求刀具的移动和主轴的转动有固定的比例关系。刀架的快速移动由刀架快速移动电动机 M3 拖动，此电动机采用直接起动，不需要正反转和调速。

CA6140 型车床控制电路中，刀架快速移动电动机 M3 由于是点动控制短时工作制且容量不大，电动机额定电流远小于中间继电器触点能承受的电流（一般是 5A），电动机拖动的这类负载基本是恒定的，不会运行中发生过载的情况，中间继电器虽然没有灭弧装置，但是也能安全断开一般感性负载断开时产生的电弧，所以完全可以选用中间继电器来代替交流接触器使用。CA6140 型车床中，M3 由中间继电器 KA2 控制。

另外刀架快速移动电动机 M3 未设置过载保护是因为此电动机要频繁起动，电流冲击较大，不易安装过载保护，安装后易引起误动作。

二、刀架快速移动电动机 M3 的控制电路分析

如图 2-2-1 所示，CA6140 型车床刀架快速移动电动机 M3 的起动是由按钮 SB3 控制的，它与中间继电器 KA2 组成点动控制电路。先将进给操作手柄扳到所需移动的方向，然后按下 SB3，KA2 得电吸合，电动机 M3 起动运转，刀架沿指定的方向快速接近或离开工件加工部位。刀架快速移动电动机 M3 是短时工作制，故未设过载保护。

（1）刀架快速移动电动机 M3 的起动操作　按下点动按钮 SB3，刀架快速移动电动机得电运转，带动刀架快速移动，实现迅速对刀。手松开起动按钮 SB3，刀架快速移动电动机失电

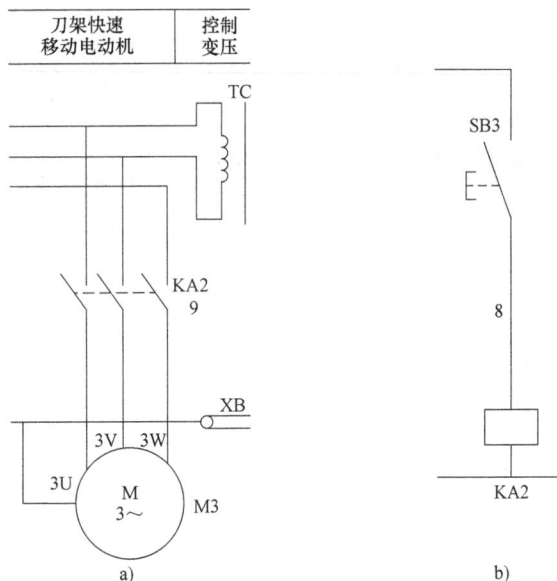

图 2-2-1　CA6140 型车床刀架快速移动电动机 M3 主电路及控制电路

a）主电路　b）控制电路

停转，刀架立即停止移动。

（2）溜板的进给操作 首先根据加工需求，扳动丝杠、光杠变换手柄，然后再扳动进给操作手柄，实现纵溜板的纵向进给或横溜板的横向进给。也可摇动进给手轮，实现各溜板的手动进给。

任务实施

一、准备工作

➢ 设备：CA6140 型卧式车床或者具有相似功能的实验台。

➢ 工具：万用表、钳形电流表、绝缘电阻表、扳手、钢丝钳、剥线钳、尖嘴钳、螺钉旋具、电工刀、验电器、校验灯等。

➢ 情境导入：CA6140 型卧式车床的刀架快速移动电动机 M3 不能正常运行。

➢ 任务确定：根据电路原理，结合实际故障现象，完成故障诊断与排除。

二、实施步骤

故障一：CA6140 型车床主轴电动机 M1 正常起动，刀架快速移动电动机 M3 不能正常起动。

【观察故障现象】 先合上电源开关 QF，然后按下起动按钮 SB2，主轴电动机 M1 能起动运行，将操作手柄扳到所需移动的方向，再按下点动按钮 SB3，发现刀架快速移动电动机 M3 不能起动。

【分析故障范围】 因为电动机主轴电动机 M1 能起动，所以故障一般为刀架快速移动电动机 M3 控制电路中存在断点，也可能是刀架快速移动电动机 M3 损坏。

【故障点查找及排除】 采用电压测量法和校验灯法，检修流程如图 2-2-2 所示。

图 2-2-2 刀架快速移动电动机 M3 不能起动检修流程图

1）采用电压测量法步骤如下：首先将万用表的转换开关旋至交流电压 250V 的档位上，然后按照表 2-2-2 中的步骤进行。

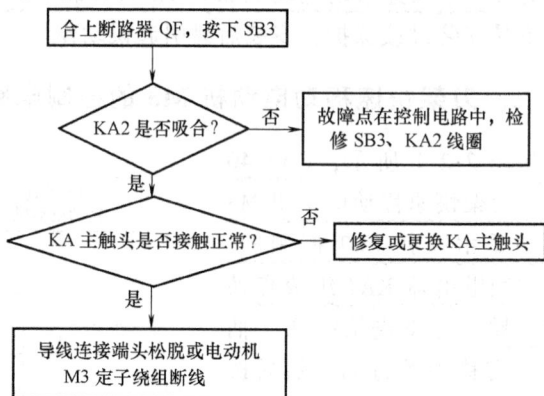

表 2-2-2 故障检测步骤

故障现象	测试状态	测量点标号	电压值	故障点
按下 SB3 KA2 不吸合	按住 SB3 不放 （电压分段测量法）	1—4	110V	SQ1 常开触头接触不良
		4—5	110V	FR1 常闭触头接触不良
		5—8	110V	SB3 常闭触头接触不良
		8—0	110V	KA2 线圈开路或接线脱落

2）采用校验灯法查找主电路故障点方法步骤如下：

第一步，选一只额定电压为 380V 的小灯泡（或信号指示灯），将其一端（假设为灯的 1 脚）引线接在断路器 QF 的出线端 U11 上保持不变，另一端（假设为灯的 2 脚）引线依次接 KA2（V13）接点、KA2（3V）接点和电动机 M1 定子绕组（3V）接点，根据灯的发光情况可找出电动机 M3 的 V 相主电路中的故障点。

例如，若灯接 KA2（V13）接点时不亮或较暗，则说明电动机 M3 的 V 相 KA2 主触头与 FU1 之间连接导线（V13）松动或断线；若灯接 KA2（3V）接点时不亮或较暗，则说明 V 相的 KA2 触头接触不良。

第二步，保持灯的 1 脚不变，2 脚再依次接 M3 的 W 相主电路中的各点，根据灯的发光情况可找出电动机 M3 的 W 相主电路中的故障点。

第三步，将灯的 1 脚改接到熔断器 QF 的出线端 V11 上，2 脚再依次接电动机 M3 的 U 相主电路中的各点，根据灯发光情况可找出电动机 M3 的 U 相主电路中的故障点。

【排除故障】根据故障点具体情况，采用恰当的方法排除故障。

【通电试车】检查车床各项操作，直至符合技术要求为止。通电试车。

故障二：CA6140 型车床刀架快速移动电动机 M3 断相。

CA6140 型车床刀架快速移动电动机 M3 断相故障原因及检查方法参照项目二任务一中主轴电动机 M1 断相故障。

【操作提示】

1）检修前要认真识读分析电路图 2-1-4、电器布置图 2-1-5，熟练掌握各个控制环节的作用及原理，掌握电器的实际位置和走线路径。

2）认真观摩教师的示范检修，掌握普通车床电气故障检修的一般方法和步骤。

3）检修过程中要注意人身安全，所使用的工具和仪表应符合使用要求。

4）检修时，严禁扩大故障范围或产生新的故障点。

5）停电要验电，带电检修时，必须有指导教师在现场监护，以确保操作安全，同时要做好检修记录。

三、安全生产和文明生产要求

1）机床通电查找故障点时，一定要遵守安全用电操作规程，并要有人在旁监护，以防触电事故发生。

2）在故障维修时一定要切断机床电源，而且停电要验电，以确保操作安全，同时要做好检修记录。

3）检修过程中一定要使用绝缘性能合格的工具和仪表。

4）在实际故障检修过程中，不一定严格按照逐点排查，也可根据实际情况进行隔点排查，以提高检修速度。

5）在任务实施过程中要严格遵守安全用电操作规程，节约材料，爱护工具和设备，自觉将所用工具、仪表、器材及设备进行保养和归位，做好实训工位和场地的卫生工作。

任务评价

任务评价见表 2-2-3。

表 2-2-3　项目二任务二评价表

评价项目	内容	配分	评分标准	学生评价		教师评价
				自评	互评	
任务实施	确定故障现象	10	1. 不能熟练操作 CA6140 型车床扣 5 分 2. 不能确定车床进给系统的故障现象,经一次提示扣 2 分			
	确定故障范围	20	1. 不能分析车床进给系统的故障范围,经一次提示扣 5 分 2. 检测方法、步骤错误,经一次提示扣 5 分			
	故障排除	30	1. 查出进给系统的故障点但不会排除,经一次提示扣 5 分 2. 产生新的故障或扩大故障范围,扣 5 分			
安全操作与职业素养	安全操作	20	1. 个人安全措施符合要求:穿工作服、电工鞋;停电检修前必须验电;分组实施过程中须有专人监护安全操作 2. 工具和仪表使用得当,不损坏仪器设备			
	5S 管理规范	20	任务实施过程中按照 5S 管理规范(整理、整顿、清洁、清扫、素养)执行,仪器、器件、工具摆放合理;任务完成后工位保持整洁			

巩固提高

1. 试分析 CA6140 型卧式车床刀架快速移动电动机 M3 用中间继电器控制和不设过载保护的原因。

2. 结合所学知识,分析刀架快速移动电动机 M3 断相故障的原因,并写出排故步骤(可采用测电笔法和电阻测量法)。

任务三　车床冷却系统故障诊断与维修

任务目标

1. 掌握 CA6140 型车床冷却系统的结构组成、工作原理及实际走线路径。
2. 能熟练检修 CA6140 型车床冷却系统的常见电气故障。

工作任务

通过对车床冷却系统电路工作原理分析、电气原理图分析、车床故障检修分析,掌握试验台的使用及注意事项,学会如何用万用表检查机床冷却系统电路故障并排故,并将故障排除过程记录在表 2-3-1 中。

表 2-3-1　故障排除过程

故障现象	故障分析及测量流程	故障检测结果

知识引导

一、冷却系统电气控制要求

根据 CA6140 型车床的运动情况和工艺要求，对冷却系统电气控制提出如下要求：①车削加工时，需用切削液对刀具和工件进行冷却。为此，设有一台冷却泵电动机，拖动冷却泵输出冷却液。②冷却泵电动机与主轴电动机具有联锁关系，即冷却泵电动机应在主轴电动机起动后才可选择起动与否；而当主轴电动机停止时，冷却泵电动机立即停止。③冷却泵电动机和主轴电动机要实现顺序控制，冷却泵电动机也不需要正反转和调速。

二、电气控制线路分析

冷却泵电动机 M2 的控制由中间继电器 KA1 电路实现。

主轴电动机起动之后，接触器 KM 辅助触头（10-11）闭合，此时合上按钮 SB4，中间继电器 KA1 线圈通电吸合，冷却泵电动机 M2 全压起动。停止时，断开按钮 SB4 或使主轴电动机 M1 停止，则中间继电器 KA1 断电，使 M2 自由停车。

三、机床冷却泵电动机 M2 控制电路的故障分析方法

1. 主电路的分析

CA6140 型车床的主电路共有三台电动机，其中 M2、M3 的主电路及控制电路如图 2-3-1 所示，其中冷却泵电动机 M2 由于容量不大，所以用中间继电器 KA1 来控制，为切削加工过程中提供切削液，由热继电器 FR2 作为过载保护；一般特小功率的电动机控制为了节约成本，可以使用中间继电器来控制电动机的运行，车床冷却泵就是属于这类小功率电动机。

2. 冷却泵电动机 M2 的控制

主轴电动机起动之后，KM1 辅助触头（10-11）闭合，此时合上按钮 SB4→KA1 线圈通电→M2 全压起动。停止时，断开 SA1 或使主轴电动机 M1 停止，则 KA1 断电，使冷却泵电动机 M2 自由停车。

任务实施

一、准备工作

➤ 设备：CA6140 型卧式车床或者具有相似功能的实验台。

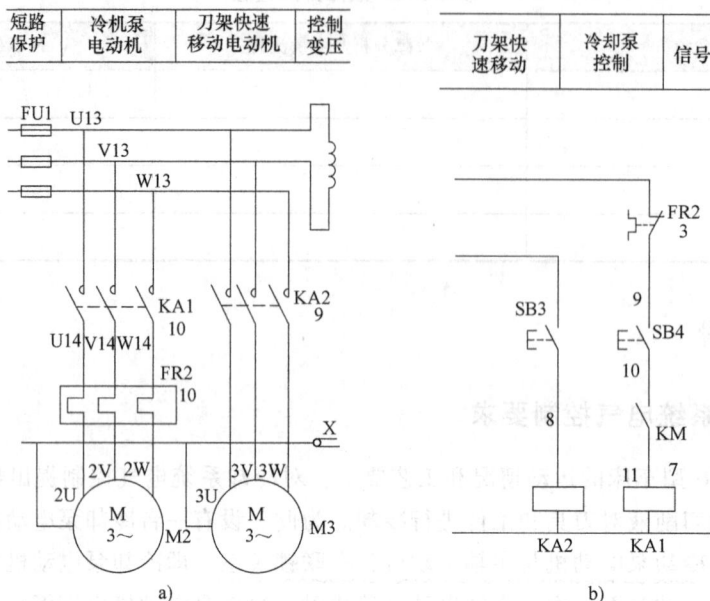

图 2-3-1 CA6140 型车床 M2、M3 的主电路及控制电路图

a）主电路 b）控制电路

> 工具：万用表、钳形电流表、绝缘电阻表、扳手、钢丝钳、剥线钳、尖嘴钳、螺钉旋具、电工刀、验电器、校验灯等。

> 情境导入：CA6140 型卧式车床的冷却系统不能正常运行。

> 任务确定：根据电路原理，结合实际故障现象，完成故障诊断与排除。

二、实施步骤

故障一：冷却泵电动机 M2 不能起动运转

【观察故障现象】 合上电源开关 QF，按下 SB2，主轴电动机 M1 起动运转后，再按下 SB4，中间继电器 KA1 不吸合，冷却泵电动机 M2 不起动。

【分析故障范围】 故障电路如图 2-3-2 所示。根据故障现象利用逻辑分析法判断故障范围为：

FR2 常闭触头 $\xrightarrow{9^{\#}}$ XT0 $\xrightarrow{9^{\#}}$ SB4 $\xrightarrow{10^{\#}}$ XT0 $\xrightarrow{10^{\#}}$ KM 常开触头 $\xrightarrow{11^{\#}}$ KA1 线圈 $\xrightarrow{0^{\#}}$ KA2 线圈 $\xrightarrow{0^{\#}}$ KM 线圈 $\xrightarrow{0^{\#}}$ TC（110V）

【查找故障点】

方法一：测电笔法查找故障点。

1）断开电源开关 QF，拆下 KA1 线圈 0# 线端头，并做好绝缘处理。

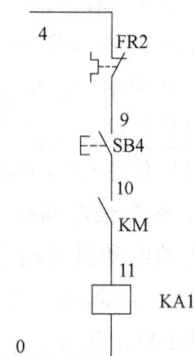

图 2-3-2 故障一电路图

2）合上电源开关 QF，按下主轴电动机起动按钮 SB2，再合上冷却泵控制开关 SB4，然后用测电笔依次测量下列各点：

第一步，用测电笔测 FR2 常闭触头的 9# 接点，若测电笔发光为正常，不亮说明 FR2 常闭触头接触不良。

第二步，用测电笔测 SB4 的 9# 接点，若测电笔发光为正常，不亮说明 9# 导线松脱或断线。

第三步，用测电笔测 SB4 的 10# 接点，若测电笔发光为正常，不亮说明 SB4 接触不良。

第四步，用测电笔测 KM 常开辅助触头（10 区）的 10# 接点，若测电笔发光为正常，不亮说明 10# 导线松脱或断线。

第五步，用测电笔测 KM 常开辅助触头（10 区）的 11# 接点，若测电笔发光为正常，不亮说明 KM 常开辅助触头（10 区）接触不良。

第六步，用测电笔测 KA1 线圈的 11# 接点，若测电笔发光为正常，不亮说明 11# 导线松脱或断线。

第七步，用测电笔测 KA1 线圈的 0# 接点，若测电笔发光则说明 0# 导线松脱或断线，不亮说明 KA1 线圈断路。

第八步，故障排除后，恢复中间继电器 KA1 线圈 0# 接线。

方法二：采用电压测量法查找故障点。

1）将万用表的选择开关拨至交流电压 250V 档。

2）将黑表笔接至选择的参考点 TC（0# 线）上。

3）合上电源开关 QF，按下 SB2，主轴电动机 M1 起动运转后，合上转换开关 SB4，红表笔从 FR2 常闭触头（4#）起，依次测量下列各点：

第一步，FR2 常闭触头（4#），测得电压值 110V 为正常。

第二步，接线端子 XT0（9#），测得电压值 110V 为正常。

第三步，冷却泵起动开关 SB4（10#），测得电压值 110V 为正常。

第四步，接线端子 XT0（10#），测得电压值 110V 为正常。

第五步，KM 常开触头（11#），测得电压值 110V 为正常。

第六步，KA1 线圈（0#），测得电压值 110V 为不正常。

第七步，KA2 线圈（0#），测得电压值为 0V 正常，说明故障为 KA1 线圈与 KA2 线圈之间的连接导线 0# 断线或线头松动。

4）排除故障 断开电源开关 QF，根据故障点的具体情况采用合适的方法进行修复。

5）通电试车 通电检查车床各项操作，应符合各项技术要求。通电试车。

综上所述，冷却泵电动机 M2 不

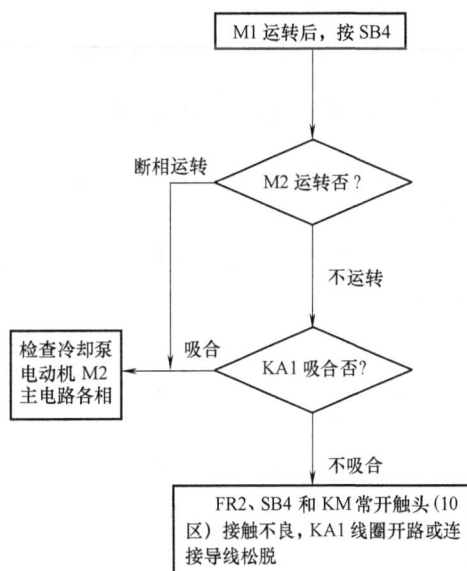

图 2-3-3 冷却泵电动机 M2 不能起动运行的故障检修流程图

能起动运行的故障检修流程如图 2-3-3 所示。

故障二：冷却泵电动机 M2 断相运行

【观察故障现象】 主轴电动机 M1 正常起动后，合上转换开关 SB4，冷却泵电动机 M2 断相运行，这时要立即断开 SB4，使中间继电器 KA1 失电，切断冷却泵电动机 M2 的电源，防止烧毁 M2。然后再按下 SB3，刀架快速移动电动机 M3 能正常运行。

【分析故障范围】 因为电动机 M1 和 M3 都能正常起动，所以，故障一般位于 KA1 触头的下方，这时可采用电阻测量法判断故障点。故障电路如图 2-3-4 所示。

【故障点查找及排除】

1）拉下电源开关 QF，拆下 TC 一次绕组某一接线端，并做好绝缘处理，再将万用表转换开关调

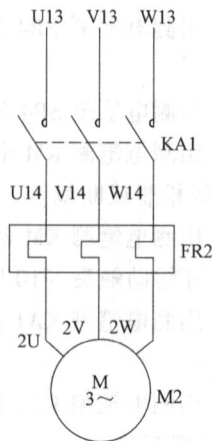

图 2-3-4　故障二电路图

至电阻档（R×100），人为按下中间继电器 KA1 动作试验按钮，测得 KA1 触头阻值为零，说明接触良好；测得阻值较大甚至为无穷大，则说明 KA1 触头接触不良，根据情况修复或更换 KA1 触头。

2）测量 KA1 触头与 FR2 热元件之间导线通断，根据具体情况修复故障点。

3）测量 FR2 热元件通断，根据情况修复之。

4）测量 FR2 热元件与电动机 M2 之间连接导线通断，根据情况修复之。

5）测量电动机 M2 定子绕组是否断线，根据情况修复之。

6）恢复变压器 TC 一次绕组接线。

【通电试车】 通电检查车床各项操作，直至符合技术要求为止。通电试车。

三、安全生产和文明生产要求

1）机床通电查找故障点时，一定要遵守安全用电操作规程，并要有人在旁监护，以防触电事故发生。

2）在故障维修时，一定要切断机床电源，而且停电要验电，以确保操作安全，同时要做好检修记录。

3）检修过程中，一定要使用绝缘性能合格的工具和仪表。

4）在实际故障检修过程中，不一定严格按照逐点排查，也可根据实际情况进行隔点排查，以提高检修速度。

5）在任务实施过程中要严格遵守安全用电操作规程，节约材料，爱护工具和设备，自觉将所用工具、仪表、器材及设备进行保养和归位，做好实训工位和场地的卫生工作。

任务评价

任务评价见表 2-3-2。

表 2-3-2　项目二任务三评价表

评价项目	内容	配分	评分标准	学生评价		教师评价
				自评	互评	
任务实施	确定故障现象	10	1. 不能熟练操作 CA6140 型车床,扣 5 分 2. 不能确定车床冷却系统的故障现象,经一次提示扣 2 分			
	确定故障范围	20	1. 不能分析车床冷却系统的故障范围,经一次提示扣 5 分 2. 检测方法、步骤错误,经一次提示扣 5 分			
	故障排除	30	1. 查出车床冷却系统的故障点但不会排除,经一次提示扣 5 分 2. 产生新的故障或扩大故障范围扣 5 分			
安全操作与职业素养	安全操作	20	1. 个人安全措施符合要求:穿工作服、电工鞋;停电检修前必须验电;分组实施过程中须有专人监护安全操作 2. 工具和仪表使用得当,不损坏仪器设备			
	5S 管理规范	20	任务实施过程中按照 5S 管理规范(整理、整顿、清洁、清扫、素养)执行,仪器、器件、工具摆放合理;任务完成后工位保持整洁			

巩固提高

1. 试分析 CA6140 型卧式车床的冷却泵电动机和主轴电动机为什么要实现顺序控制。

2. 试用电压测量法分析 CA6140 型卧式车床的冷却泵电动机不能起动的故障原因。

项目三

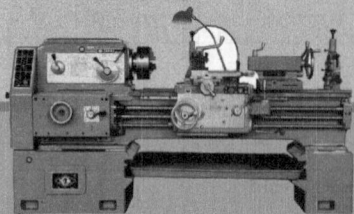

X62W型万能铣床电气故障诊断与维修

任务目标

1. 正确理解 X62W 型万能铣床主轴电路的工作原理。
2. 能根据故障现象，检修 X62W 型万能铣床主轴电路。

工作任务

根据 X62W 型万能铣床主轴电路不能正常起动现象，利用常规检测工具，进行故障诊断与排除，并将故障排除过程记录在表 3-1-1 中。

表 3-1-1　故障排除过程

故障现象	故障分析及测量流程	故障检测结果

知识引导

图 3-1-1 所示为 X62W 型万能铣床的外形及控制电路板实物图。X62W 型万能铣床的主轴运动形式是主轴带动铣刀的旋转运动。铣削加工有顺铣和逆铣两种方式。所以要求主轴电动机能实现正反转，但考虑到一批工件一般只用一个方向铣削，在加工过程中不需要经常变换主轴旋转的方向，因此，X62W 型万能铣床是用组合开关来改变主轴电动机的电源相序以实现正反转目的。图 3-1-2 所示为 X62W 型万能铣床的电路原理图。

铣削加工是一种不连续的切削加工方式，为减小振动，主轴上装有惯性轮，但这样就会造成主轴停车困难，为此 X62W 型万能铣床主轴电动机采用电磁离合器制动以实现准确停车，其主轴的电路原理图如图 3-1-3 所示。

　　X62W 型万能铣床的主轴调速是通过改变主轴箱中的齿轮传动比来实现的，为了保证齿轮良好啮合，故主轴变速时要求主轴电动机有一瞬间变速冲动过程。

a)

b)

图 3-1-1　X62W 型万能铣床外形及控制电路板实物图

a）外形　b）控制电路板实物图

　　如图 3-1-3 所示，为了方便操作，主轴电动机 M1 采用一地起动、两地停止的控制方式，一组起动按钮 SB5 和停止按钮 SB1 安装在工作台上，另一只停止按钮 SB2 安装在床身上。铣床的加工有顺铣和逆铣两种工作方式，在开始工作前首先应确定主轴电动机 M1 的转向，而主轴电动机 M1 的正反转的转向是由主轴换向开关 SA2 控制的。主轴换向开关 SA2 的通断状态见表 3-1-2。

表 3-1-2　主轴换向开关 SA2 的通断状态

触头	所在图区	操作手柄位置		
		正转	停止	反转
SA2-1	2	-	-	+
SA2-2	2	+	-	-
SA2-3	2	+	-	-
SA2-4	2	-	-	+

注：" + "表示 SA2 触头闭合，" - "表示 SA2 触头断开。

　　主轴电动机 M1 的控制包括起动控制、制动控制、换刀控制和变速冲动控制。

1. 主轴电动机 M1 的起动控制

　　起动前，首先选择好主轴的转速，接着将主轴换向开关 SA2 扳到所需要的转向，然后合上铣床电源总开关 SA1。工作原理如下：

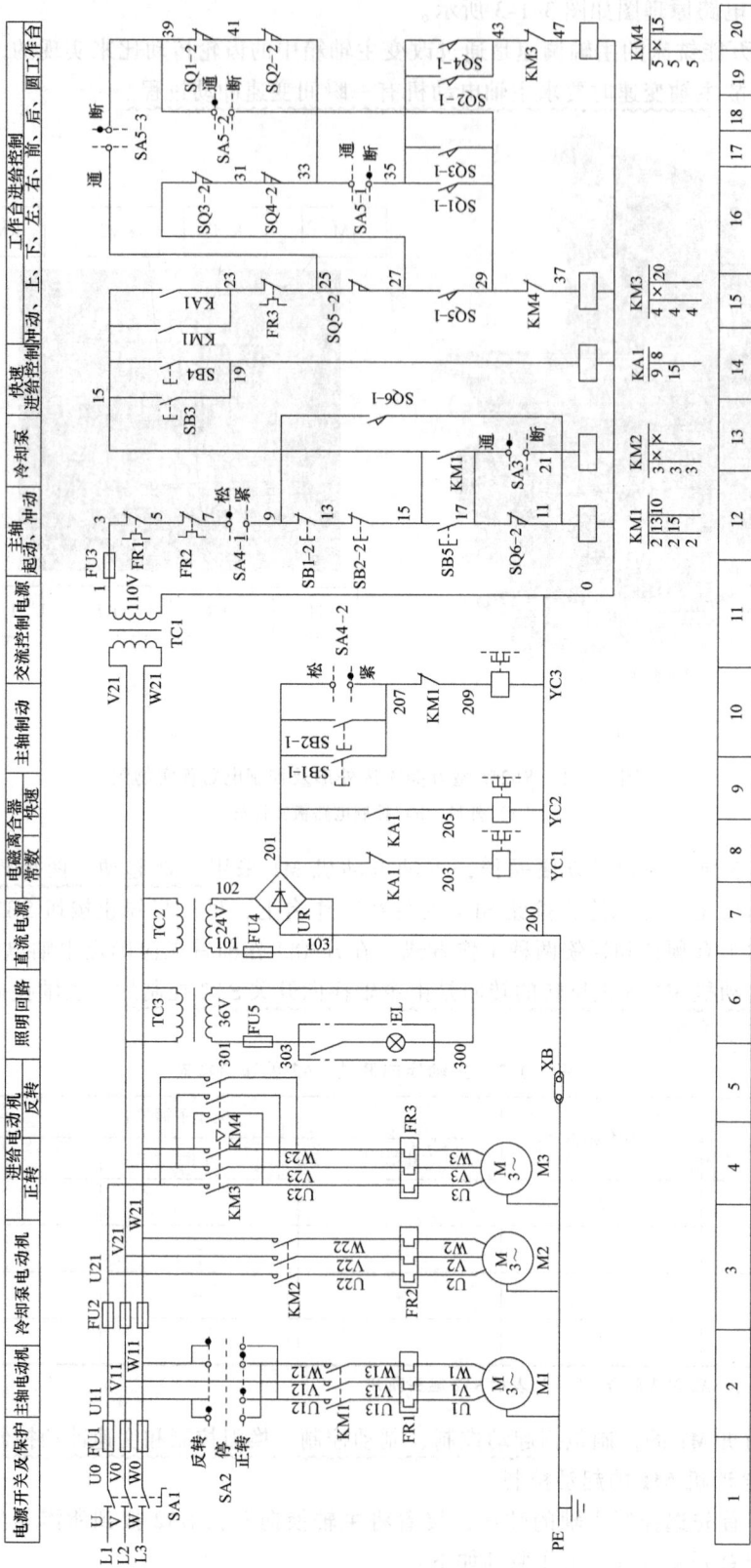

图 3-1-2　X62W 型万能铣床电路原理图

```
                              ┌──→ KM1 主触头闭合 ──→ 主轴电动机 M1 起动运转
                              │
                              │
                              ├──→ KM1 自锁触头闭合
                              │      (15-17)
按下 SB5 ──→ KM1 线圈得电 ─────┤
                              ├──→ KM1 常开触头闭合 ──→ 为进给电路引入电源
                              │      (15-23)
                              │
                              └──→ KM1 常闭触头断开 ──→ 对主轴制动电磁离合器
                                     (207-209)            YC3 实现联锁
```

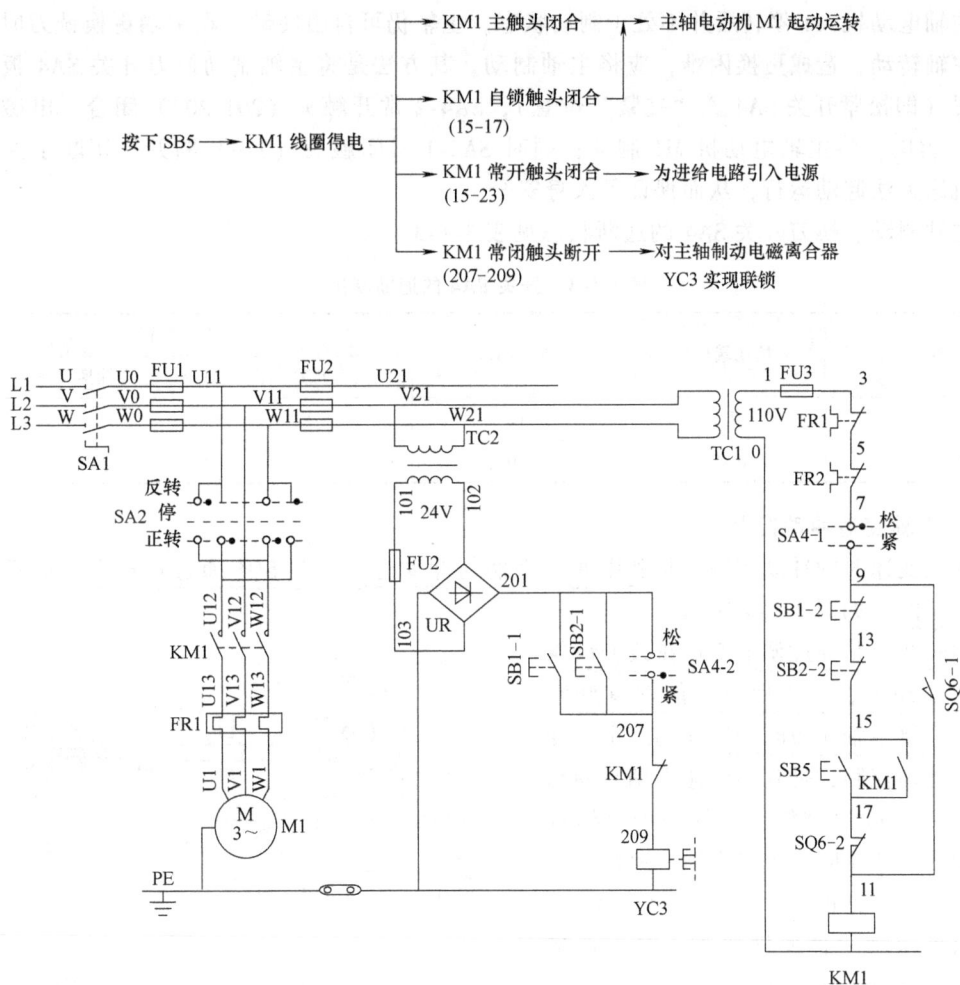

图 3-1-3　X62W 型万能铣床电路原理图（主轴部分）

KM1 线圈得电回路为：TC1（1）→3→5→7→9→13→15→17→11→KM1 线圈→TC1（0）。

2. 主轴电动机 M1 停车及制动控制

当铣削完毕，需要主轴电动机 M1 停止时，为使主轴能迅速停车，控制电路采用电磁离合器 YC3 对主轴进行停车制动，工作原如如下：

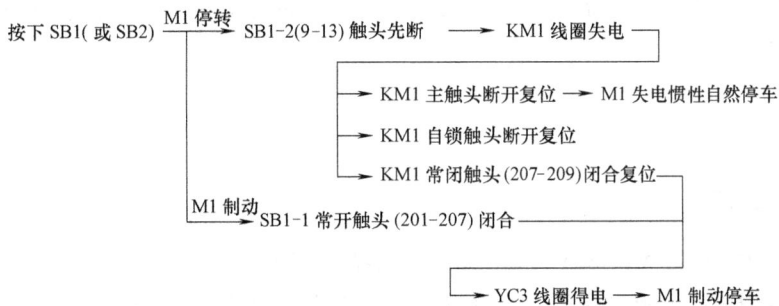

```
                    M1 停转
按下 SB1( 或 SB2) ─────→ SB1-2(9-13)触头先断 ──────→ KM1 线圈失电 ──┐
               │                                                │
               │        ┌──→ KM1 主触头断开复位 ──→ M1 失电惯性自然停车
               │        │
               │        ├──→ KM1 自锁触头断开复位
               │        │
               │        └──→ KM1 常闭触头(207-209)闭合复位 ──────────┤
               │                                                    │
               │  M1 制动                                            │
               └─────→ SB1-1 常开触头(201-207)闭合 ──────────────────┤
                                                                    │
                          ┌─────────────────────────────────────────┘
                          └──→ YC3 线圈得电 ──→ M1 制动停车
```

3. 主轴换铣刀控制

主轴电动机 M1 停转后并不处于制动状态，主轴仍可自由转动。在主轴更换铣刀时，为避免主轴转动，造成更换困难，应将主轴制动。其方法是将主轴制动换刀开关 SA4 扳向换刀位置（即松紧开关 SA4 置"夹紧"位置），SA4-2 常开触头（201-207）闭合，电磁离合器 YC3 得电，将主轴电动机 M1 制动；同时 SA4-1 常闭触头（7-9）断开，切断了控制电路，机床无法起动运行，从而保证了人身安全。

主轴制动、换刀开关 SA4 的通断状态见表 3-1-3。

表 3-1-3　开关 SA4 的通断状态

触头	接线端标号	所在图区	操作位置	
			主轴正常工作	主轴换刀制动
SA4-1	7-9	12	+	−
SA4-2	201-207	10	−	+

4. 主轴变速冲动控制

主轴变速时的冲动控制，是利用变速手柄与冲动行程开关 SQ6 通过机械上的联动机构进行控制的，如图 3-1-4 所示。

主轴变速是通过调节变速盘改变齿轮传动比实现的，为了使齿轮能够良好啮合，故需要主轴作短时变速冲动。主轴变速时的冲动控制，是利用变速手柄与冲动行程开关 SQ6 通过机械上的联动机构进行控制的。变速时，先将主轴变速操纵手柄下压，使手柄的榫块从定位槽中脱出，然后向外拉动手柄使榫块落入第二道槽内，使齿轮组脱离啮合。转动变速盘选定所需要的转速后，把变速操纵手柄推回原

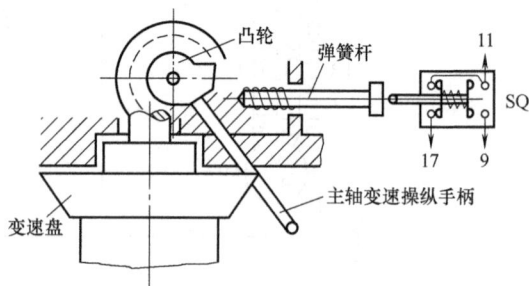

图 3-1-4　主轴变速冲动结构控制示意图

位，使榫块重新落进槽内，齿轮组重新啮合。变速时为了使齿轮容易啮合，在主轴变速操纵手柄推进时，手柄上装的凸轮将弹簧杆推动一下又返回，这时弹簧杆 3 推动一下行程开关 SQ6，使 SQ6 的常闭触头 SQ6-2（11-17）先分断，常开触头 SQ6-1 后闭合，接触器 KM1 瞬间得电动作，主轴电动机 M1 会产生一冲动。主轴电动机 M1 因未制动而惯性旋转，使齿轮系统发生抖动，主轴在抖动时刻，将变速操纵手柄先快后慢地推进去，齿轮便顺利地啮合。当瞬间点动过程中齿轮系统没有实现良好啮合时，可以重复上述过程直到啮合为止。变速前应先停车。

任务实施

一、准备工作

➢ 设备：X62W 型万能铣床或者具有相似功能的实验台。

➢ 工具：万用表、钳形电流表、绝缘电阻表、扳手、钢丝钳、剥线钳、尖嘴钳、螺钉旋

具、电工刀、验电器、校验灯等。

> 情境导入：X62W 型万能铣床的主轴电动机不能正常运行。

> 任务确定：根据电路原理，结合实际故障现象，完成故障诊断与排除。

二、实施步骤

1）在教师的指导下，参照 X62W 型万能铣床的电气接线和位置图（见 3-1-5），在铣床上通过测量等方法找出控制电路实际走线路径。

2）观察教师示范检修过程，然后自行完成故障点的检修实训任务。

故障一：按下起动按钮 SB5 后，交流接触器 KM1 不动作。

【观察故障现象】　首先将换刀开关 SA4 扳至"松"位置，然后合上铣床电源总开关 SA1，按下主轴电动机起动按钮 SB5，接触器 KM1 不吸合，主轴电动机 M1 不起动。但是能实现主轴变速冲动。

【判断故障范围】　根据故障现象可知，故障电路如图 3-1-6 中点画线所示。

【查找故障点】　采用电压测量法检查故障点。

1）将万用表选择开关拨至交流电压 250V 档。

2）将黑表笔接在选择的参考点 TC1（0#）上。

3）合上铣床电源总开关 SA1，按住 SB5，红表笔从 SB1-2 接线端（9#）起，依次逐点测量：

第一步，SB1-2 接线端（9#），测得电压值为 110V 正常。

第二步，SB1-2 接线端（13#），测得电压值为 110V 正常。

第三步，SB2-2 接线端（13#），测得电压值为 110V 正常。

第四步，SB2-2 接线端（15#），测得电压值为 110V 正常。

第五步，SB5 接线端（15#），测得电压值为 110V 正常。

第六步，SB5 接线端（17#），测得电压值为 110V 正常。

第七步，SQ6-2 接线端（17#），测得电压值为 110V 正常。

第八步，SQ6-2 接线端（11#），测得电压值为 0V 不正常，说明故障就在此处，SQ6-2 常闭触头开路。

【排除故障】　根据故障点情况，断开铣床电源总开关 SA1，修复或更换 SQ6 元件。

【通电试车】　排除故障点后，重新开机操作检查，直至符合技术要求为止。

故障二：主轴电动机 M1 转速很慢并发出"嗡嗡"声。

【观察故障现象】　合上铣床电源总开关 SA1，然后将转换开关 SA2 扳至"正转"位置，再按下 SB5 时，KM1 吸合，主轴电动机 M1 转速很慢，并发出"嗡嗡"声，这时应立即按下停止按钮，切断 M1 的电源，避免损坏主轴电动机。再将转换开关 SA2 扳至"反转"位置，按下 SB5 时，KM1 吸合，主轴电动机 M1 仍然转速很慢，并发出"嗡嗡"声。（如果电动机 M1 反转正常，则故障为 SA2"正转"位置时触头接触不良。）

【分析故障范围】　KM1 吸合，说明主轴电动机 M1 控制回路部分正常，故障出现在主电路部分（这是典型的电动机断相故障），故障电路如图 3-1-7 中点画线所示，主轴电动机 M1 的工作回路如图 3-1-8 所示。

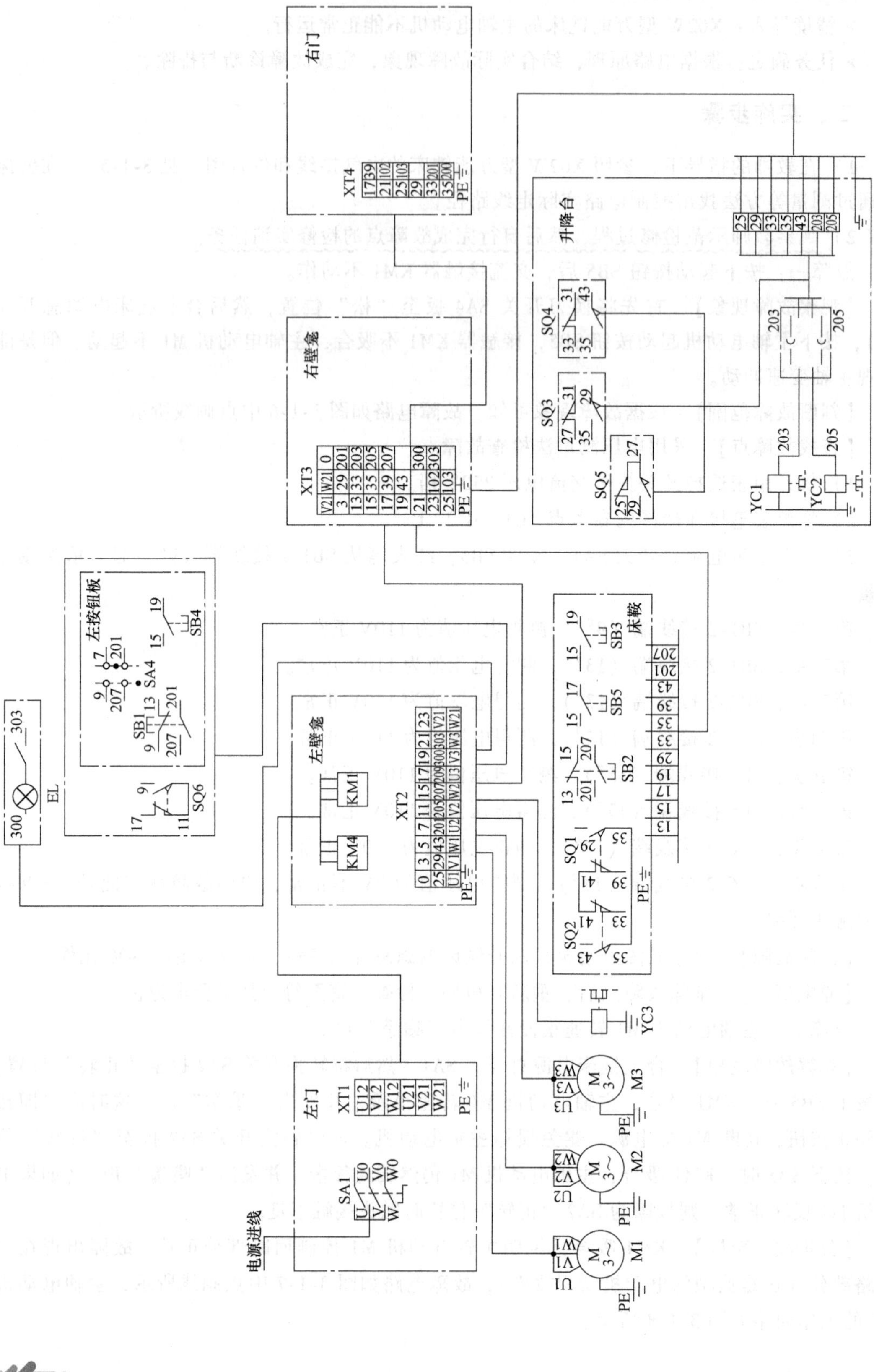

图 3-1-5　X62W 型万能铣床电气接线和位置图

图 3-1-6　故障一电路图

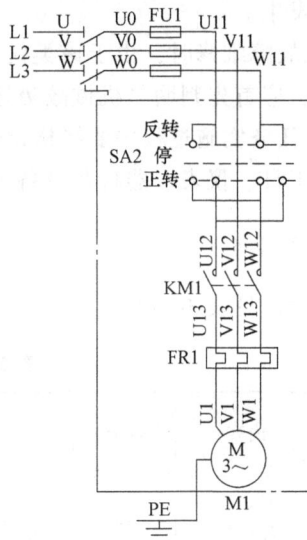

图 3-1-7　故障二电路图

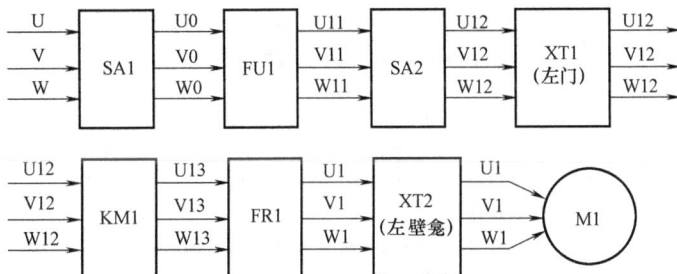

图 3-1-8　主轴电动机 M1 的工作回路

【查找故障点】　采用电压测量法和电阻测量法判断故障点的方法步骤如下：

1）在电源开关 SA1 闭合以及 KM1 失电的情况下，从 SA2 触头的上端头到 KM1 主触头的上端头，用万用表电压档交流 500V 档依次测量各相主电路中的接点，若电压不正常，则说明故障点就在测试点前级。

2）先断开电源总开关 SA1，并将正反转开关 SA2 扳至"停"的位置，再将万用表功能选择开关拨至电阻档（R×10），人为按下 KM1 动作试验按钮，然后分别检测接触器 KM1 主触头、热继电器 FR1 热元件、电动机 M1 绕组等的通断情况，看有无电器损坏、接线脱落、触头接触不良等现象。

【排除故障】　断开铣床电源总开关 SA1，根据故障点情况，更换损坏的元器件或导线。

【通电试车】　排除故障点后，重新开机操作检查，直至符合技术要求为止。通电试车。

三、安全生产和文明生产要求

1）铣床通电查找故障点时，一定要遵守安全用电操作规程，并要有人在旁监护，以防触电事故发生。

2）在故障维修时，由于该类铣床的电气控制和机械结构的配合十分密切，因此，在出现故障时，应首先判明是机械故障还是电气故障。

3）在任务实施过程中要严格遵守安全用电操作规程，节约材料，爱护工具和设备，自觉将所用工具、仪表、器材及设备进行保养和归位，做好实训工位和场地的卫生工作。

任务评价

任务评价见表3-1-4。

表3-1-4 项目三任务一评价表

评价项目	内容	配分	评分标准	学生评价		教师评价
				自评	互评	
任务实施	确定故障现象	10	不能确定万能铣床主轴故障现象,经一次提示扣5分			
	确定故障范围	20	1. 不能分析万能铣床主轴故障范围,经一次提示扣5分 2. 排除故障的方法、步骤错误,经一次提示扣5分			
	故障排除	30	1. 查出故障点但不能排除,经一次提示扣5分 2. 产生新的故障或扩大故障范围,扣5分			
安全操作与职业素养	安全操作	20	1. 停电要验电 2. 个人安全措施符合要求:穿工作服、电工鞋;停电检修前必须验电;分组实施过程中须有专人监护安全操作 3. 工具和仪表使用得当,不损坏仪器设备			
	5S管理规范	20	任务实施过程中按照5S管理规范(整理、整顿、清洁、清扫、素养)执行,仪器、器件、工具摆放合理;任务完成后工位保持整洁			

巩固提高

一、判断题

1. X62W型万能铣床的顺铣和逆铣加工是由主轴电动机M1的正反转来实现的。（　　）

2. 对于X62W型万能铣床为了避免损坏刀具和机床，要求只要电动机M1、M2、M3中有一台过载，三台电动机都必须停止运转。（　　）

3. 为了提高工作效率，X62W型万能铣床要求主轴和进给功能同时起动和停止。（　　）

4. X62W型万能铣床工作台的快速运动是由专门的电动机拖动的。（　　）

二、选择题

1. X62W 型万能铣床的操作方法是（　　）。

A. 全用按钮　　　　B. 全用手柄　　　　C. 既有按钮又有手柄

2. 安装在 X62W 型万能铣床工作台上的工作可以在（　　）方向调整位置或进给。

A. 2 个　　　　　　B. 4 个　　　　　　C. 6 个

3. X62W 型万能铣床上，由于主轴系统传动系统中装有（　　），为减小停车时间，必须采用制动措施。

A. 摩擦轮　　　　　B. 惯性轮　　　　　C. 电磁离合器

任务二　　铣床进给轴常见故障诊断与维修

任务目标

1. 正确理解 X62W 型万能铣床进给轴电路的工作原理。
2. 能根据故障现象，检修 X62W 型万能铣床进给轴电路。

工作任务

如图 3-2-1 所示，根据 X62W 型万能铣床进给轴电路不能正常工作的现象，利用常规检测工具，进行故障排除，并将故障排除过程记录在表 3-2-1 中。

表 3-2-1　故障排除过程

故障现象	故障分析及测量流程	故障检测结果

知识引导

X62W 型万能铣床的进给轴运动是指工件随工作台在前后（横向）、左右（纵向）和上下（垂直）6 个方向上的运动以及随圆工作台的旋转运动。

X62W 型万能铣床的工作台要求有前后、左右和上下 6 个方向上的进给运动和快速移动，所以要求进给电动机能正反转。为扩大加工能力，在工作台上可加装圆工作台，圆工作台的回转运动是由进给电动机经传动机构驱动的。

为保证机床和刀具的安全，在铣削加工时，任何时刻工件都只能有一个方向的进给运动，因此采用了机械操作手柄和行程开关相配合的方式实现 6 个运动方向的联锁。

为防止刀具和机床的损坏，要求只有主轴起动后才允许有进给运动；同时为了减小加工件的表面粗糙度，要求进给停止后主轴才能停止或同时停止。

进给变速采用机械方式实现，变速时为了齿轮能够良好啮合，也需要进给电动机有一瞬间变速冲动。X62W 型万能铣床工作台的进给运动必须在主轴电动机 M1 起动后才能进行。进给轴部分电路原理如图 3-2-1 所示。

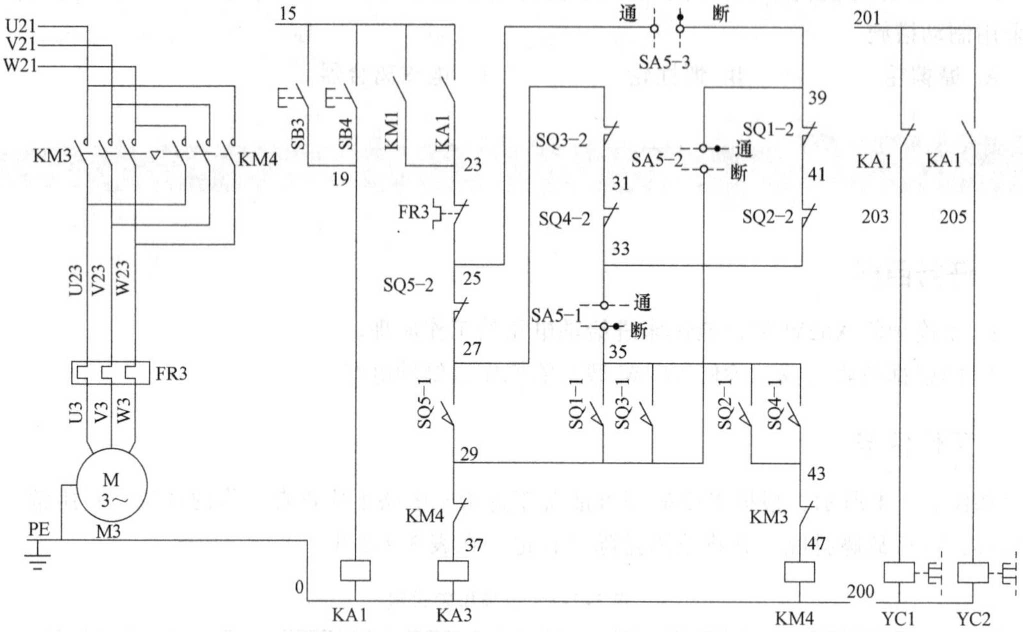

图 3-2-1　X62W 型万能铣床电路原理图（进给轴电路部分）

一、工作台的左右进给运动

工作台的左右进给运动是由纵向操纵手柄和行程开关联合控制的。操纵手柄位置及其控制关系见表 3-2-2。

起动条件：十字（横向、垂直）操纵手柄置"居中"位置（行程开关 SQ3、SQ4 不受压）；控制圆工作台的选择转换开关 SA5 置于"断"的位置；SQ5 置于正常工作位置（不受压）；主轴电动机 M1 首先已起动，即接触器 KM1 得电吸合并自锁，其辅助常开触头 KM1（15-23）闭合，接通进给控制电路电源。

表 3-2-2　工作台纵向（左右）进给操纵手柄位置及其控制关系

手柄位置	行程开关动作	接触器动作	电动机 M3 转向	传动链搭合丝杠	工作台运动方向
向右	SQ1	KM3	正转	左右进给丝杠	向右
居中	—	—	停止	—	停止
向左	SQ2	KM4	反转	左右进给丝杠	向左

1. 工作台向左进给运动控制

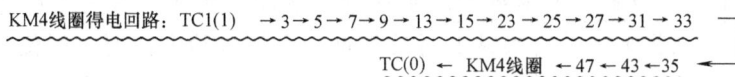

```
                    ┌→ SQ2-1闭合 ─→ KM4得电吸合 ─────────────┐
                    │   (35-43)                                │
 纵向手柄向"左"      │  ┌→ KM4主触头闭合 ─→ M3反转 ─→ 工作台向左移动
      │            │  │
      ↓            ├──┤
  SQ2动作 ─────────┤  └→ KM4常闭触头断开 ─→ 对KM3线圈通路进行联锁
                    │
                    └→ SQ2-2断开 ─→ 对上下、前后进给运动控制电路进行联锁
                       (33-41)
```

KM4线圈得电回路：TC1(1) → 3 → 5 → 7 → 9 → 13 → 15 → 23 → 25 → 27 → 31 → 33 ┐
　　　　　　　　　　　　TC(0) ← KM4线圈 ← 47 ← 43 ← 35 ←───────────────────┘

2. 工作台向右进给运动控制

工作台向右进给与工作台向左进给相似，请读者自行分析。

二、工作台上下和前后进给运动

工作台上下和前后进给运动的选择及联锁是通过十字操纵手柄和行程开关 SQ3、SQ4 联合控制，十字操纵手柄位置及其控制关系见表 3-2-3。

表 3-2-3　工作台上下和前后进给十字手柄位置及其控制关系

手柄位置	行程开关动作	接触器动作	电动机 M3 转向	传动链搭合丝杠	工作台运动方向
上	SQ4	KM4	反转	上下进给丝杠	向上
下	SQ3	KM3	正转	上下进给丝杠	向下
中	—	—	停止	—	停止
前	SQ3	KM3	正转	前后进给丝杠	向前
后	SQ4	KM4	反转	前后进给丝杠	向后

起动条件：左右（纵向）操纵手柄置"居中"位置（SQ1、SQ2 不受压）；控制圆工作台转换开关 SA5 置于"断开"位置；SQ5 置于正常工作位置（不受压）；主轴电动机 M1 首先已起动（即接触器 KM1 得电吸合）。

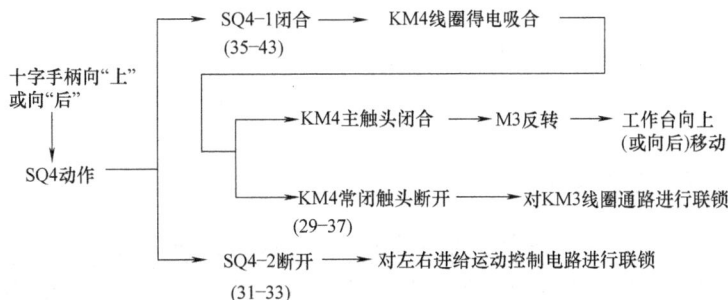

```
                         ┌→ SQ4-1闭合 ─→ KM4线圈得电吸合 ──────────┐
                         │   (35-43)                                │
 十字手柄向"上"           │  ┌→ KM4主触头闭合 ─→ M3反转 ─→ 工作台向上
 或向"后"                 │  │                              (或向后)移动
     │                  ├──┤
     ↓                  │  └→ KM4常闭触头断开 ─→ 对KM3线圈通路进行联锁
  SQ4动作 ──────────────┤     (29-37)
                         │
                         └→ SQ4-2断开 ─→ 对左右进给运动控制电路进行联锁
                            (31-33)
```

1. 工作台向上和向后进给控制

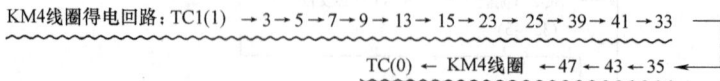

KM4线圈得电回路：TC1(1) → 3 → 5 → 7 → 9 → 13 → 15 → 23 → 25 → 39 → 41 → 33

TC(0) ← KM4线圈 ← 47 ← 43 ← 35 ←

2. 工作台向下和向前进给控制

工作台向下和向前进给与工作台向上和向后进给相似，请读者自行分析。

3. 左右进给手柄与上下、前后进给手柄的联锁控制

左右进给操纵手柄与上下、前后进给操纵手柄实行了联锁控制。在两个手柄中，只能进行其中一个进给方向上的操作，当一个操纵手柄被置定在某一进给方向后，另一个操纵手柄必须置于"中间"位置，否则将无法实现进给运动。例如，当把左右进给操纵手柄扳向"左"时，同时又将十字进给操纵手柄扳置向"下"进给方向时，则位置开关 SQ2 和 SQ3 均被压下，常闭触头 SQ2-2 和 SQ3-2 均分断，断开了接触器 KM3 和 KM4 的线圈通路，进给电动机 M3 只能停转，保证了操作安全。

三、工作台进给变速时的瞬时点动（即进给变速冲动）控制

工作台进给变速时的瞬时点动（即进给变速冲动）控制与主轴变速冲动一样，是为了便于变速时齿轮的啮合，进给变速冲动由蘑菇形进给变速手柄配合行程开关 SQ5 来实现。但进给变速时不允许工作台作任何方向的运动。主轴电动机 M1 先已起动，即接触器 KM1 得电吸合并自锁，其辅助常开触头 KM1（15-23）闭合，接通进给控制电路电源。

变速时，先将蘑菇形变速手柄拉出，使齿轮脱离啮合，转动变速盘至所需要的进给速度档，然后用力将蘑菇形变速手柄向外拉到极限位置，再将蘑菇形变速手柄复位，在将蘑菇形变速手柄复位过程中，压动了行程开关 SQ5。工作原理如下：

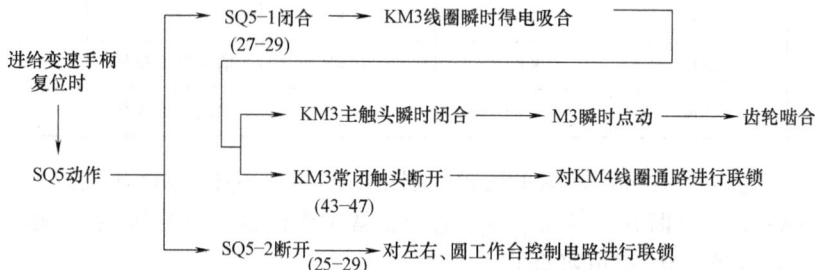

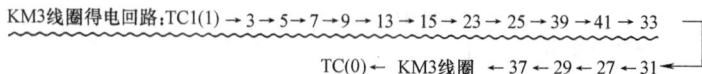

KM3线圈得电回路：TC1(1) → 3 → 5 → 7 → 9 → 13 → 15 → 23 → 25 → 39 → 41 → 33

TC(0) ← KM3线圈 ← 37 ← 29 ← 27 ← 31 ←

四、工作台的快速运动

工作台的快速运动，是由各个方向的操纵手柄与快速移动按钮 SB3 或 SB4 配合控制的。如果需要工作台在某个方向快速运动时，应将工作台操纵手柄扳向相应的方向位置，然后按下 SB3 或 SB4。工作原理如下：

按住SB3或SB4 → KA1线圈得电

- → KA1常开触头闭合 → KM3得电吸合
  (15-19) (或KM4)
- → KM3主触头闭合 → M3正转 → 工作台快速移动
  (或KM4) (或反转) (右下前或左上后)
- → KM3常闭触头断开 → 对KM4进行联锁
  (或KM4) (或KM3)
- → KA1常开触头闭合 → 接通快速电磁离合器YC2
  (201-205)
- → KA1常闭触头断开 → 切断常速电磁离合器YC1
  (201-203)

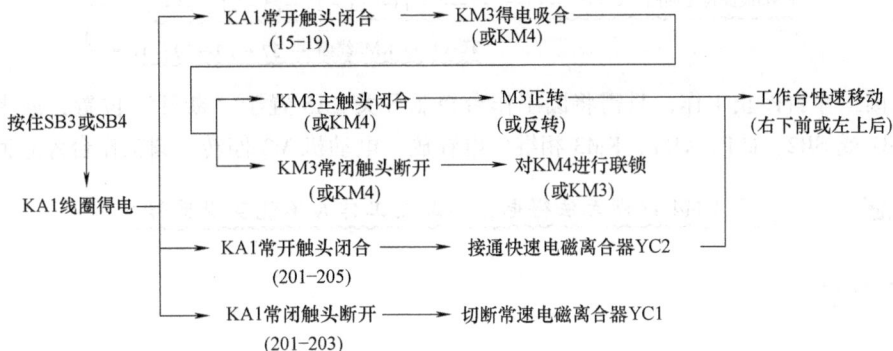

松开快速按钮 SB3 或 SB4，接触器 KM3 或 KM4 失电释放，快速电磁离合器 YC2 失电释放，常速电磁离合器 YC1 得电吸合，工作台快速运动停止，继续以常速在这个方向上运动。

五、圆工作台进给运动

为了扩大铣床的加工范围，可在铣床工作台上安装附件圆工作台，进行对圆弧或凸轮的铣削加工。

转换开关 SA5 就是用来控制圆工作台的，其功能见表 3-2-4。

表 3-2-4　圆工作台转换开关 SA5 触头的工作状态

触头	接线端标号	所在区号	操作手柄位置	
			断开圆工作台	接通圆工作台
SA5-1	33-35	16	+	-
SA5-2	39-29	18	-	+
SA5-3	25-39	17	+	-

起动条件：首先将左右（纵向）和十字（横向、垂直）操纵手柄都置于"中间"位置（行程开关 SQ1～SQ4 均未受压动，处于初始状态）；SQ5 处于初始状态（未受压）；主轴电动机 M1 已起动，即接触器 KM1 得电吸合并自锁，其辅助常开触头 KM1（15-23）闭合，然后将圆工作台转换开关置于"接通"位置；接通圆工作台进给控制电路电源。工作原理如下：

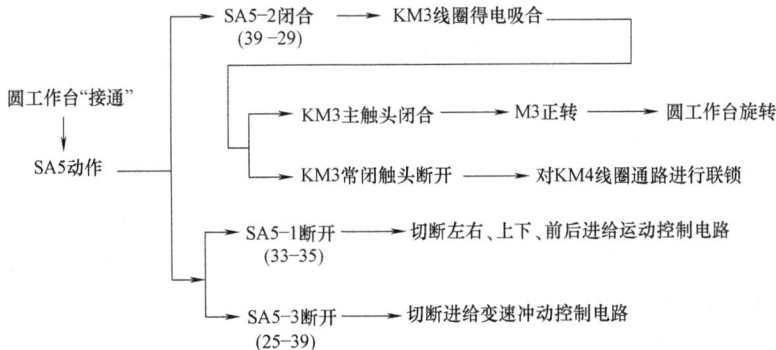

圆工作台"接通" → SA5动作

- → SA5-2闭合 → KM3线圈得电吸合
  (39-29)
- → KM3主触头闭合 → M3正转 → 圆工作台旋转
- → KM3常闭触头断开 → 对KM4线圈通路进行联锁
- → SA5-1断开 → 切断左右、上下、前后进给运动控制电路
  (33-35)
- → SA5-3断开 → 切断进给变速冲动控制电路
  (25-39)

KM3线圈得电回路:TC1(1) → 3 → 5 → 7 → 9 → 13 → 15 → 23 → 25 → 27 → 31 → 33

TC(0) ← KM3线圈 ← 37 ← 29 ← 39 ← 41

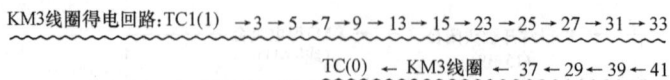

若要圆工作台停止工作，只需将圆工作台控制开关 SA5 置于"断开"位置，或者按下停止按钮 SB1 或 SB2，此时 KM1、KM3 相继失电释放，电动机 M3 停转，圆工作台停止回转。

>> **注意**　由于 KM4 线圈无法得电，因此圆工作台不能实现反转。

任务实施

一、准备工作

➢ 设备：X62W 型万能铣床或者具有相似功能的实验台。

➢ 工具：万用表、钳形电流表、绝缘电阻表、扳手、钢丝钳、剥线钳、尖嘴钳、螺钉旋具、电工刀、验电器、校验灯等。

➢ 情境导入：X62W 型万能铣床的进给轴电路不能正常运行。

➢ 任务确定：根据电路原理，结合实际故障现象，完成故障诊断与排除。

二、实施步骤

故障一：工作台各个方向都不能作进给运动而且也不能进给冲动。

【观察故障现象】　合上铣床电源总开关 SA1，铣床主轴电动机起动后，操作工作台纵向操纵手柄和十字操纵手柄，工作台各个方向（即上下、前后、左右 6 个方向）都不能进给运动，同时也不能进给冲动。

【分析故障范围】　根据故障现象，分析控制电路可知，故障电路如图 3-2-2 中点画线所示。其故障电路路径为：

15#—KM1 常开触头—23#—FR3 常闭触头—25# 或 0# 线。

【查找故障点】　采用电压测量法检查故障点。

1）将万用表选择开关拨至交流 250V 档。

2）将黑表笔接在选择的参考点 TC1（1#）上。

3）合上电源开关 SA1，将主轴电动机起动后，红表笔从 TC1（0#）起，依次逐点测量下列各点：

第一步，变压器 TC1（0#），测得电压值 110V 为正常。

第二步，接线端子 XT3（0#），测得电压值 110V 为正常。

第三步，接线端子 XT2（0#），测得电压值 110V 为正常。

第四步，接触器 KM4 线圈（0#），测得电压值 110V 为正常。

第五步，接触器 KM3 线圈（0#），测得电压值 110V 为正常；说明 0# 线无故障。

4）检查 0# 线无故障后，再检查 15#—KM1 常开触头—23#—FR3 常闭触头—25# 范围。检查方法基本同上，不同之处是以 TC1（0#）为参考点，红表笔从接触器 KM1 常开触头（15#）起，依次逐点测量下列各点：

第一步，接触器 KM1（15#），若测得电压值 110V 为正常。

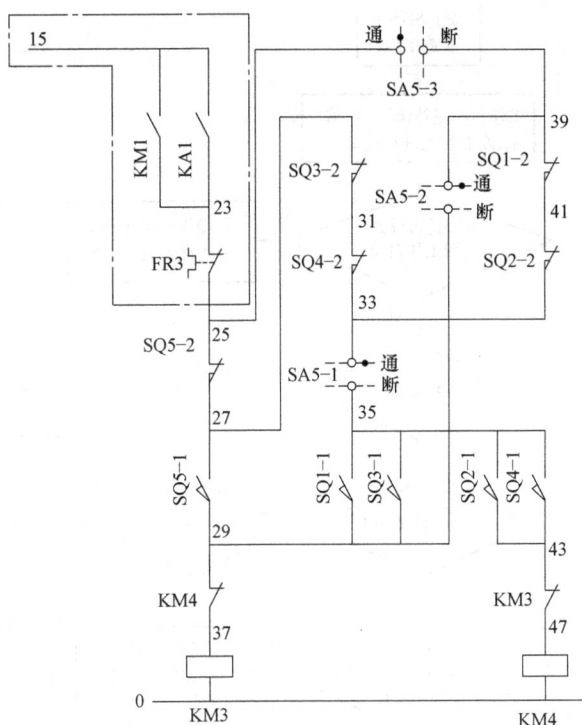

图 3-2-2　故障一电路图

第二步，接触器 KM1 (23#)，若测得电压值 110V 为正常。

第三步，热继电器 FR3 (23#)，若测得电压值 110V 为正常。

第四步，热继电器 FR3 (25#)，若测得电压值 0V 为不正常，则说明故障点为 FR3 常闭触头接触不良。

【排除故障】　断开铣床电源总开关 SA1，修复或更换 FR3 常闭触头。

【通电试车】　通电检查铣床各项操作，直至符合技术要求。通电试车。

工作台各个方向都不能作进给运动的检修流程如图 3-2-3 所示。

故障二：工作台各个方向都不能作进给运动，但是操作进给变速冲动正常。

【观察故障现象】　合上铣床电源总开关 SA1，铣床主轴电动机 M1 起动后，操作工作台纵向操纵手柄和十字操纵手柄，工作台各个方向（上下、前后、左右 6 个方向）都不能进给运动，但操作进给变速冲动正常。

【分析故障范围】　根据故障现象，分析控制电路可知，故障电路如图 3-2-4 中点画线所示。判断故障范围为：33#—SA5-1 触头—35#。

【查找故障点】　首先合上铣床电源总开关 SA1，将主轴电动机 M1 起动，然后将纵向操纵手柄置于"向右"位置，圆工作台转换开关 SA5 置于"断"位置；将万用表置于交流 250V 档，黑表笔接在 TC1 (0#) 接线端上作为参考点，红表笔依次测量：

右壁龛 XT3 (33#)→右门 XT4 (33#)→SA5-1 (33#)→SA5-1 (35#)→XT4 (35#)→右壁龛 XT3 (35#) 都应有 110V 电压，若从上述某点起测得的电压为 0V 或很小，说明该点有故障。应进一步查明故障原因。

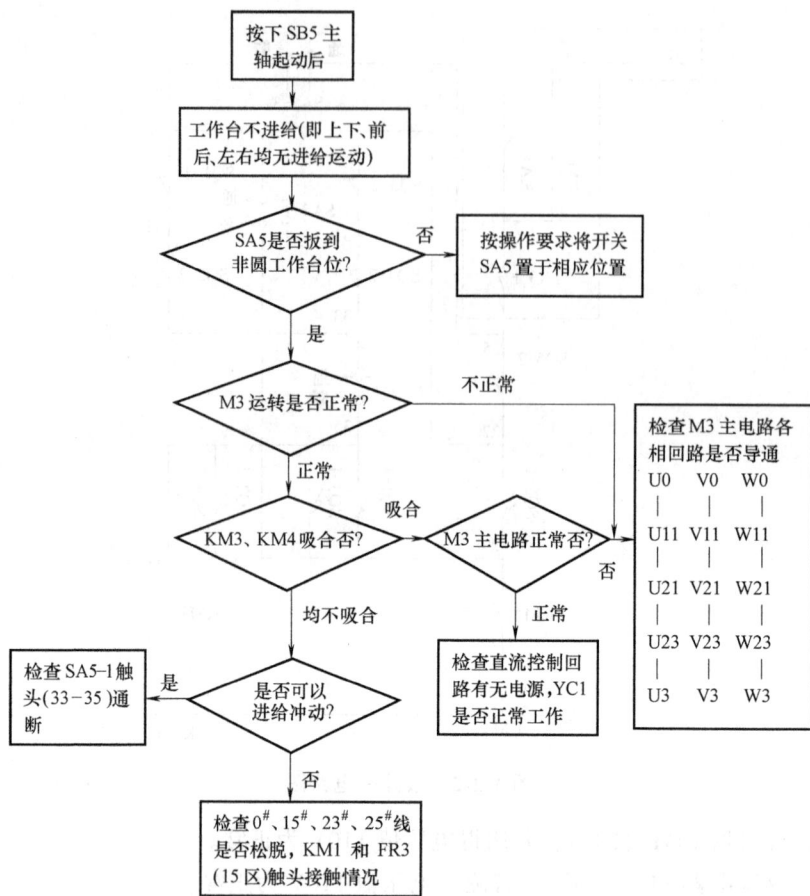

图 3-2-3　工作台各个方向都不能作进给运动的检修流程图

假如红表笔测 SA5-1（33#）处电压正常，测 SA5-1（35#）处无电压或电压很小，说明 SA5-1 触头出现开路或触头氧化、接触不良等故障。

【排除故障】　断开铣床电源总开关 SA1，修复或更换 SA5 触头。

【通电试车】　通电检查铣床各项操作，直至符合技术要求。通电试车。

故障三：工作台各个方向都不能进给运动，同时工作台不能快速移动，主轴制动失灵。

【观察故障现象】　合上铣床电源总开关 SA1，铣床主轴电动机 M1 起动后，操作工作台纵向操纵手柄和十字操纵手柄，工作台各个方向都不能进给运动，同时工作台不能快速移动，主轴制动失灵，但发现接触器 KM3、KM4 和中间继电器 KA1 均能吸合。

【分析故障范围】　根据故障现象分析，故障范围应在直流控制回路中。故障电路如图 3-2-5 中点画线所示。

【查找故障点】　采用电压测量法查找故障点。

1）将万用表选择开关拨至交流 50V 档。

2）将黑表笔接在选择的参考点 TC2（102#）上。

3）合上电源开关 SA1，红表笔从 TC2（101#）起，依次逐点测量下列各点：

第一步，变压器 TC2（101#），测得电压值 24V 为正常。

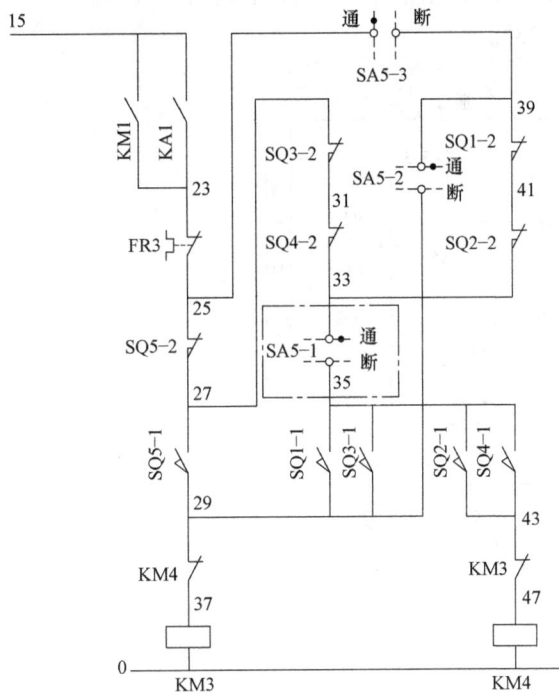

图 3-2-4　故障二电路图　　　　　　　　　图 3-2-5　故障三电路图

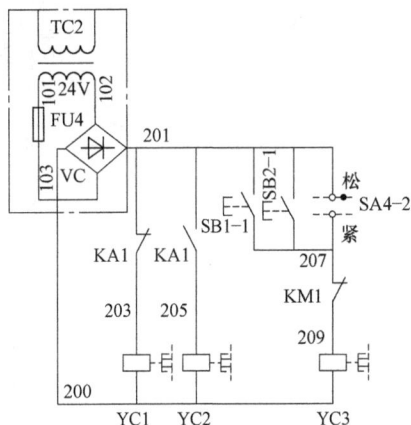

第二步，熔断器 FU4（101#），测得电压值 24V 为正常。

第三步，熔断器 FU4（103#），测得电压值 24V 为正常。

第四步，接线端子 XT3（103#），测得电压值 24V 为正常。

第五步，接线端子 XT4（103#），测得电压值 24V 为正常。

第六步，整流组件 VC（103#），测得电压值 24V 为正常，然后将红表笔接在 VC（103#）上作为参考点，黑表笔接着测量下列各点：

① 接线端子 XT3（102#），测得电压值 24V 为正常。

② 接线端子 XT4（102#），测得电压值 24V 为正常。

③ 整流组件 VC（102#），测得电压值 24V 为正常。

4）将万用表选择开关拨至直流 50V 档。

5）将黑表笔接在选择的参考点整流组件 VC（200#）上，红表笔依次测量下列各点：

第一步，红表笔接整流组件 VC（201#），测得直流电压值约为 22V 正常。

第二步，测接线端子 XT4（201#），测得直流电压值约为 0V 不正常，说明此处有故障，整流组件 VC（201#）至接线端子排 XT4 的 201#线开路。

【排除故障】　断开电源开关 SA1，用螺钉旋具紧固 201#导线两端头，若故障依旧，则更换同规格的导线。

【通电试车】　通电检查铣床各项操作，符合技术要求。

故障四：工作台只能左右进给，不能前后、上下进给。

【观察故障现象】　合上电源开关 SA1，铣床主轴电动机起动后，操作工作台能向左右进给，但不能向前后、上下进给，再将 SA5 扳至圆工作台位置，圆工作台也不能工作。

【分析故障范围】 根据故障现象可以判断，故障电路如图 3-2-6 中点画线所示。故障范围为：39#—SQ1-2—41#—SQ2-2—33#。

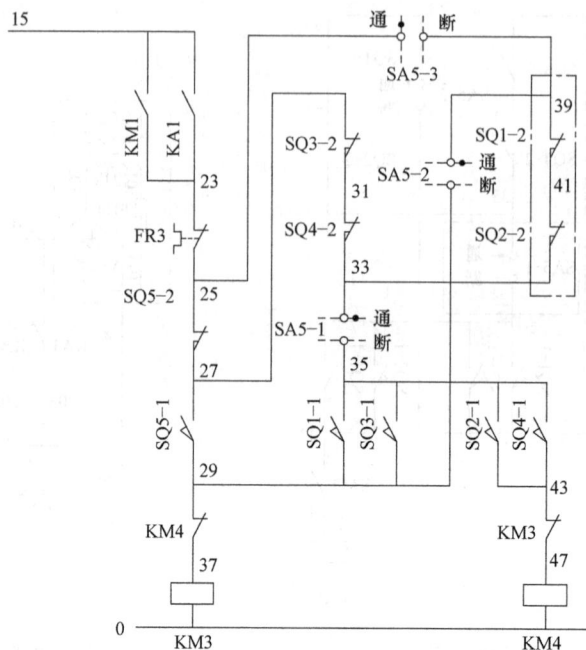

图 3-2-6 故障四电路图

【查找故障点】 采用电压测量法检查。

1）将万用表选择开关拨至交流电压 250V 档。

2）将黑表笔接在选择的参考点 TC1（0#）上。

3）合上电源开关 SA1，将主轴电动机起动后，红表笔从转换开关 SA5-3（39#）起，依次逐点测量下列各点：

第一步，圆工作台转换开关 SA5-3（39#），测得电压值 110V 为正常。

第二步，接线端子 XT4（39#），测得电压值 110V 为正常。

第三步，接线端子 XT3（39#），测得电压值 110V 为正常。

第四步，行程开关 SQ1-2（39#），测得电压值 110V 为正常。

第五步，行程开关 SQ1-2（41#），测得电压值 110V 为正常。

第六步，行程开关 SQ2-2（41#），测得电压值 110V 为正常。

第七步，行程开关 SQ2-2（33#），测得电压值 0V 不正常，说明行程开关 SQ2-2 触头有故障。经进一步检查为 SQ2-2 常闭触头氧化，导致触头接触不良。

【排除故障】 断开电源开关 SA1，修理或更换 SQ2-2 元件，就可排除故障。

【通电试车】 通电试车检查铣床各项操作，符合技术要求。通电试车。

三、安全生产和文明生产要求

1）在故障维修时，一定要切断机床电源，而且停电要验电，以确保操作安全，同时要做好检修记录。

2）在实际故障检修过程中，不一定严格按照逐点排查，也可根据实际情况进行隔点排查，以提高检修速度。

3）在任务实施过程中，要严格遵守安全用电操作规程，节约材料，爱护工具和设备，自觉将所用工具、仪表、器材及设备进行保养和归位，做好实训工位和场地的卫生工作。

任务评价

任务评价见表3-2-5。

表3-2-5　项目三任务二评价表

评价项目	内容	配分	评分标准	学生评价		教师评价
				自评	互评	
任务实施	确定故障现象	10	1. 不能熟练操作 X62W 型万能铣床进给轴电路,扣5分 2. 不能确定故障现象,经一次提示扣2分			
	确定故障范围	20	1. 分析铣床进给轴故障思路不正确,经一次提示扣5分 2. 检测方法、步骤错误,经一次提示扣5分			
	故障排除	30	1. 排除故障的顺序不正确,扣10分 2. 查出故障点但不会排除,经一次提示扣5分 3. 产生新的故障或扩大故障范围,扣5分			
安全操作与职业素养	安全操作	20	1. 个人安全措施符合要求:穿工作服、电工鞋;停电检修前必须验电;分组实施过程中须有专人监护安全操作 2. 工具和仪表使用得当,不损坏仪器设备			
	5S管理规范	20	任务实施过程中按照5S管理规范(整理、整顿、清洁、清扫、素养)执行,仪器、器件、工具摆放合理;任务完成后工位保持整洁			

巩固提高

1. X62W 型万能铣床电气控制电路中 3 个电磁离合器的作用分别是什么？电磁离合器为什么要采用直流电源供电？

2. X62W 型万能铣床的工作台能前后、上下进给，但不能左右进给，试分析故障原因。

任务三　铣床辅助控制类故障诊断与维修

任务目标

1. 正确理解 X62W 型万能铣床冷却泵电动机及照明灯控制电路的工作原理。

2. 能根据故障现象，检修 X62W 型万能铣床冷却泵电动机及照明灯控制电路。

工作任务

如图 3-3-1 所示，根据 X62W 型万能铣床冷却泵电动机及照明灯控制电路不能正常工作的现象，利用常规检测工具进行故障排除，并将故障排除过程记录在表3-3-1中。

表 3-3-1　故障排除过程

故障现象	故障分析及测量流程	故障检测结果

知识引导

铣床在铣削加工过程中，是通过冷却泵电动机 M2 传送切削液对铣刀和工件进行降温，同时冲去铣削下来的铁屑等。冷却泵及照明灯控制电路原理图如图 3-3-1 所示。

1. 冷却泵电动机 M2 起动

只有当主轴电动机 M1 起动后，KM1 的自锁触头（15-17）闭合后才可起动冷却泵电动机 M2。其工作原理分析如下：

M1起动后→合上 SA3→KM2线圈得电→KM2主触头闭合→M2起动运转

2. 冷却泵电动机 M2 停止

工作原理分析如下：

关闭 SA3——→KM2线圈失电——→KM2主触头恢复断开——→M2失电停转

≫ 注意｜由于 M1 与 M2 之间是顺序控制关系。所以当 M1 停止运行时，M2 也随即停转。

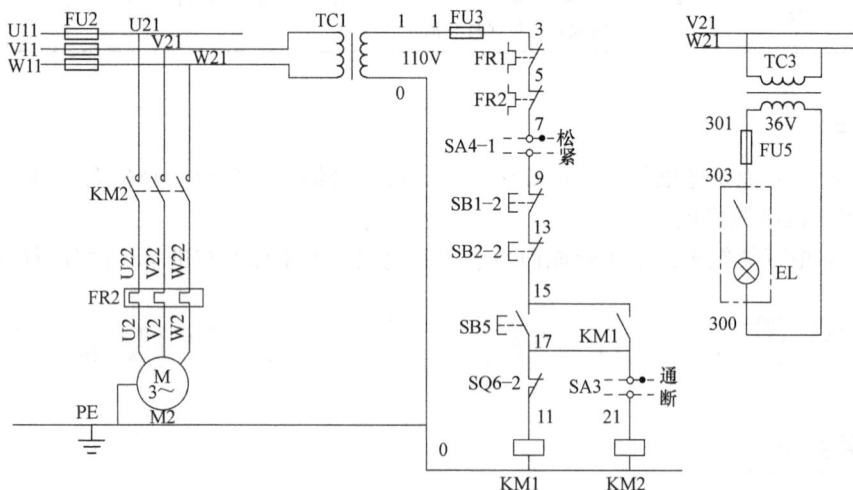

图 3-3-1　X62W 型万能铣床工作原理图（冷却泵及照明灯控制部分）

3. 照明电路控制

X62W 型万能铣床照明电路由控制变压器 TC3 的二次侧提供36V 交流电压，作为铣床低压照明灯 EL 的电源，熔断器 FU5 对照明灯 EL 起短路保护作用。

先合上铣床电源总开关 SA1，再合上照明灯开关，照明灯 EL "亮"；断开照明灯开关，照明灯 EL "灭"。

任务实施

一、准备工作

➤ 设备：X62W 型万能铣床或者具有相似功能的实验台。

➤ 工具：万用表、钳形电流表、绝缘电阻表、扳手、钢丝钳、剥线钳、尖嘴钳、螺钉旋具、电工刀、验电器、校验灯等。

➤ 情境导入：X62W 型万能铣床的主轴电动机不能正常运行。

➤ 任务确定：根据电路原理，结合实际故障现象，完成故障诊断与排除。

二、实施步骤

分析并理解 X62W 型万能铣床冷却泵电动机和照明电路的电气控制电路原理，在铣床上通过测量等方法找出控制电路实际走线路径。

故障一：主轴电动机 M1 起动后，合上转换开关 SA3 后，冷却泵电动机 M2 不转。

【观察故障现象】 出现这一故障的检修流程如图 3-3-2 所示。

【分析故障范围】 故障分析及诊断见表 3-3-2。

【查找故障点】 采用电压测量法检查。

1）万用表选择开关拨至交流 250V 档。

2）将黑表笔接在选择的参考点 TC1（0#）上。

3）合上电源开关 SA1，按下 SB5，KM1 线圈吸合，主轴电动机 M1 起动运转后，合上 SA3，红表笔从 XT2 接线排（17#）起，依次逐点测量下列各点：

第一步，接线端子 XT2（17#），测得电压值 110V 为正常。

第二步，接线端子 XT3（17#），测得电压值 110V 为正常。

第三步，接线端子 XT4（17#），测得电压值 110V 为正常。

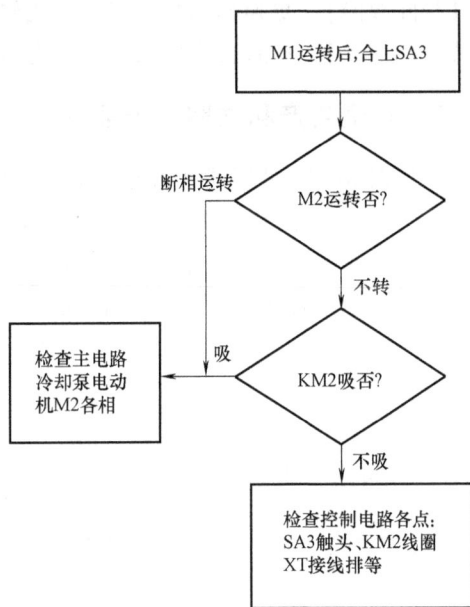

图 3-3-2 冷却泵电动机不转的检修流程图

第四步，转换开关 SA3 触头（17#），测得电压值 110V 为正常。

第五步，转换开关 SA3 触头（21#），测得电压值 0V 不正常，说明故障就在此处，应为 SA3 触头开路（触头接触不良或损坏）。

【排除故障】 断开 SA1，检修 SA3 元件或更换损坏元件。

【通电试车】 检查铣床各项操作，直至符合技术要求为止。通电试车。

表 3-3-2 冷却泵电动机不转故障分析及诊断

故障现象	原因分析	诊断方法
主轴电动机 M1 起动后,合上转换开关 SA3,冷却泵电动机 M2 不转	1. SA3 的触头接触不良或损坏	1. 检修或更换 SA3
	2. 接触器 KM2 线圈损坏	2. 检修或更换接触器 KM2
	3. 接触器 KM2 主触头接触不良或损坏	3. 检修主触头或更换接触器 KM2
	4. 热继电器 FR2 损坏或过载脱扣	4. 找出脱扣原因,检修或更换热继电器
	5. 电动机 M2 本身故障	5. 检修电动机 M2
	6. 泵体机械故障,如叶轮被杂物卡住、水管堵塞、安装不同心等	6. 拆开冷却泵,清除杂物,疏通管道,调整好同心度

故障二:合上铣床电源总开关 SA1,闭合照明灯开关,照明灯不亮。

【观察故障现象】 合上铣床电源总开关 SA1,闭合照明灯开关,照明灯不亮。

【分析故障范围】 根据故障现象,判断故障范围:照明灯本身及照明灯控制回路。

【查找故障点】 首先检查照明灯本身灯丝有无损坏,接着检查灯座内的弹簧片是否损坏;如果都正常,再检查照明灯控制回路的开关是否接触良好、熔断器和变压器是否损坏等。

【排除故障】 更换损坏的照明灯,或修复损坏的弹簧片、开关、熔断器或变压器。

【通电试车】 检查铣床各项操作,直至符合技术要求。通电试车

三、安全生产和文明生产要求

1) 根据 X62W 型万能铣床冷却泵电动机及照明电路控制电路的特点,在实际故障检修过程中,万用表应注意选取适当的量程来测量,避免仪表损坏或测量数值不正确。

2) 在任务实施过程中,要严格遵守安全用电操作规程,节约材料,爱护工具和设备,自觉将所用工具、仪表、器材及设备进行保养和归位,做好实训工位和场地的卫生工作。

任务评价

任务评价见表 3-3-3。

表 3-3-3 项目三任务三评价表

评价项目	内容	配分	评分标准	学生评价		教师评价
				自评	互评	
任务实施	确定故障现象	10	不能确定故障现象,经一次提示扣 5 分			
	确定故障范围	20	1. 检修思路不正确,经一次提示扣 5 分 2. 排故方法、步骤错误,经一次提示扣 5 分			
	故障排除	30	1. 仪表使用不当每次扣 5 分 2. 查出故障点但不会排除,经一次提示扣 5 分 3. 产生新的故障或扩大故障范围,扣 5 分			

（续）

评价项目	内容	配分	评 分 标 准	学生评价		教师评价
				自评	互评	
安全操作与职业素养	安全操作	20	1. 个人安全措施符合要求；穿工作服、电工鞋；停电检修前必须验电；分组实施过程中须有专人监护安全操作 2. 工具和仪表使用得当，不损坏仪器设备			
	5S 管理规范	20	任务实施过程中按照5S管理规范（整理、整顿、清洁、清扫、素养）执行，仪器、器件、工具摆放合理；任务完成后工位保持整洁			

巩固提高

1. 冷却泵电动机 M3 必须在哪个电动机起动后才能起动？其控制开关是什么？

2. 照明灯控制电路部分能否改成 LED 灯来照明？如能，则设计方案画出原理图。

项目四

M7130型平面磨床电气故障诊断与维修

任务目标

1. 熟悉 M7130 型平面磨床的基本组成和控制过程，掌握磨床电气控制电路的特点和控制要求，提高识别磨床电气控制电路的能力。

2. 能根据磨床电动机的故障现象，分析故障原因及检修电动机电路。

工作任务

根据磨床电动机控制电路不能正常起动现象，利用常规检测工具，进行故障分析与排除，并将故障排除过程记录在表 4-1-1 中。

表 4-1-1　故障排除过程

故障现象	故障分析及测量流程	故障检测结果

知识引导

一、M7130 型平面磨床的主要结构

磨床主要用砂轮旋转研磨工件以使其达到要求的平整度，根据工作台形状可分为矩形工作台和圆形工作台两种，矩形工作台平面磨床的主参数为工作台宽度及长度，圆形工作台平面磨床的主参数为工作台面直径；根据轴类的不同可分为卧轴磨床及立轴磨床，如 M7432 型立轴圆台平面磨床、M7130 型卧轴矩台平面磨床。磨床的主要功能是用砂轮的周边磨削工件平面，也可以用砂轮的端面磨削工件的槽和凸缘的侧面，磨削精度较高，表面粗糙度值较低，适宜于磨削各种精密零件和工模具，可供机械加工车间、机修车间和工具车间作精密加

工使用。

M7130 型平面磨床主要由床身、工作台、电磁吸盘、砂轮架、滑座和立柱等几部分组成，其外形结构如图 4-1-1 所示。

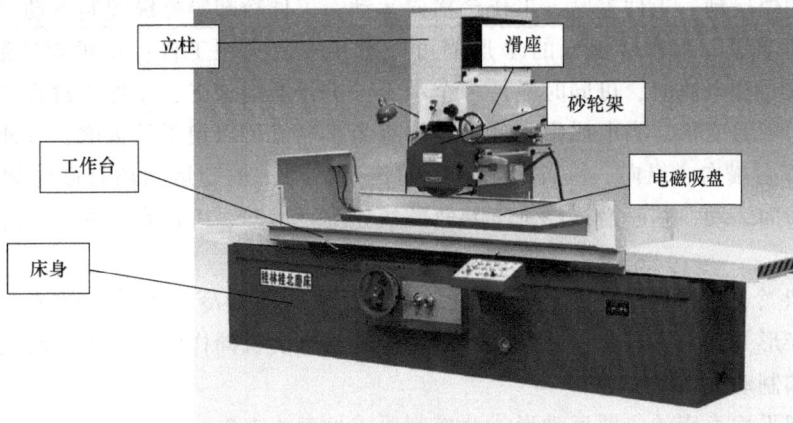

图 4-1-1　M7130 型平面磨床的外形与结构

二、M7130 型平面磨床的运动形式

机床在加工过程中，必须形成一定形状的发生线（母线和导线），才能获取所需的工件表面形状。因此，机床必须完成一定的运动，这种运动称为表面成形运动，如图 4-1-2 所示，此外，还有多种辅助运动，如图 4-1-3 所示。

1. 主运动

平面磨床的主运动是指砂轮的旋转运动，线速度为 30～50m/s。为保证磨削加工质量，要求砂轮有较高转速，通常采用两级笼型异步电动机拖动；为提高砂轮主轴的刚度，采用装入式砂轮电动机直接拖动，电动机与砂轮主轴同轴；砂轮电动机只要求单方向旋转，可直接起动无调速和制动要求。

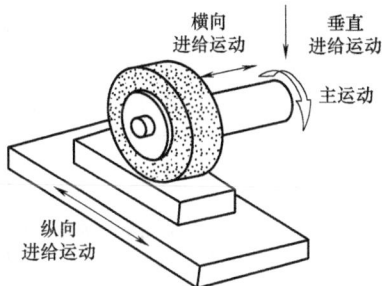

图 4-1-2　磨床的主运动和进给运动示意图

2. 进给运动

工件或砂轮的往返运动为进给运动，有垂直进给、横向进给及纵向进给三种。工作台每完成一次纵向往返运动时，砂轮架做一次间断性的横向进给；当加工完整个平面后，砂轮架做一次间断性的垂直进给。

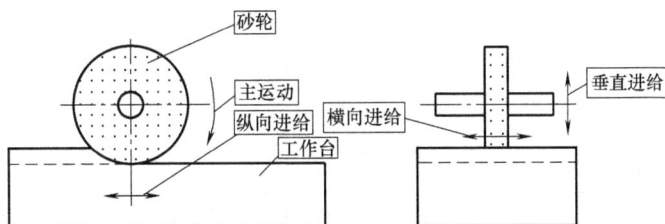

图 4-1-3　M7130 型平面磨床运动示意图

3. 辅助运动

机床在加工过程中还需一系列辅助运动，其功能是实现机床的各种辅助动作，为表面成形运动创造条件。它的种类很多，如进给运动前后的快进和快退、调整刀具和工件之间正确相对位置的调位运动、工件夹紧、工作台横向运动、工件冷却等操纵控制运动。

（1）工件夹紧　工作台表面的 T 形槽可以直接安装大型工件；也可以安装电磁吸盘，电磁吸盘通入直流电流时，可同时吸持多个小工件进行磨削加工；在加工过程中，工件发热可自由伸展，不易变形。当电磁吸盘通入反向直流小电流可以使工件去磁，方便卸下工件。

（2）工作台横向、纵向、垂直 3 个方向的快速移动　辅助运动还有砂轮架在滑座水平导轨上快速横向运动、基座沿立柱垂直导轨的快速垂直运动、工作台往返运动速度的调整和速度移动等。

（3）工件冷却　冷却泵电动机拖动冷却泵，提供切削液冷却工件，以减小工件在磨削加工中的热变形并冲走磨屑，保证加工质量。冷却泵电动机同样只需要方向旋转，可直接起动，无调速和制动要求。

M7130 型平面磨床的主要运动形式及控制要求见表 4-1-2。

表 4-1-2　M7130 型平面磨床的主要运动形式及控制要求

运动种类	运动形式	控制要求
主运动	砂轮的高速旋转	1. 为保证磨削加工质量,要求砂轮有较高的转速,通常采用两级笼型异步电动机拖动 2. 为提高主轴的刚度,简化机械结构,采用装入式电动机,将砂轮直接装到电动机轴上
进给运动	工作台的往复运动(纵向进给)	1. 液压传动,因液压传动换向平稳,易于实现无级调速。液压泵电动机 M3 拖动液压泵,工作台在液压作用下做纵向运动 2. 由装在工作台前侧的换向挡铁碰撞床身上的液压换向开关
	砂轮架的横向(前后)进给	1. 在磨削过程中,工作台换向一次,砂轮架就横向进给一次 2. 在修正砂轮或调整砂轮的前后位置时,可连续横向移动 3. 砂轮架的横向进给运动可由液压传动,也可用手轮来操作
	砂轮架的升降运动(垂直进给)	滑座沿立柱的导轨垂直上下移动,以调整砂轮架的上下位置,或使砂轮磨入工件,以控制磨削平面时工件的尺寸
辅助运动	工件的夹紧	1. 工件可以用螺钉和压板直接固定在工作台上 2. 在工作台上也可以装电磁吸盘,将工件吸附在电磁吸盘上。此时要有充磁和退磁控制环节。为保证安全,电磁吸盘与 3 台电动机 M1、M2、M3 之间有电气联锁装置,即电磁吸盘吸合后,电动机才能起动。电磁吸盘不工作或发生故障时,3 台电动机均不能起动
	工作台的快速移动	工作台能在纵向、横向和垂直 3 个方向快速移动,由液压传动机构实现
	工件的夹紧与放松	由人力操作
	工件冷却	冷却泵电动机 M2 拖动冷却泵旋转供给冷却液;要求砂轮电动机 M1 和冷却泵电动机 M2 要实现顺序控制

三、M7130 型平面磨床的电气控制电路分析

M7130 型平面磨床电路图如图 4-1-4 所示。该电路分为主电路、控制电路、电磁吸盘电路和照明电路 4 部分。

1. 主电路分析

QS1 为电源开关。主电路中有 3 台电动机，M1 为砂轮电动机，M2 为冷却泵电动机，M3 为液压泵电动机，其控制和保护电器见表 4-1-3。

表 4-1-3　M7130 型平面磨床控制和保护电器

名称及代号	作用	控制电器	过载保护电器	短路保护电器
砂轮电动机 M1	拖动砂轮高速旋转	接触器 KM1	热继电器 FR1	熔断器 FU1
冷却泵电动机 M2	供应冷却液	接触器 KM1 和接插器 X	无	熔断器 FU1
液压泵电动机 M3	为液压系统提供动力	接触器 KM2	热继电器 FR2	熔断器 FU1

2. 控制电路分析

如图 4-1-4 所示，控制电路采用交流 380V 电压供电，由熔断器 FU2 作短路保护。

电源开关及保护	砂轮电动机	冷却泵电动机	液压泵电动机	控制电路保护	砂轮控制	液压泵控制	整流变压器	整流器	电磁吸盘	照明

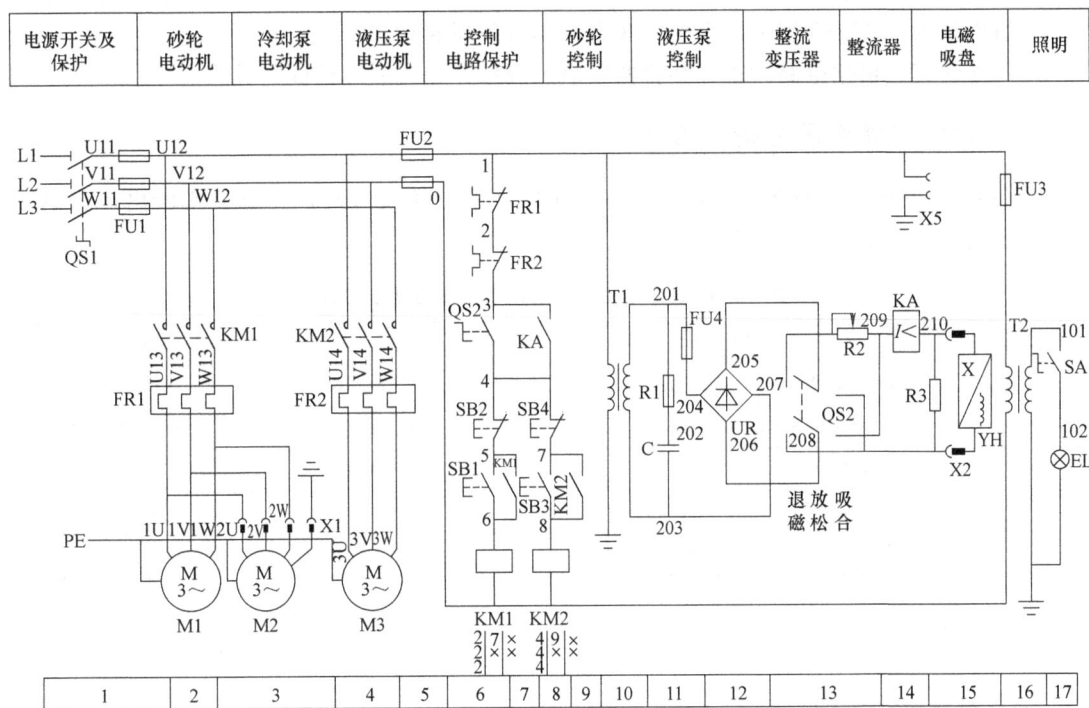

| 1 | 2 | 3 | 4 | 5 | 6 | 7 | 8 | 9 | 10 | 11 | 12 | 13 | 14 | 15 | 16 | 17 |

图 4-1-4　M7130 型平面磨床电路图

当转换开关 QS2 的常开触头（6 区）闭合，或电磁吸盘得电工作，欠电流继电器 KA 线圈得电吸合，其常开触头（8 区）闭合时，接通砂轮电动机 M1 和液压泵电动机 M3 的控制电路，砂轮电动机 M1 和液压泵电动机 M3 才能起动，进行磨削加工。

砂轮电动机 M1 和液压泵电动机 M3 都采用了接触器自锁正转控制电路，SB1、SB3 分

别是它们的起动按钮，SB2、SB4 分别是它们的停止按钮。

（1）液压泵电动机控制 在 QS2 或 KA 的常开触头闭合情况下，按下 SB3，可使 KM2 线圈通电，其辅助触点（9 区）闭合自锁，从而液压泵电动机 M3 旋转，如需 M3 停止，按停止按钮 SB4 即可。

（2）砂轮电动机和冷却泵电动机控制 在 QS2 或 KA 的常开触头闭合情况下，按下 SB1，可使 KM1 线圈通电，其辅助触点（7 区）闭合自锁，从而使砂轮电动机 M1 和冷却泵电动机 M2 旋转，按下 SB2，M1 和 M2 停止。

（3）照明和指示灯电路分析 照明变压器 T2 将 380V 电压降为 24V，并由开关 SA2 控制照明灯 EL，照明变压器二次侧装有熔断器 FU3 作为短路保护。其一次侧短路可由熔断器 FU2 实现保护。

任务实施

一、准备工作

➤ 设备：M7130 型平面磨床或者具有相似功能的实验台。

➤ 工具：万用表、测电笔、电工刀、尖嘴钳、斜口钳、剥线钳、螺钉旋具、活扳手等。

➤ 情境导入：M7130 型平面磨床的 3 台电动机不能起动。

➤ 任务确定：根据电路原理，结合实际故障现象，完成故障诊断与排除。

二、故障可能原因分析及诊断

通过对 M7130 型平面磨床 3 台电动机工作原理的分析及故障的诊断，判断出 3 台电动机不能起动的故障分析及诊断见表 4-1-4。

表 4-1-4　3 台电动机不能起动故障分析及诊断

序号	原因分析	诊断方法	处理措施
1	U12、V12、W12 三相交流电源不是 380V	电压测量法	更换 FU1
2	0-1 电源电压不是 380V	电压测量法	更换 FU2
3	QS2 吸合，欠电流继电器 KA(3-4) 未导通	电压测量法	更换 KA(3-4)
4	QS2 扳至退磁，拔掉电磁吸盘插头 QS2(3-4) 故障	电阻测量法	更换 QS2
5	热继电器 FR1 和 FR2 触头接触不良	电阻测量法	重新连接

三、故障维修流程的制订与实施

1. 故障维修流程图的制订

3 台电动机不能起动的故障维修流程如图 4-1-5 所示。

2. 故障诊断与维修过程实施

故障一：U12、V12、W12 三相交流电源故障。

【查找故障点】 用数字式万用表测量 U12、V12、W12 是否为 380V，若不是，则用数字式万用表测量电源开关 QS1 进线端电压是否为 380V，如果不是，则说明 QS1 中的熔断器 FU1 损坏。

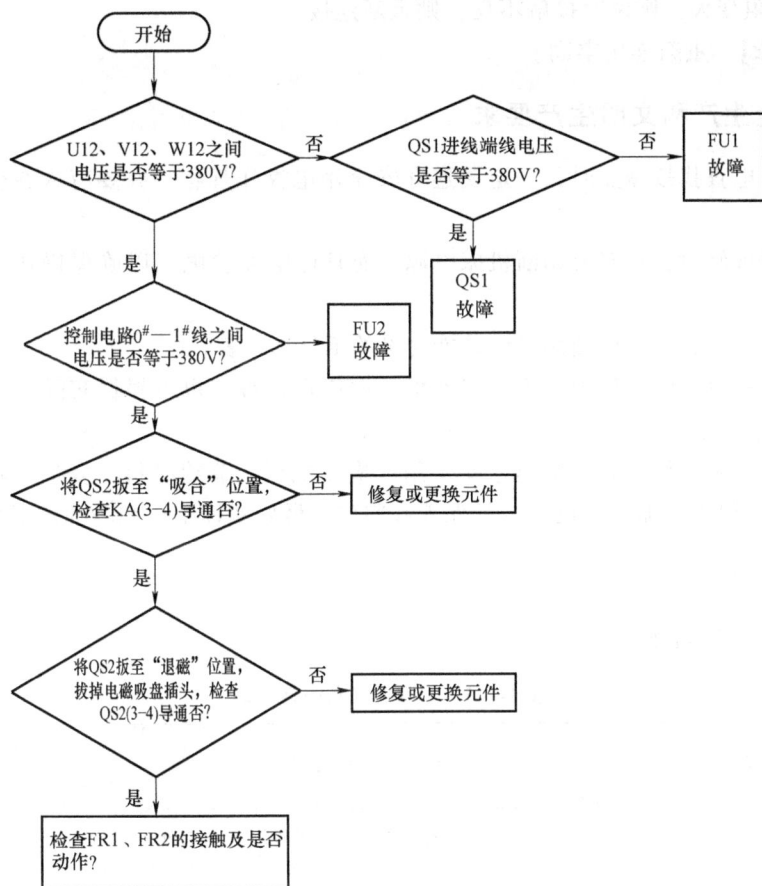

图 4-1-5　3 台电动机不能起动的故障维修流程图

【排除故障】　更换熔断器 FU1。

故障二：$0^\#$—$1^\#$电源电压不是 380V。

【查找故障点】　用数字式万用表分别测量 $0^\#$ 和 $1^\#$ 接线端电压是否为 380V，如果不是 380V，则说明熔断器 FU2 损坏。

【排除故障】　更换熔断器 FU2。

故障三：转换开关 QS2 扳至"吸合"时，欠电流继电器 KA（3-4）未导通。

【查找故障点】　用数字式万用表测量欠电流继电器 KA（3-4）两端电压是否正常，如果不导通，则说明继电器损坏，或者检查一下电磁工作台的直流工作电流是否与电流继电器线圈的额定电流一致，如果不一致，也可说明继电器故障。

【排除故障】　更换欠电流继电器 KA（3-4）。

故障四：转换开关 QS2 扳至"退磁"时拔掉电磁吸盘插头，QS2（3-4）故障。

【查找故障点】　用数字式万用表分别测量转换开关 QS2（3-4）两端电阻是否导通，如果不导通，则说明转换开关 QS2（3-4）损坏。

【排除故障】　更换转换开关 QS2。

故障五：热继电器 FR1 和 FR2 触头接触不良。

【查找故障点】　若热继电器 FR1 和 FR2 触头接触不良，用万用表分别测量 FR1 和 FR2

的触头，若电阻变大，则说明接触不良，则重新连接。

【排除故障】 重新连接牢固。

四、安全生产和文明生产要求

1）机床通电查找故障点时，一定要遵守安全用电操作规程，并要有人在旁监护，以防触电事故发生。

2）在故障维修时，一定要切断机床电源，而且停电要验电，以确保操作安全，同时要做好检修记录。

3）检修过程中，一定要使用绝缘性能合格的工具和仪表。

4）在实际故障检修过程中，不一定严格按照逐点排查，也可根据实际情况进行隔点排查，以提高检修速度。

5）在任务实施过程中要严格遵守安全用电操作规程，节约材料，爱护工具和设备，自觉将所用工具、仪表、器材及设备进行保养和归位，做好实训工位和场地的卫生工作。

任务评价

任务评价见表 4-1-5。

表 4-1-5　项目四任务一评价表

评价项目	内容	配分	评分标准	学生评价		教师评价
				自评	互评	
任务实施	确定故障现象	10	1. 不能熟练操作 M7130 型平面磨床，扣 5 分 2. 不能确定磨床电动机的故障现象，经一次提示扣 2 分			
	确定故障范围	20	1. 不能分析磨床电动机的故障范围，经一次提示扣 5 分 2. 检测方法、步骤错误，经一次提示扣 5 分			
	故障排除	30	1. 查出磨床电动机的故障点但不会排除，经一次提示扣 5 分 2. 产生新的故障或扩大故障范围，扣 5 分			
安全操作与职业素养	安全操作	20	1. 个人安全措施符合要求：穿工作服、电工鞋；停电检修前必须验电；分组实施过程中须有专人监护安全操作 2. 工具和仪表使用得当，不损坏仪器设备			
	5S 管理规范	20	任务实施过程中按照 5S 管理规范（整理、整顿、清洁、清扫、素养）执行，仪器、器件、工具摆放合理；任务完成后工位保持整洁			

巩固提高

1. 结合图 4-1-4，分析回答 M7130 型平面磨床 3 台电动机都不能起动的原因。

2. M7130 型平面磨床具有哪些保护环节，各由什么电器元件来实现的？

任务二　磨床电磁吸盘故障诊断与维修

任务目标

1. 熟悉 M7130 型平面磨床电磁吸盘的基本组成和控制过程。掌握磨床电磁吸盘控制电路的特点和控制要求。

2. 能根据磨床电磁吸盘控制系统的故障现象，分析故障原因及检修电磁吸盘电路。

工作任务

根据磨床电磁吸盘控制系统不能正常工作的现象，利用常规检测工具，进行故障分析与排除，并将故障排除过程记录在表 4-2-1 中。

表 4-2-1　故障排除过程

故障现象	故障分析及测量流程	故障检测结果

知识引导

电磁吸盘的控制电路分析

电磁吸盘控制电路如图 4-1-4（10~15 区）所示。电磁吸盘是装夹在工作台上用来固定加工工件的一种夹具。它与机械夹具相比，具有夹紧迅速、操作简便、不损伤工件、一次能吸牢多个小工件，以及磨削中工件发热可自由伸缩、不会变形等优点。不足之处是只能吸住铁磁材料的工件，不能吸牢非磁性材料（如铝、铜、银等）的工件，而且被加工件具有微小剩磁。电磁吸盘 YH 的外形如图 4-2-1 所示，其在机床中的控制电路原理图如图 4-2-2 所示。

图 4-2-1　电磁吸盘的实物图

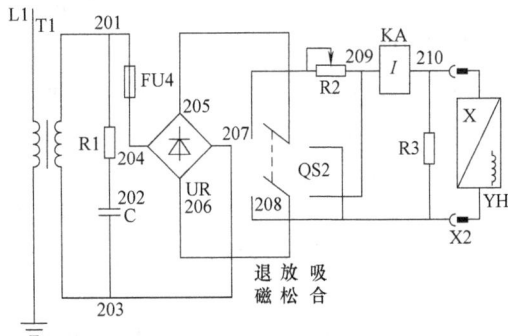

图 4-2-2　电磁吸盘在机床中的控制电路原理图

电磁吸盘电路由整流电路、控制电路和保护电路三部分组成。

1. 整流电路

整流变压器 T1 将 220V 的交流电压降为 145V，然后再经过桥式整流器 UR 整流后输出约 110V 的直流电压，作为电磁吸盘线圈的电源。

2. 电磁吸盘控制电路

转换开关 QS2 控制着电磁吸盘的工作方式，它分为吸合（励磁）、放松、退磁三种工作状态。

（1）吸合控制 将 QS2 扳至右侧"吸合"位置时，QS2 触头（图 4-2-2 中 205-208）和（图 4-2-2 中 206-209）闭合，110V 直流电压接入电磁吸盘 YH，工件被牢牢吸住。此时，欠电流继电器 KA 线圈得电吸合，KA 的常开触头（图 4-2-2 中 8 区）闭合，为砂轮电动机和液压泵电动机的控制电路得电做好准备。

（2）放松控制 当工件加工完毕时，应将转换开关 QS2 扳至"放松"位置，这时 QS2 的触头（图 4-2-2 中 205-208）和（图 4-2-2 中 206-209）恢复断开，切断了电磁吸盘 YH 的直流电源。由于工件被直流磁场所磁化，具有剩磁而不能取下，因此，必须进行退磁。

（3）退磁控制 将 QS2 扳至左侧"退磁"位置时，QS2 触头（图 4-2-2 中 205-207）和（图 4-2-2 中 206-208）闭合，由于退磁回路中串入了退磁电阻 R2，而且通过调节 R2 的阻值可以改变退磁电流大小，因此，电磁吸盘 YH 就通入了较小的反向直流电流进行退磁。退磁结束，将 QS2 扳回到"放松"位置，即可将工件取下。

如果有些工件不易退磁时，可将附件退磁器的插头插入插座 XS，使工件在交变磁场的作用下进行退磁。退磁器外形如图 4-2-3 所示。

如果将工件直接夹在工作台上，而不需要电磁吸盘时，则应将电磁吸盘 YH 的插头 X2 从插座上拔下，同时将转换开关 QS2 扳至"退磁"位置，这时，接在控制电路中 QS2 的常开触头（图 4-1-4 中 6 区的 3-4）闭合，接通电动机的控制电路。

3. 电磁吸盘保护电路

电磁吸盘保护电路由放电电阻 R3 和欠电流继电器 KA 组成。欠电流继电器 KA 的作用是防止在磨削加工过程中，

图 4-2-3 退磁器的实物图

当电磁吸盘突然发生断电或欠电压故障时，由于电磁吸盘的吸力消失或减小而导致工件飞出发生事故。其保护原理是：当电磁吸盘突然发生断电或欠电压故障时，通过欠电流继电器 KA 的电流因小于其整定值而释放，这时欠电流继电器 KA 的常开触头（图 4-1-4 中 8 区）恢复分断，控制电路中的 KM1、KM2 线圈失电，KM1 和 KM2 的主触头分断，砂轮电动机 M1 和液压泵电动机 M3 立即停转，从而避免工件飞出发生事故。因为电磁吸盘的线圈电感量较大，当电磁吸盘从通电（吸合状态）突然转变为失电（放松状态）的一瞬间，线圈两端将产生很高的自感电动势，易使线圈或其他电器由于过电压而损坏。电阻 R3 的作用就是在电磁吸盘断电瞬间给线圈产生的自感电动势提供一个放电回路，从而吸收线圈释放的磁场能量。

电阻 R1 与电容器 C 的作用是防止电磁吸盘回路交流侧的过电压而击穿整流器件。熔断器 FU4 的作用是电磁吸盘的短路保护。

任务实施

一、准备工作

➤ 设备：M7130型平面磨床或者具有相似功能的实验台。

➤ 工具：万用表、测电笔、电工刀、尖嘴钳、斜口钳、剥线钳、螺钉旋具、活扳手等。

➤ 情境导入：M7130型平面磨床的电磁吸盘不能正常起动。

➤ 任务确定：根据电路原理，结合实际故障现象，完成故障诊断与排除。

二、常见故障分析与检修方法

故障一：电磁吸盘无吸力。

【观察故障现象】 先合上电源开关QS1，再将QS2扳至"吸合"位置，发现电磁吸盘无吸力。再按下SB1和SB3，KM1和KM2都不吸合（欠电流继电器KA没吸合），但是，照明灯能正常工作。

【分析故障范围】 电磁吸盘无吸力说明没有电流通过电磁吸盘线圈，因此，应该先检测电磁吸盘两端有无电压，然后逐级向变压器T1检测。

参照图4-2-2，检修流程如图4-2-4所示。

【查找故障点】 将万用表转换开关调至直流电压250V档，依次测量下列各点：

1）红表笔与R3的208#接点（见图4-1-4）相连，黑表笔与R3的210#接点（见图4-1-4）相连，测得实际电压为0V不正常，如图4-2-5a所示。

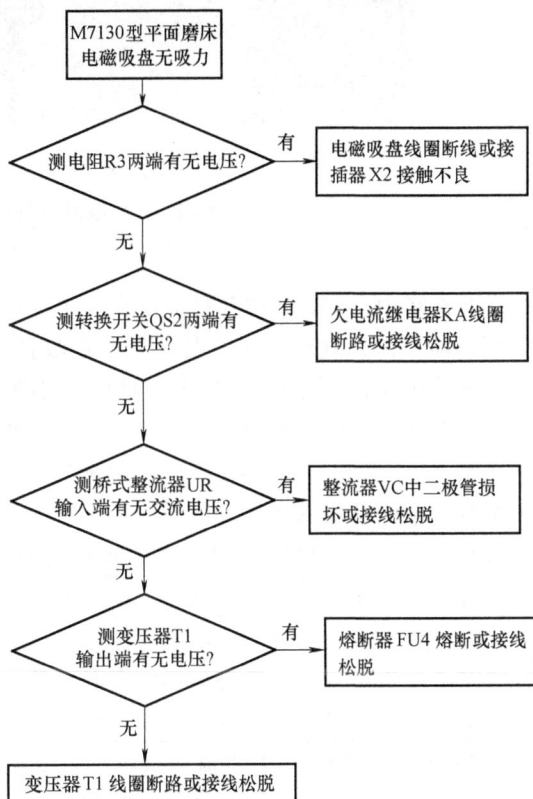

图4-2-4 电磁吸盘无吸力检修流程图

2）红表笔接QS2的208#接点（见图4-1-4），黑表笔改接QS2的209#接点（见图4-1-4），测得电压约为110V正常，如图4-2-5b所示。因为QS2（图4-2-2中208-209）两端有电压，而R3两端无电压，所以故障点为欠电流继电器KA线圈断路或接线松脱。

【排除故障】 检测欠电流继电器KA线圈的通断情况或紧固接线端头，根据具体情况修复之。

【通电试车】 通电检查磨床各项操作，应符合技术要求。通电试车。

故障二：电磁吸盘吸力不足

【观察故障现象】 采用电磁吸盘来吸持工件有许多好处，但在进行磨削加工时一旦电磁吸力不足，就会造成工件飞出事故。因此在电磁吸盘线圈电路中串入欠电流继电器KA的线圈，KA的动合触头与SA2的一对动合触头并联，串接在控制砂轮电动机M1的接触器

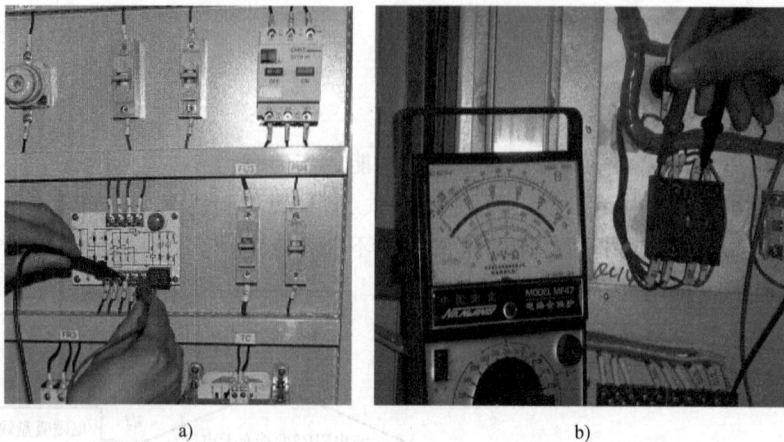

图 4-2-5　电磁吸盘无吸力的检测方法
a）测量 R3 两端电压　b）测量 QS2 两端电压

KMl 线圈支路中，SA2 的动合触头（图 4-1-4 中 6-8）只有在"退磁"档才接通，而在"吸合"档是断开的，这就保证了电磁吸盘在吸持工件时必须保证有足够的励磁电流，才能起动砂轮电动机 M1；在加工过程中一旦电流不足，欠电流继电器 KA 动作，能够及时地切断 KMl 线圈电路，使砂轮电动机 M1 停转，避免事故发生。如果不使用电磁吸盘，可以将其插头从插座 X3 上拔出，将 SA2 扳至"退磁"档，此时 SA2 的触头（图 4-1-4 中 6-8）接通，不影响对各台电动机的操作。

【故障点查找及排除】　引起这种故障的原因一般是电磁吸盘线圈发生局部短路而使电压降低或整流器输出电压不正常造成的。空载时，整流器直流输出电压应为 130V 左右，负载时不应低于 110V。若整流器空载输出电压正常，带负载时电压远低于 110V，则表明电磁吸盘线圈已发生短路，一般需更换电磁吸盘线圈。

若空载时电磁吸盘电源电压也不正常，大多是因为整流器件短路或断路造成的。应检查整流器 VC 的交流侧电压及直流侧电压。若交流侧电压正常，直流输出电压不正常，则表明整流器发生元器件短路或断路故障，断开电源，用万用表电阻档检测整流二极管的好坏，判断出故障部位，查出故障元器件，进行更换或修理即可。

在直流输出回路中加装熔断器，可避免损坏整流二极管。

三、安全生产和文明生产要求

1）机床通电查找故障点时，一定要遵守安全用电操作规程，并要有人在旁监护，以防触电事故发生。

2）在故障维修时，一定要切断机床电源，而且停电要验电，以确保操作安全，同时要做好检修记录。

3）检修过程中，一定要使用绝缘性能合格的工具和仪表。

4）在实际故障检修过程中，不一定严格按照逐点排查，也可根据实际情况进行隔点排查，以提高检修速度。

5）在任务实施过程中，要严格遵守安全用电操作规程，节约材料，爱护工具和设备，自觉将所用工具、仪表、器材及设备进行保养和归位，做好实训工位和场地的卫生工作。

任务评价

任务评价见表4-2-2。

表4-2-2　项目四任务二评价表

评价项目	内容	配分	评 分 标 准	学生评价		教师评价
				自评	互评	
任务实施	确定故障现象	10	1. 不能熟练操作 M7130 型平面磨床电磁吸盘控制系统,扣 5 分 2. 不能确定故障现象,经一次提示扣 2 分			
	确定故障范围	20	1. 不能分析磨床电磁吸盘控制系统的故障范围,经一次提示扣 5 分 2. 检测方法、步骤错误,经一次提示扣 5 分			
	故障排除	30	1. 查出磨床电磁吸盘控制系统的故障点但不会排除,经一次提示扣 5 分 2. 产生新的故障或扩大故障范围,扣 5 分			
安全操作与职业素养	安全操作	20	1. 个人安全措施符合要求:穿工作服、电工鞋;停电检修前必须验电;分组实施过程中须有专人监护安全操作 2. 工具和仪表使用得当,不损坏仪器设备			
	5S 管理规范	20	任务实施过程中按照 5S 管理规范(整理、整顿、清洁、清扫、素养)执行,仪器、器件、工具摆放合理;任务完成后工位保持整洁			

巩固提高

1. M7130 型平面磨床电磁吸盘电路主要由哪几部分组成？其中电阻 R3 和欠电流继电器 KA 的作用是什么？

2. M7130 型平面磨床电磁吸盘吸力不足会造成什么后果？如何防止出现这种现象？电磁吸盘吸力不足的常见原因有哪些？

任务三　磨床往复运动故障诊断与维修

任务目标

1. 熟悉 M7130 型平面磨床往复运动系统的组成和控制过程。掌握磨床往复运动控制电路的特点和控制要求。提高识别磨床电气控制电路的能力。

2. 能根据磨床往复运动常见故障现象，分析系统故障原因及检修电动机电路。

工作任务

根据磨床往复运动控制电路故障现象，利用常规检测工具，进行故障分析与排除，并将故障排除过程记录在表 4-3-1 中。

表 4-3-1 故障排除过程

故障现象	故障分析及测量流程	故障检测结果

知识引导

M7130 型平面磨床往复运动的电气控制线路分析

M7130 型平面磨床往复运动主要有进给运动及工作台的快速移动，其运动形式及控制要求见表 4-3-2。工作台往复运动在换向时要求惯性要小，无冲击力，因此，工作台的往复运动采用液压传动。由电动机拖动液压泵，供应压力油，通过液压传动装置实现工作台的纵向进给运动，并通过工作台上的挡铁操纵床身上的液压换向阀（开关），改变压力油的流向，实现工作台的换向和自动往复运动。M7130 型平面磨床液压泵电动机的外形如图 4-3-1 所示。

表 4-3-2 M7130 型平面磨床的进给往复运动形式及控制要求

运动种类	运动形式	控制要求
进给运动	工作台的往复运动（纵向进给）	1. 液压传动,因液压传动换向平稳,易于实现无级调速。液压泵电动机 M3 拖动液压泵,工作台在液压做用下做纵向运动 2. 由装在工作台前侧的换向挡铁碰撞床身上的液压换向开关
	砂轮架的横向(前后)进给	1. 在磨削的过程中,工作台换向一次,砂轮架就横向进给一次 2. 在修正砂轮或调整砂轮的前后位置时,可连续横向移动 3. 砂轮架的横向进给运动可由液压传动,也可用手轮来操作
	砂轮架的升降运动（垂直进给）	滑座沿立柱的导轨垂直上下移动,以调整砂轮架的上下位置,或使砂轮磨入工件,以控制磨削平面时工件的尺寸
辅助运动	工作台的快速移动	工作台能在纵向、横向和垂直 3 个方向快速移动,由液压传动机构实现

1. 主电路分析

由电源引入开关 QS1 控制整机电源的接通与断开。3 台电动机均要求单向旋转，砂轮电动机 M1 和冷却泵电动机 M2，同时由接触器 KM1 控制，而 M2 再经过 X1 插头实现单独判断控制，液压泵电动机 M3 由接触器 KM2 控制。如图 4-3-2 所示，M7130 型平面磨床液压泵电动机主电路由接触器 KM2 主触头、热继电器 FR2 热元件和电动机 M3 组成，电路较为简单。

2. 控制电路分析

如图 4-3-3 所示，控制电路采用交流 380V 电压供电，由熔断器 FU2 作短路保护。当转换开关 QS2 的常开触头闭合，或电磁吸盘得电工作，欠电流继电器 KA 线圈得电吸合，其常开触头闭合时，接通砂轮电动机 M1 和液压泵电动机 M3 的控制电路，砂轮电动机 M1 和液压泵电动机 M3 才能起动，进行磨削加工。

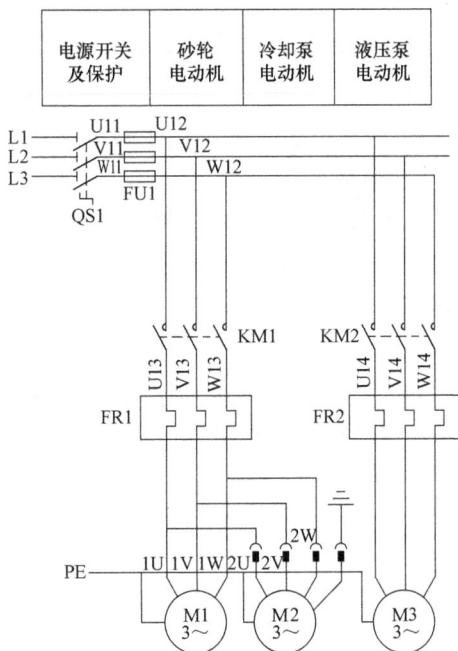

图 4-3-1　M7130 型平面磨床液压泵电动机的外形

砂轮电动机 M1 和液压泵电动机 M3 都采用了接触器自锁正转控制电路，SB1、SB3 分别是它们的起动按钮，SB2、SB4 分别是它们的停止按钮。

由按钮 SB1、SB2 和接触器 KM1 构成了砂轮电动机 M1 单向起动和停止控制电路。由按钮 SB3、SB4 和接触器 KM2 构成了液压泵电动机 M3 单向旋转起动和停止控制电路。实现两台电动机独立操作控制。

主电路与控制电路由熔断器 FU1、FU2 分别实现短路保护。砂轮电动机与液压泵电动机利用热继电器 FR1、FR2 实现长期过载保护。为了保护工件与砂轮的安全，当有一台电动机过载停机时，另一台电动机也应停止。因此，应将 FR1、FR2 常闭触头串接在总控制电路中。

图 4-3-2　M7130 型平面磨床的主电路图

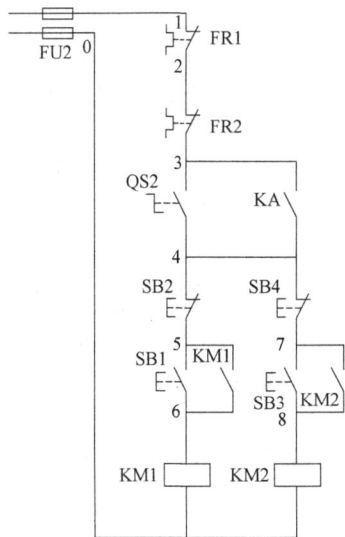

图 4-3-3　M7130 型平面磨床液压泵电动机 M3 的控制电路图

任务实施

一、准备工作

> 设备：M7130 型平面磨床或者具有相似功能的实验台。
> 工具：万用表、测电笔、电工刀、尖嘴钳、斜口钳、剥线钳、螺钉旋具、活扳手等。
> 情境导入：M7130 型平面磨床的 3 台电动机不能起动。
> 任务确定：根据电路原理，结合实际故障现象，完成故障诊断与排除。

二、实施步骤

故障一：M7130 型平面磨床液压泵电动机 M3 不能起动

【分析故障范围】 通过对 M7130 平面磨床液压泵电动机 M3 工作原理的分析及故障的诊断，判断出液压泵电动机 M3 不能起动的故障原因见表 4-3-3。

表 4-3-3 M7130 型平面磨床液压泵电动机 M3 不能起动故障分析及诊断

序号	原 因 分 析	诊断方法	处理措施
1	电源无电压或熔断器 FU1 熔断数相	测电笔法	更换 FU1
2	欠电流继电器 KA 触头接触不良	测电笔法	更换 KA
3	热继电器 FR2 动作或接触不良	测电笔法	更换 FR2
4	控制按钮 SB3 或 SB4 接触不良或控制电路断路	电阻测量法	更换 SB
5	接触器 KM2 线圈烧毁或接触器动作机构不灵活、卡死	电阻测量法	更换 KM2
6	液压泵电动机负载卡死	观察法	维修负载
7	液压泵电动机 M3 线圈烧毁	电阻测量法	更换电动机 M3

【故障点查找及排除】

1）用低压测电笔测熔断器 FU1 下桩头有无电压，若无电压，则应在线路中查找原因；若一相有电压或者两相有电压，则要更换熔断器 FU1 的熔体。

2）检查欠电流继电器 KA 触头是否接触不良，可用低压测电笔在控制回路通入电源的情况下，测两接点发亮效果是否一样，若不一样，则说明 KA 接触不良，应更换 KA。

3）用低压测电笔测热继电器 FR2 是否动作或者接触不良，如已动作，要从电动机过载查起，然后再复位；若接触不良，则要更换热继电器。

4）用万用表测起动按钮 SB3 常开触头和停止按钮 SB4 常闭触头是否接触可靠，若接触不良，应更换按钮或者把起动按钮做停止按钮使用；若按钮无接触不良，要从控制电路查起，找出断线或接触不良处加以处理，重新接好控制电路。

5）用万用表在磨床断电的情况下测接触器线圈，若线圈电阻值过小或不通，要更换线圈；如果线圈完好，要查接触器动作机构是否卡死不灵。这时可打开接触器灭弧盖，用螺钉旋具柄在断开电源的情况下人为使接触器闭合几次，若查出动作机构不灵活，要更换新接触器。

6）用手转动一下电动机风叶，若查出机械卡死，要解决机械方面问题。

7）用 500V 绝缘电阻表测液压泵电动机线圈对地以及三相间是否短路接地，若线圈烧毁要更换电动机。

故障二：M7130 型平面磨床按下停止按钮 SB4，液压泵电动机 M3 不能停止。

请读者参照前面所学内容，试从停止按钮 SB4、交流接触器 KM2 等方面考虑故障原因。

三、安全生产和文明生产要求

1）机床通电查找故障点时，一定要遵守安全用电操作规程，并要有人在旁监护，以防触电事故发生。

2）在故障维修时，一定要切断机床电源，而且停电要验电，以确保操作安全，同时要做好检修记录。

3）检修过程中，一定要使用绝缘性能合格的工具和仪表。

4）在实际故障检修过程中，不一定严格按照逐点排查，也可根据实际情况进行隔点排查，以提高检修速度。

5）在任务实施过程中，要严格遵守安全用电操作规程，节约材料，爱护工具和设备，自觉将所用工具、仪表、器材及设备进行保养和归位，做好实训工位和场地的卫生工作。

任务评价

任务评价见表4-3-4。

表 4-3-4　项目四任务三评价表

评价项目	内容	配分	评分标准	学生评价		教师评价
				自评	互评	
任务实施	确定故障现象	10	1. 不能熟练操作 M7130 型平面磨床往复运动系统,扣 5 分 2. 不能确定故障现象,经一次提示扣 2 分			
	确定故障范围	20	1. 不能分析磨床往复运动系统的故障范围,经一次提示扣 5 分 2. 检测方法、步骤错误,经一次提示扣 5 分			
	故障排除	30	1. 查出磨床往复运动系统的故障点但不会排除,经一次提示扣 5 分 2. 产生新的故障或扩大故障范围,扣 5 分			
安全操作与职业素养	安全操作	20	1. 个人安全措施符合要求:穿工作服、电工鞋;停电检修前必须验电;分组实施过程中须有专人监护安全操作 2. 工具和仪表使用得当,不损坏仪器设备			
	5S 管理规范	20	任务实施过程中按照 5S 管理规范(整理、整顿、清洁、清扫、素养)执行,仪器、器件、工具摆放合理;任务完成后工位保持整洁			

【拓展训练】

1. M7130 型平面磨床的往复运动形式有哪些？

2. 试分析 M7130 型平面磨床按下停止按钮 SB4，液压泵电动机 M3 不能停止的故障原因，并写出检修过程。

模块二

数控机床典型故障诊断与维修

项目五

FANUC 0i Mate-D数控系统调试与维修

任务目标

1. 掌握 FANUC 数控系统的组成方式。
2. 学会 FANUC 数控系统各个硬件的接口定义和连接方法。

工作任务

本任务是通过学习 FANUC 数控系统的组成以及数控系统硬件接口知识，把 FANUC 数控系统各部分硬件正确连接起来，如图 5-1-1 所示。

完成以下任务如下：

1. 掌握 FANUC 数控系统由哪些硬件组成。
2. 掌握 FANUC 数控系统各个硬件接口的定义。
3. 掌握 FANUC 数控系统各个硬件部分的连接方法。

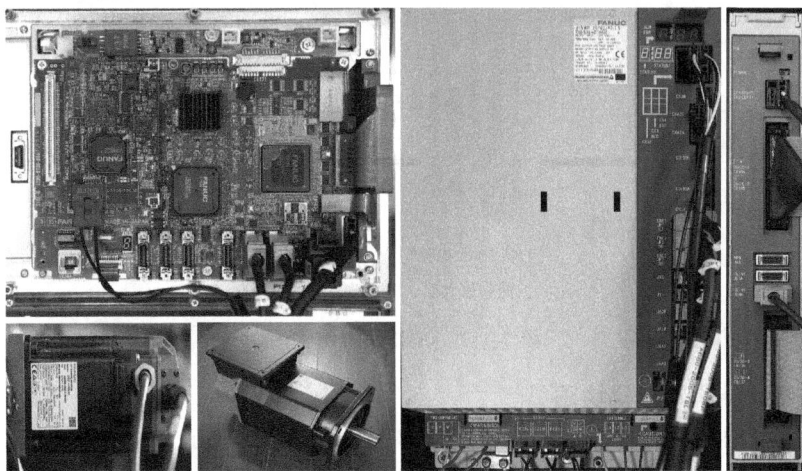

图 5-1-1　FANUC 数控系统硬件组成

知识引导

目前 FANUC 公司生产的 0i-D/0i Mate-D 系列数控系统包括加工中心/铣床用的 0i-MD/0i Mate-MD 和车床用的 0i-TD/ 0i Mate-TD，各系统的配置见表 5-1-1。

表 5-1-1 FANUC 系统配置表

系统型号		用于机床	放大器	电动机
0i-D 最多 5 轴	0i-MD	加工中心、铣床等	αi 系列的放大器 βi 系列的放大器	αiI, αiS 系列 βiI, βiS 系列
	0i-TD	车床	αi 系列的放大器 βi 系列的放大器	αiI, αiS 系列 βiI, βiS 系列
0i Mate-D 最多 4 轴	0i Mate-MD	加工中心、铣床	βi 系列的放大器	βiS 系列
	0i Mate-TD	车床	βi 系列的放大器	βiS 系列

>> **注意** 对于 βi 系列，如果不配 FANUC 的主轴电动机，伺服放大器是单轴型或双轴型，如果配主轴电动机，放大器是一体型（SVSPM）。

一、FANUC 系统的硬件组成方式

1. FANUC 系统的常见功能单元

0i Mate-D 和 0i-D 的 FANUC 系统在功能上有区别，Mate 的功能是通过软件方式进行整体打包的，可以满足常规的使用，而不带 Mate 的 0i-D 系统配置需要根据功能来选择。0i Mate-D 系统由以下各个单元构成，如图 5-1-2 所示。

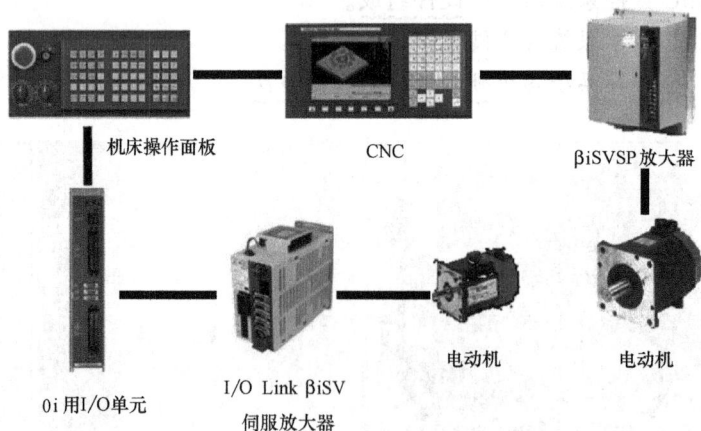

图 5-1-2 0i-D 系统结构图

2. 0i-D 系统结构功能模块图

FANUC 系统的各常见功能单元的功能和作用如图 5-1-3 所示。

3. 主要规格

FANUC 0i-D 系统的主要规格见表 5-1-2。

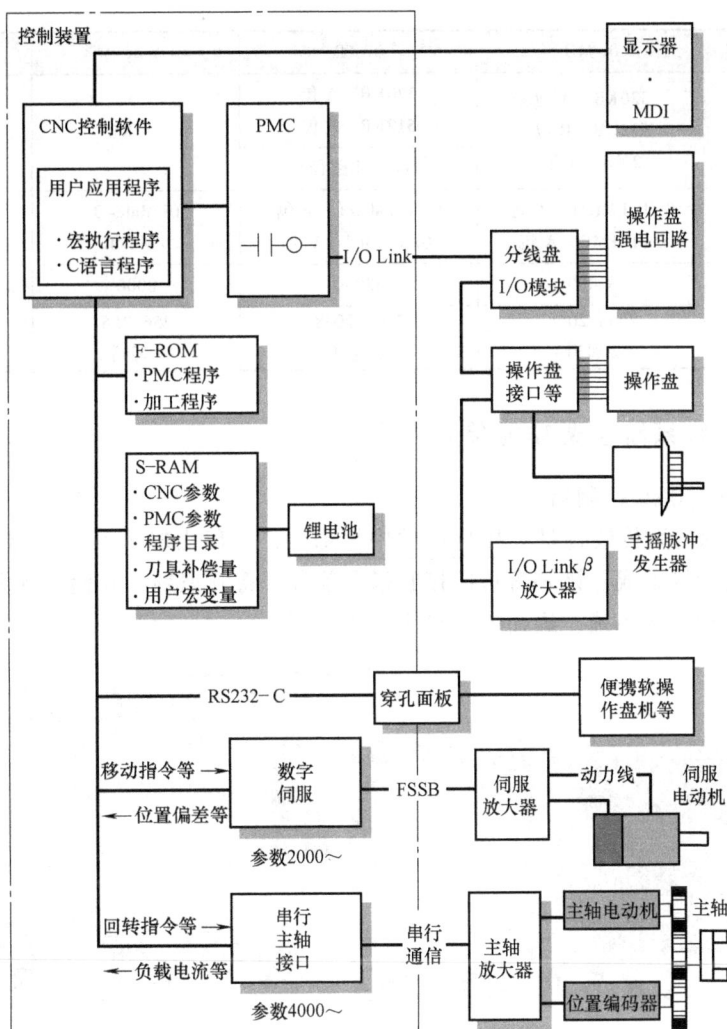

图 5-1-3　0i-D 系统结构功能模块图

表 5-1-2　FANUC 0i-D 系统的主要规格

规格	0i-MD	0i-TD	0i Mate-MD	0i Mate-TD
最大控制轴数	5	4	4	3
		8（双路径）		
主轴	2	2	1	1
		3（双路径）		
最大控制通道数	1	1	1	1
		2（双路径）		
通道内最大控制轴数	5	4	4	3
		5（双路径）		
最大同时控制轴数	4	4	3	3
		4（双路径）		

（续）

规格	0i-MD	0i-TD	0i Mate-MD	0i Mate-TD
最大程序容量	320KB　A包 512KB　B包 2MB　A包	320KB　A包 512KB　B包 1MB（双路径）	512KB	512KB
PMC 规格	0i-D PMC/L　B包 0i-D PMC　A包	0i-D PMC/L　B包 0i-D PMC　A包	0i Mate-D PMC/L	0i Mate-D PMC/L
PMC 最大容量/步	32000	32000	8000	8000
最大 I/O 点数	2048/2048 （2 通道）	2048/2048 （2 通道）	256/256 （1 通道）	256/256 （1 通道）

二、FANUC 系统主要功能单元介绍

1. 数控系统（CNC 控制器）

图 5-1-4 所示的数控装置是数控机床的中枢部分，一般由输入装置、存储器、控制器、运算器和输出装置等组成。该装置可以接收指令信号，将其识别、存储、计算，并输出相应的指令脉冲以驱动伺服系统，进而控制机床动作。

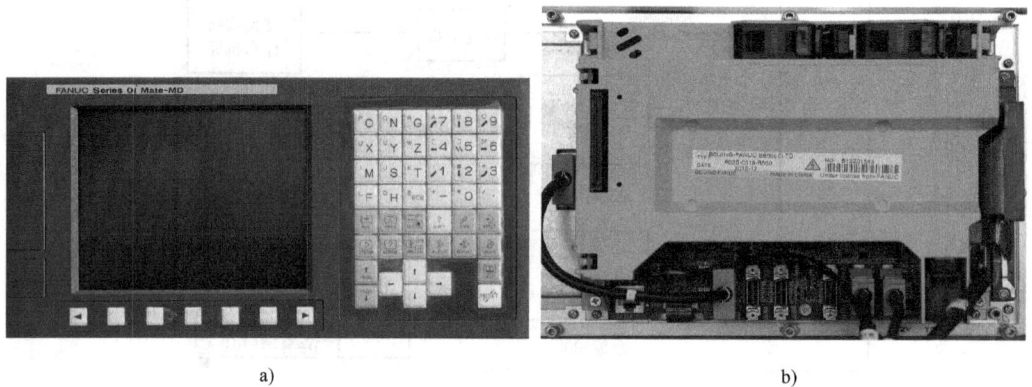

a)　　　　　　　　　　　　　　　　　b)

图 5-1-4　CNC 控制器

a）正面　b）背面

2. 主轴伺服驱动单元

主轴驱动器的类型主要有分离式和一体式两种，这里我们主要介绍一体式放大器。

图 5-1-5 所示的主轴伺服一体放大器 βi SVSPM，内部集成了整流和逆变驱动回路，采用电容或电阻回升方式，需要外部提供直流 24V 电源作为控制电源。伺服驱动和主轴驱动一体型，有两轴或三轴带一个主轴规格，采用电源回升方式。

特点：结构紧凑，伺服主轴一体型（主轴最大输出 15kW），性价比高，使用再生能源制动，节省能源。

3. 伺服电动机

1）图 5-1-6 所示的 βiI 主轴电动机，具有高转速，高转矩，外形结构紧凑，通过主轴 HRV 控制使控制更高效、发热量更少等特点。

2）图 5-1-7 所示的 βiS 伺服电动机，外形紧凑，适用于小型机械，电动机平滑旋转实

现高精度切削，有着高可靠性、高性价比，ID 信息、温度信息输出到 CNC 等特点。

图 5-1-6 βiI 主轴电动机

图 5-1-5 主轴伺服一体放大器 βi SVSPM

图 5-1-7 βiS 伺服电动机

3）通过查找 FANUC 维修手册（B-64305CM）可以查到各种型号电动机对应的电动机代码、驱动放大器类型等信息，见表 5-1-3。

表 5-1-3 FANUC 电动机型号代码表

电动机型号	电动机图号	驱动放大器	电动机代码
βiS 0.2/5000	0111	4A	260
βiS 0.3/5000	0112	4A	261
βiS 0.4/5000	0114	20A	280
βiS 0.5/6000	0115	20A	281
βiS 1/6000	0116	20A	282
βiS 2/4000	0061	20A	253
		40A	254
βiS 4/4000	0063	20A	256
		40A	257
βiS 8/3000	0075	20A	258
		40A	259
βiS 12/2000	0077	20A	269
		40A	268

（续）

电动机型号	电动机图号	驱动放大器	电动机代号
βiS 12/3000	0078	40A	272
βiS 22/2000	0085	40A	274
βiS 22/3000	0082	80A	313

4. 输入-输出单元（I/O 单元）

0i-D 系统用的I/O 单元（见图 5-1-8）是配置 FANUC 系统的数控机床使用最为广泛的 I/O 模块，它采用 4 个 50 芯插座连接的方式，分别是 CB104 ~ CB107。输入点有 96 位，每 个 50 芯插座中包含 24 位的输入点，这些输入点被分为 3 个字节；输出点有 64 位，每个 50 芯插座中包含 16 位的输出点，这些输出点被分为两个字节。

三、FANUC 0i-D 系统的硬件连接

1. 系统硬件连接接口（见图 5-1-9）

图 5-1-8 输入-输出单元　　　　图 5-1-9 系统硬件连接接口

系统硬件接口说明如下：

1）FSSB 光缆一般接左边插口。

2）风扇、电池、软键、MDI 等在系统出厂时候都已经连接好，用户不要改动，但可以 检查是否在运输过程中有松动的地方，如果有，则需要重新连接牢固，以免出现异常现象。

3）电源线输入插座［CP1］，机床厂家需要提供外部 24V 直流电源。具体接线为 1— 24V、2—0V、3—地线，注意正、负极性不要搞错。

4）RS232 接口连接和计算机接口的连接线，一共有两个接口。一般接左边，右边 （RS232-2 口）为备用接口。如果不和计算机连接，可不接此线（使用存储卡就可以替代 RS232 接口，且传输速度和安全性都要比 RS232 接口优越）。

5）串行主轴/编码器的连接，如果使用 FANUC 的主轴放大器，这个接口是连接放大器 的指令线，如果主轴使用的是变频器（指令线由 JA40 模拟主轴接口连接），则这里连接主

轴位置编码器。对于车床一般都要接编码器，如果是 FANUC 的主轴放大器，则编码器连接到主轴放大器的 JYA3。

6) I/O Link［JD51A］是连接到 I/O 模块或机床操作面板的，必须连接。注意必须按照从 JD51A 到 JD1B 的顺序连接，也就是从 JD51A 出来，到 JD1B 为止，下一个 I/O 设备也是从这个 JD1A 再连接到另一个 I/O 的 JD1B，如果不是按照这个顺序，则会出现通信错误或者检测不到 I/O 设备。

2. 伺服/主轴放大器的连接接口

图 5-1-10 是 βi 系列的伺服放大器，带主轴的放大器 SPVM 一体型放大器的连接接口，伺服/主轴放大器的连接接口说明如下：

1) 主轴电动机动力输出有相序要求，出错会产生报警。

2) 伺服电动机动力输出有相序要求，出错会产生报警 SV410、411、436。

3) 伺服电动机位置编码器反馈和动力插头顺序要对应，CZ2L 对应 JF1、CZ2M 对应 JF2、CZ2N 对应 JF3。

3. I/O Link 连接接口

FANUC 系统的 PMC 是通过专用的 I/O Link 与系统进行通信的，I/O Link 连接接口如图 5-1-11 所示。PMC 在进行着 I/O 信号控制的同时，还可以实现手轮与 I/O Link 轴的控制，但外围的连接却很简单，且很有规律，同样是从 A 到 B，系统侧的 JD51A 接到 I/O 模块的 JD1B，JA3 可以连接手轮。

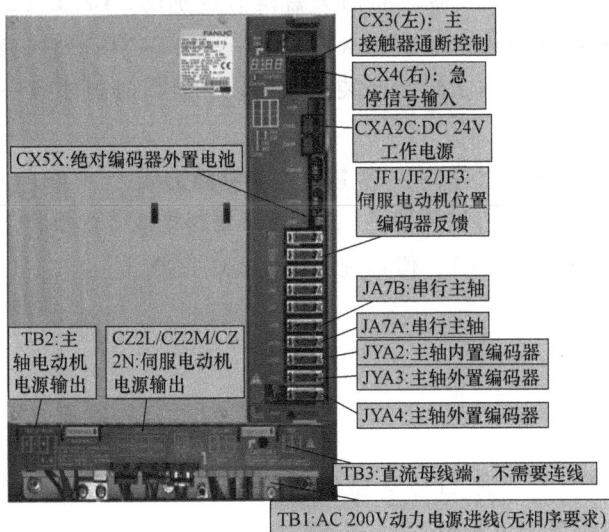

图 5-1-10 伺服/主轴放大器的连接接口

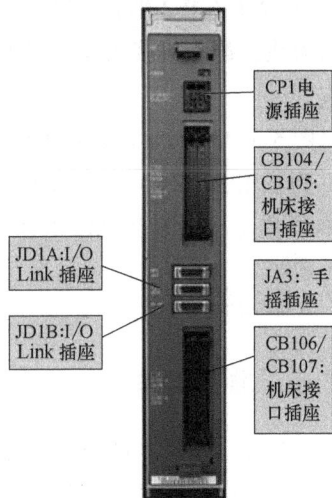

图 5-1-11 I/O Link 连接接口

4. 伺服电动机连接接口

1) βiI 主轴电动机接口如图 5-1-12 所示。

2) βiS 伺服电动机接口如图 5-1-13 所示。

5. 总体连接框架图

注意结合实际设备，找出各个硬件接口的名称和它们所连接的对应硬件的名称。例如，JD51A 连接的是 I/O 模块，如图 5-1-14 所示。

主轴电动机散热风扇电源接口
主轴电动机动力线接口
散热风扇和内置编码器
主轴电动机内置编码器接口

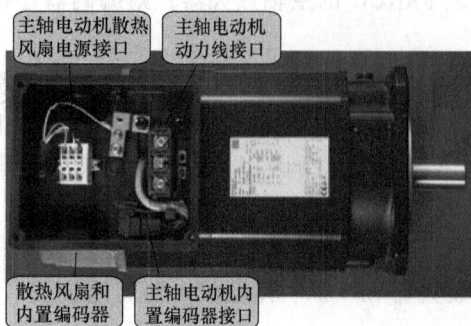

图 5-1-12　βiI 主轴电动机接口

伺服电动机位置编码器接口
伺服电动机动力线接口
伺服电动机位置编码器

图 5-1-13　βiS 伺服电动机接口

6. 数控系统硬件连接

对于 βi 系列的伺服放大器，带主轴的放大器 SPVM 是一体型放大器，连接如图 5-1-15 所示。

注意：

1）24V 电源连接 CXA2C（A1—24V、A2—0V）。

2）TB3（SVPSM 的右下面）不要接线。

3）上部的两个冷却风扇要接外部 200V 电源。

4）3 个（或两个）伺服电动机的动力线放大器端的插头盒是有区别的，CZ2L（第 1 轴）、CZ2M（第 2 轴）、CZ2N（第 3 轴）分别对应为 XX、XY、YY。一般 FANUC 公司提供的动力线，都是将接线盒单独放置，用户可根据实际情况装入，所以在装入时要注意一一对应。

图 5-1-15 中的 TB2 和 TB1 不要搞错，TB2（左侧）为主轴电动机动力线，而 TB1（右侧）为三相 200V 输入端，TB3 为备用（主回路直流侧端子），一般不要连接线。如果将 TB1 和 TB2 接反，则测量 TB3 电压正常（约直流 300V），但系统会出现 401 报警。

任务实施

一、准备工作

➤ 设备：配置 FANUC 0i-Mate TD 系统的亚龙 YL-558 型数控实训设备。

➤ 工具：万用表、螺钉旋具、压线钳等。

➤ 情境导入：亚龙 YL-558 型数控实训台上的部分系统硬件没有接好，系统无法正常起动。

➤ 任务确定：根据系统硬件各个接口的定义，结合 FANUC 数控系统的硬件连接图，完成硬件的连接使系统能够正常起动。

二、实施步骤

1. 观察实验室设备硬件连接，并填写表 5-1-4。

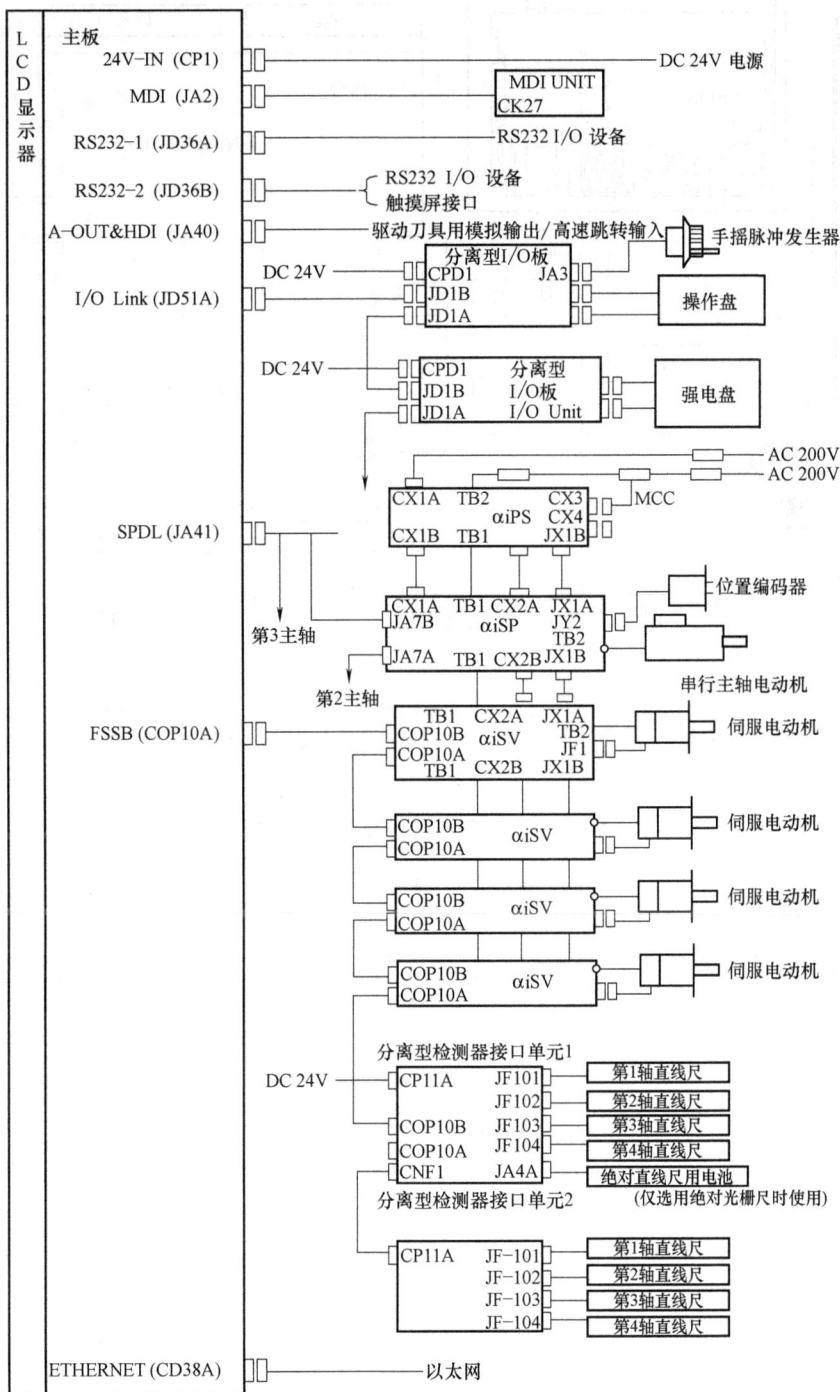

图 5-1-14 总体连接框架图

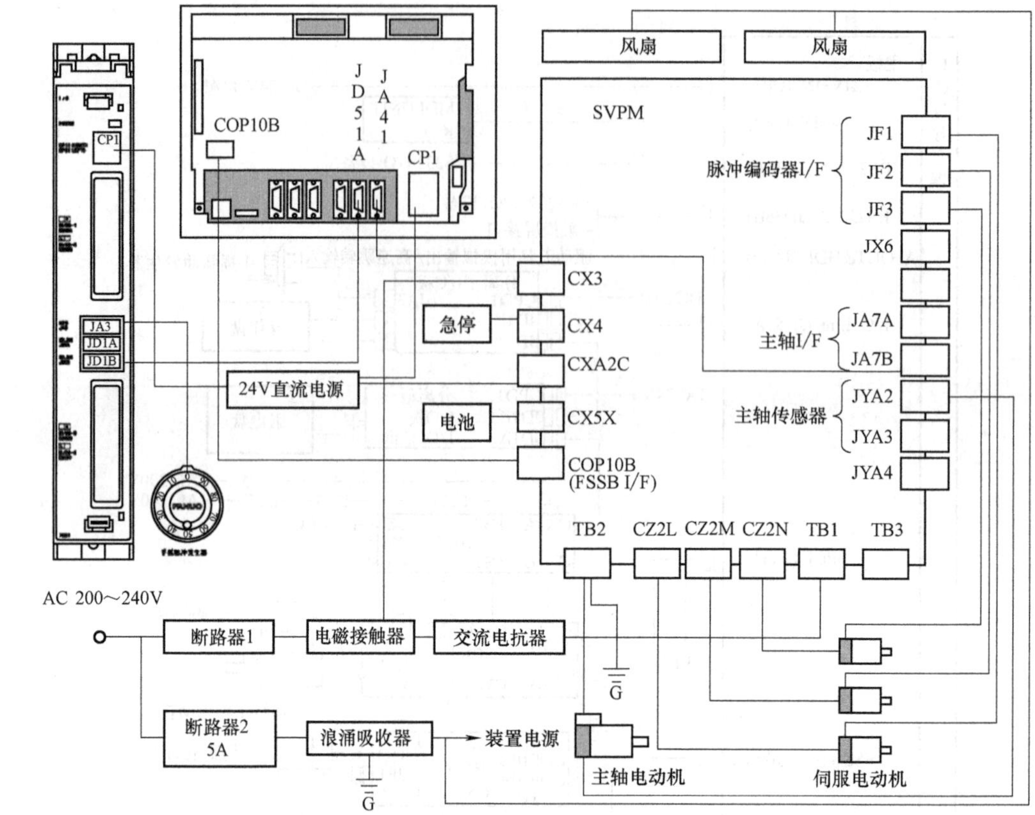

图 5-1-15　SPVM 一体型放大器连接

表 5-1-4　硬件连接表

实验台号：

部件	型号	规格(订货号)	与之相连接的前一级设备的端口
数控系统(控制器)			
βi 系列一体放大器			
I/O 单元			
主轴电动机			
伺服电动机			
手轮			
键盘			

　　注：与之相连接的前一级设备的端口一栏以 ×××× （其他单元）→×××× （NC）填入。

2. 完成实验室设备的硬件连接

步骤一：根据图 5-1-16 完成系统与一体放大器之间的 FSSB 总线的连接。

图 5-1-16　FSSB 总线连接

步骤二：根据图 5-1-17 完成系统与一体放大器之间的主轴总线连接。

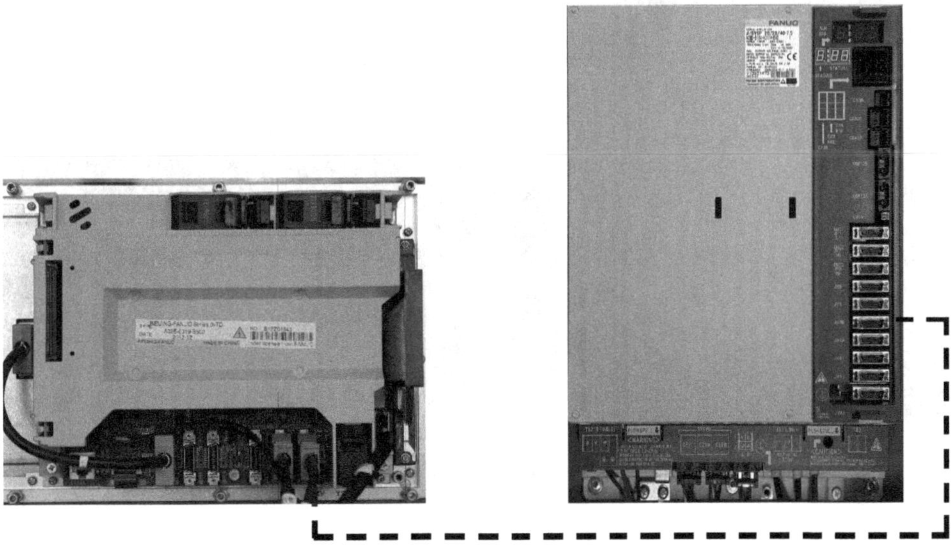

图 5-1-17　主轴总线连接

步骤三：根据图 5-1-18 完成系统与 I/O 单元之间的主轴总线连接、I/O 单元与手轮的连接。

步骤四：根据图 5-1-19 完成一体放大器与主轴电动机动力线、编码器线之间的连接。

步骤五：根据图 5-1-20 完成一体放大器与伺服电动机动力线、编码器线之间的连接。

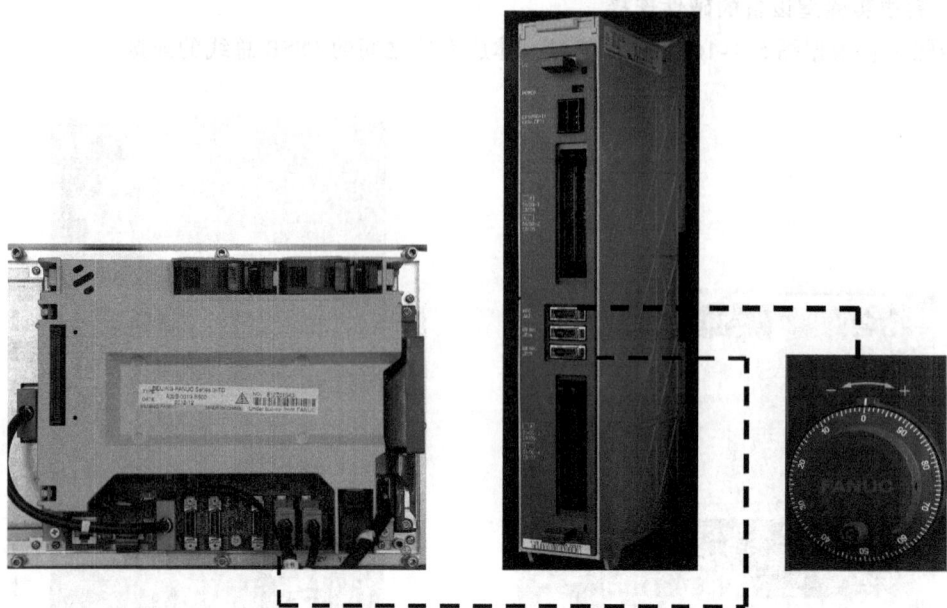

图 5-1-18　系统与 I/O 单元间的主轴总线连接、I/O 单元与手轮连接

图 5-1-19　一体放大器与主轴电动机连接

>> 操作提示　切勿带电插拔模块接口连线。

任务评价

任务评价见表 5-1-5。

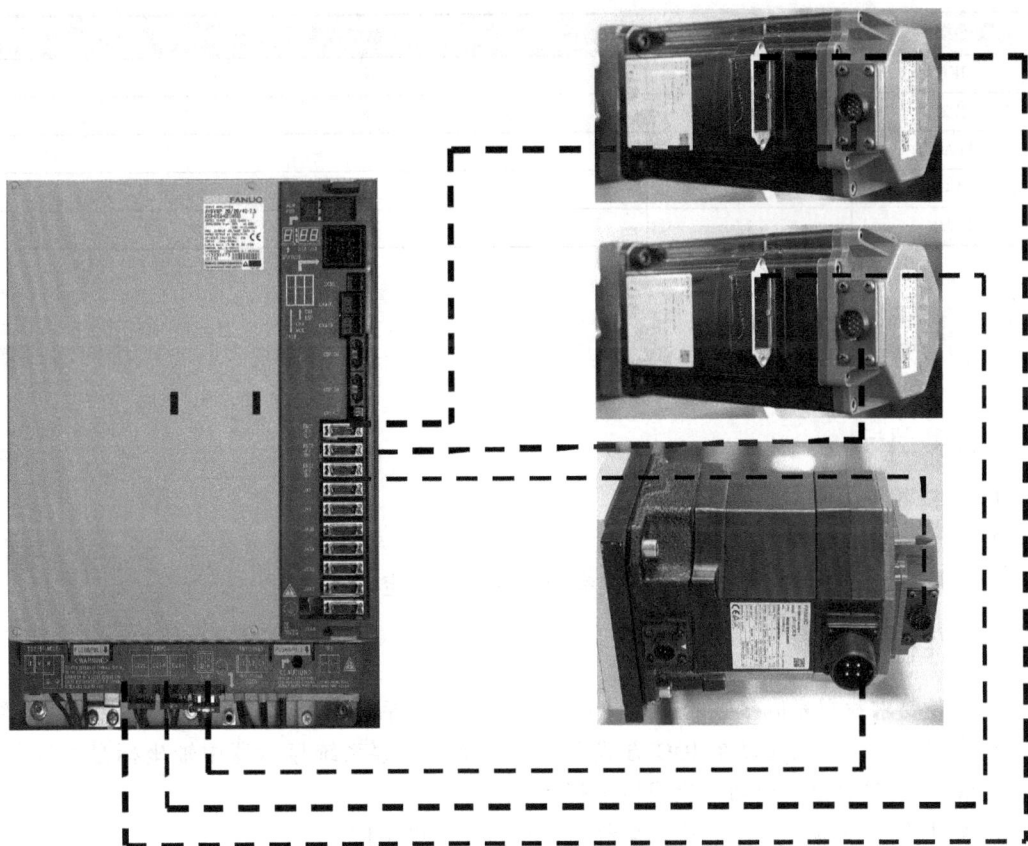

图 5-1-20　放大器与伺服电动机连接

表 5-1-5　项目五任务一评价表

评价项目	内容	配分	评分标准	学生评价		教师评价
				自评	互评	
任务实施	硬件连接	60	连接各个硬件接口错误,每次扣10分			
安全操作与职业素养	安全操作	20	1. 个人安全措施符合要求:穿工作服、电工鞋;停电检修前必须验电;分组实施过程中须有专人监护安全操作 2. 工具和仪表使用得当,不损坏仪器设备			
	5S 管理规范	20	任务实施过程中按照 5S 管理规范(整理、整顿、清洁、清扫、素养)执行,仪器、器件、工具摆放合理;任务完成后工位保持整洁			

巩固拓展

利用 YL-558 型数控实训设备,找出下列硬件接口线不接时产生的系统报警号和报警信息,并填写表 5-1-6。

表 5-1-6 练习题表

硬件接口	对应硬件	系统报警号/信息
JF1		
JF2		
JYA2		
JA41		
JA7B		

任务二 数控系统参数设置

任务目标

1. 掌握数控机床参数的类型。
2. 学会参数设定支援页面的操作。
3. 掌握 FANUC CNC 系统各个基本参数的含义与设定。

工作任务

本任务要求我们完成参数的初始化设定，设定完成后 FANUC CNC 系统报警全部消除，并能够模拟运行，可以通过在 JOG 方式下运行各轴，观察系统显示器中轴坐标是否变化来验证 CNC 参数设置是否成功。完成以下任务：

1. 掌握各个基本参数含义及试验台上这些参数的设定值。
2. 在实验台上对基本参数进行设定。
3. 全部基本参数设定完成后对实验台进行模拟运行。

知识引导

一、FANUC 数控系统参数的分类与功能

FANUC 0i 数控系统的参数按照数据的类型大致可分为位型和字型。其中位型又分位型和位轴型，字型又分字节型、字节轴型、字型、字轴型、双字型和双字轴型。轴型参数允许参数分别设定给各个控制轴。

1. 按数据类型分类

按数据类型来分，见表 5-2-1。

表 5-2-1 数据类型分类

数据类型		有效数据范围	备 注
位型	位型	0 或 1	
	位轴型		
字型	字节型	$-128 \sim 127$	在一些参数中不使用符号
	字节轴型	$0 \sim 255$	

（续）

数据类型		有效数据范围	备　注
字型	字型	−32768～32767	在一些参数中不使用符号
	字轴型	0～65535	
	双字型	−99999999～99999999	
	双字轴型		

2. 按参数意义分类

根据参数意义分类，见表5-2-2。

表5-2-2　参数意义分类

参数	意　义	参数	意　义
9000	功能参数（不公开，在 F-ROM 中）	4000	主轴（B-65280CM）
1000	轴（定义、速度、坐标等）	5000	程序和补偿
2000	伺服参数（B-65270CM）	6000	宏程序
3000	显示编辑相关	8000	功能参数（公开）

二、参数的输入方法

1. 系统参数的显示

1）按 MDI 面板上的功能键［SYSTEM］几次或一次后，再按软键［参数］，选择参数页面。

2）从键盘输入想显示的参数号，然后按软键［搜索］，可以显示指定的参数所在页面，光标在指定的参数位置上。如搜索参数20，如图5-2-1所示。

2. 打开写参数的权限

1）按［OFFSET］功能键一次或几次后，再按软键［设定］，可显示参数设定页面，如图5-2-2所示。

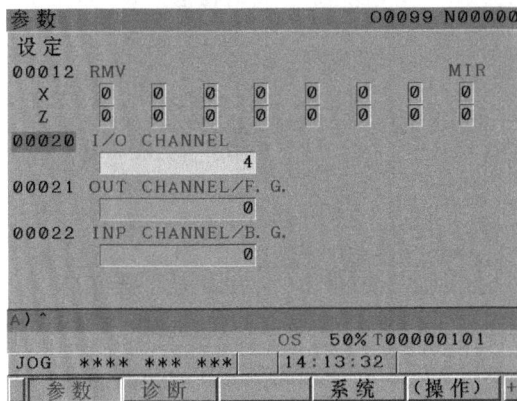

图5-2-1　搜索参数20

图5-2-2　参数设定页面

2）将光标移至"写参数"处。

3）设定"写参数" =1，按软键［ ON：1 ］，或者直接输入1，再按软键［输入］，这样参数成为可写入的状态。同时 CNC 产生 SW0100 报警（参数写入开关打开），如图5-2-3

所示。

4）如果参数设定完毕，需将参数设定页面的"写参数"设定为 0，禁止参数设定。

解除 100 号报警方法：同时按下 MDI 键盘上的软键 ［RESET］ ＋ ［CAN］ 或只单独按下软键 ［RESET］，但是需要额外设定参数 3116，将 3116#2 设定为 1。

参数修改后，若出现 000 号报警，需关闭系统电源；对轴参数进行设置后，需要关设备总电源。

图 5-2-3 写参数报警

3. MDI 方式下设定参数

1）将 NC 置于 MDI 方式下或按下急停按钮，使机床处于急停状态。

2）设定参数处于可写状态。

3）搜索到需要修改的参数，进行修改，见表 5-2-3。

表 5-2-3 参数的修改

软件位置	软件作用	参数类型
软键［ON:1］	光标位置处数据置 1	位型参数
软键［OFF:1］	光标位置处数据置 0	
软键［＋输入］	输入数据叠加在原值上	其他参数
软键［输入］	直接输入数据	

三、基本参数设定概述

1. 系统基本参数

系统基本参数设定可通过参数设定支援页面进行操作，如图 5-2-4 所示。

2. 参数设定支援页面的目的

参数设定支援页面是为达到下述目的进行参数设定和调整的页面。

1）通过机床起动时汇总需要进行最低限度设定的参数予以显示，便于机床执行起动操作。

2）通过简单显示伺服调整画面、主轴调整画面、加工参数调整画面，便于进行机床的调整。

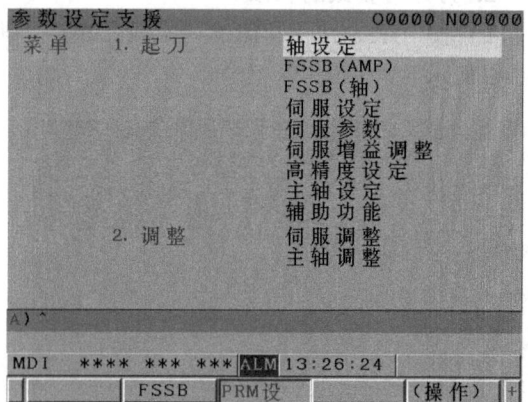

图 5-2-4 参数设定支援页面

3. 参数设定支援页面各项目用法

1）起动项目中，设定在起动机床时所需的最低限度的参数。各项目的含义见表 5-2-4。

2）调整项目显示用来调整伺服、主轴、以及高速高精度加工的画面。各项目的含义见表 5-2-5。

表 5-2-4　起动项目的含义

名称	含　义
轴设定	设定轴、主轴、坐标、进给速度、加减速参数等
FSSB(AMP)	显示 FSSB 放大器设定画面
FSSB(轴)	显示 FSSB 轴设定画面
伺服设定	显示伺服设定画面
伺服参数	设定伺服的电流控制、速度控制、位置控制、反间隙加速的 CNC 参数
伺服增益调整	自动调整速度环增益
高精度设定	设定伺服的时间常数、自动加减速的 CNC 参数
主轴设定	显示主轴设定画面
辅助功能设定	DI/DO、串行主轴等的 CNC 参数

表 5-2-5　调整项目的含义

名称	含　义
伺服调整	显示伺服调整画面
主轴调整	显示主轴调整画面
AICC 调整	显示加工参数调整(先行控制/AI 轮廓控制)画面

四、FANUC 系统常用基本参数

我们将 FANUC 系统常用基本参数分成6个模块，见表 5-2-6。

表 5-2-6　FANUC 系统常用基本参数

序号	参数类型	参数号	序号	参数类型	参数号
1	基本参数	1001 1005 1006 1008 1013 1020 1022 1023 1815 1825 1826 1827 1828 1829	4	进给速度参数	1401 1410 1420 1421 1423 1424 1425 1428 1430
2	主轴参数	3716 3717	5	加减速控制参数	1610 1620 1622 1623 1624 1625
3	坐标组参数	1240 1241 1260 1320 1321	6	其他参数	3281 3003 3004 3401

说明：上述表格中列出了部分常用的基本参数供大家参考，对于参数每一位的含义和具体的用法，读者可查看 FANUC 参数说明手册 B-64310CM。

常用参数介绍如下：

1. 基本参数

基本参数（1001）设置见表 5-2-7。

表 5-2-7　基本参数设置

1001	#7	#6	#5	#4	#3	#2	#1	#0
								INM

注：INM 为公制、英制设定参数：0：公制系统（公制机床系统）；1：英制系统（英制机床系统）在设定完此参数后，需要暂时切断电源。

2. 主轴参数

主轴参数（3716）设置见表 5-2-8。

表 5-2-8　主轴参数设置

3716	#7	#6	#5	#4	#3	#2	#1	#0
								A/Ss

注：A/Ss 为主轴电动机的种类参数：0：模拟电动机；1：串行主轴。

3. 坐标组

坐标组参数设置见表 5-2-9。

表 5-2-9　坐标组参数设置

参数	含义	参考值
1240	第一参考点在机械坐标系中的坐标值	0
1241	第二参考点在机械坐标系中的坐标值	0

4. 进给速度参数

进给速度参数见表 5-2-10。

表 5-2-10　进给速度参数设置

参数	含义	参考值
1410	各轴空运行的速度	5000
1420	各轴快速移动倍率为 100% 速度	4000

5. 加减速控制

加减速控制参数设置见表 5-2-11。

表 5-2-11　加减速控制参数设置

参数	含义	参考值
1622	各轴切削进给的加减速时间常数	50
1623	各轴切削进给插补后加减速的 FL 速度	50

6. 其他参数

其他参数设置见表 5-2-12。

表 5-2-12 其他参数设置

参数	含 义
3281	显示语言

常见的语言种类如下：0：英语；1：日语；2：德语；3：法语；4：中文（繁体）；5：中文（简体）。

设置上述以外的编号时，显示语言为英语。

初学者可以先设置此参数，并将系统电源重启，界面会转换为中文（不完全），方便操作。

任务实施

一、准备工作

➤ 设备：配置 FANUC 0i-Mate TD 系统的亚龙 YL-558 型数控实训设备。

➤ 工具：万用表、螺钉旋具、压线钳等工具。

➤ 情境导入：亚龙 YL-558 型数控实训台上的部分参数没有设置，系统无法正常使用。

➤ 任务确定：根据表 5-2-6 中给出的 FANUC 系统常用基本参数，查询 FANUC 参数手册，给系统设置相关参数，使系统能够正常使用。

➤ 设备的基本情况见表 5-2-13。

表 5-2-13 亚龙 YL-558 型数控实训设备的情况

名 称	内 容	名 称	内 容
轴名	X、Z	设定值	0.001mm
电动机每转动一次工作台的位移量	10mm	检测单位	0.001mm
快移速度	2000mm/r		

二、实施步骤

>> **操作提示**

1）参数设置过程中跳出的报警可以不处理，等全部参数设置完成后再统一处理。

2）为了实现 X、Z 轴的虚拟运行，需要把 1023 号参数设定为 −128，屏蔽伺服报警。

3）由于 YL-558 用的是 8in 的显示器，显示的软键较少，所以要经常按扩展键显示其他软键。

4）参数设定完电源必须重启，CNC 系统才能生效。

步骤一：起动准备

当系统第一次通电时，最好是先做个全清。全清步骤如下：

上电

同时按MDI面板上RESET+DELETE

（直到系统显示IPL初始程序加载页面）

ALL FILE INITIALIZE OK?
(NO=0,YES=1)

输入"1"，按下INPUT键

ALL FILE INITIALIZING；END
ADJUST THE DATE/TIME(2013/11/13 14:22:11)?
(NO=0,YES=1)

输入"0"，按下INPUT键

IPL MENU

0.END IPL

1.DUMP MENORY

3.CLEAR FILE

4.MENORY CARD UTILITY

5.SYATEM ALARM UTILITY

6.FILE SRAM CHECK UTILITY

7.MACRO COMPILER UTILITY

8.SYSTEM SETTING UTILITY

9.CERTIFYCATIONG UTILITY

11.OPITION RESTORE

输入"0"，选择"END IPL"，退出IPL MENU

（系统执行全清操作）

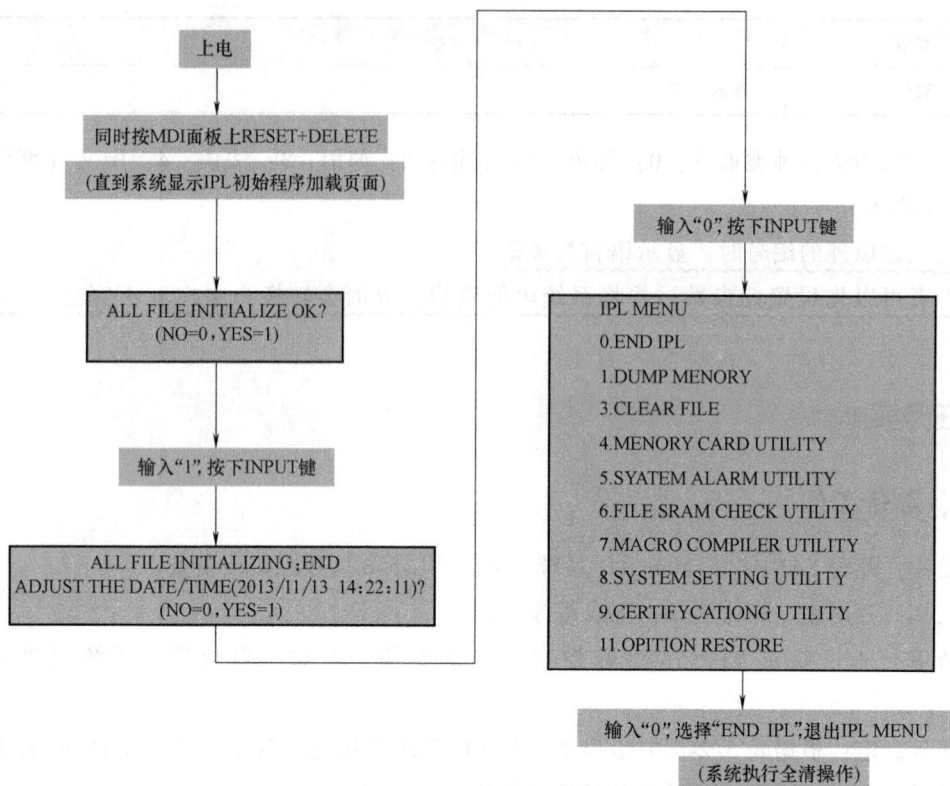

全清后 CNC 页面的显示语言为英语，用户可动态地进行语言切换。

按"OFS/SET"功能键，单击扩展键"＋"，单击"LANG."，按下后系统显示语言选择页面，如图 5-2-5 所示。

选择显示的语言种类为中文（简体字），单击"操作"，显示操作菜单，单击"APPLY"选择需要的语言。语言切换成简体中文，设定完毕，如图 5-2-6、图 5-2-7 所示。

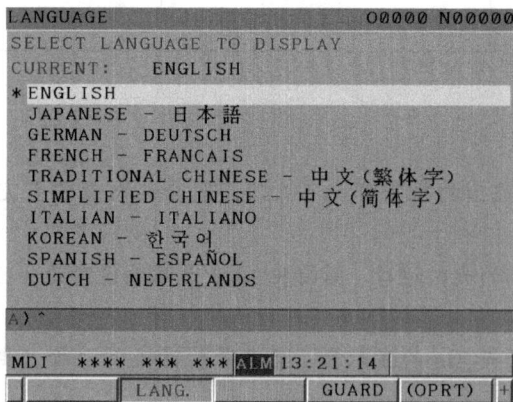

```
LANGUAGE                    O0000 N00000
SELECT LANGUAGE TO DISPLAY
CURRENT:    ENGLISH
*ENGLISH
 JAPANESE  - 日本語
 GERMAN  -  DEUTSCH
 FRENCH  -  FRANCAIS
 TRADITIONAL CHINESE - 中文（繁体字）
 SIMPLIFIED CHINESE  - 中文（简体字）
 ITALIAN  -  ITALIANO
 KOREAN  -  한국어
 SPANISH  - ESPAÑOL
 DUTCH  - NEDERLANDS

A）^

MDI  **** *** ***  ALM 13:21:14
     |      LANG.      |    GUARD  (OPRT)  +
```

图 5-2-5 语言选择页面

按此键显示位置显示画面。

按此键显示程序画面。

按此键显示偏置/设定画面。

按此键显示系统画面。

按此键显示信息画面。

按此键显示图形画面。

图 5-2-6 常用软键示意图

按下"报警"功能键，CNC 屏幕上一般会出现一系列报警，包括 100、506、507、417、1026、5136 等，如图 5-2-8 所示。

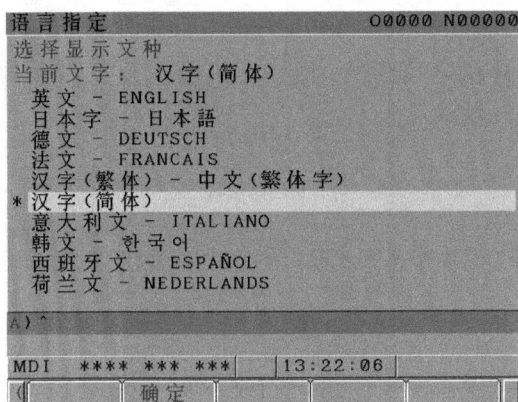

图 5-2-7　语言切换页面

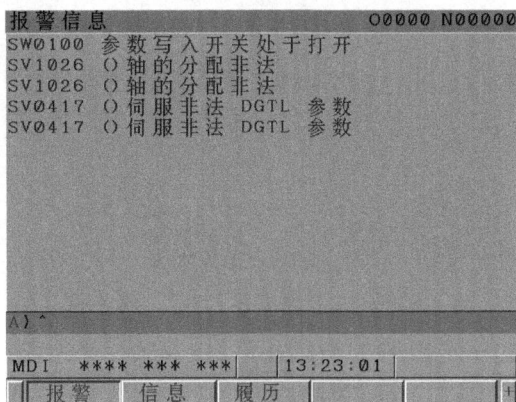

图 5-2-8　全清后的报警

全清参数后引起的报警信息参照表 5-2-14 进行处理。

表 5-2-14　全清报警的处理方案

报警号		处 理 方 案
SW010	原因	参数写保护开关打开
	解决方法	同时按下［RESET］+［CAN］消除报警或关闭参数写保护开关
OTO0506 OTO0507	原因	梯形图没有处理硬件超程信号
	解决方法	机床具备硬件超程信号,修改 PMC 程序 机床不具备硬件超程信号,设定 3004#5 = 1,屏蔽超程报警,重启系统报警消除
SV0417	原因	伺服参数设定不正确
	解决方法	根据伺服机构特征重新设定伺服参数,进行伺服参数初始化 本任务中先将参数 1023 设为 – 128,屏蔽伺服报警
SV1026	原因	系统和伺服驱动器之间的 FSSB 未设定/参数 1023 设置错误
	解决方法	进入 FSSB 设定,对放大器进行设定/正确设置参数 1023
SV5136	原因	FSSB 放大器数目少,放大器没有通电或者 FSSB 没有连接,或者放大器之间连接不正确, FSSB 设定没有完成或根本没有设定
	解决方法	确认 FSSB 接口连接正常,光纤连接正常

步骤二：进行与轴设定相关的CNC 参数初始设定

1. 准备

按下［SYSTEM］软键,再按下 5 次扩展键,按下［PRM］设定软键,进入参数设定支援页面,按下软键［操作］,将光标移动至"轴设定"处,按下软键［选择］,出现参数设定页面。此后的参数设定,就在该页面进行,如图 5-2-9 所示。

2. 初始设定

将光标移动至"轴设定"处,单击选择,出现参数设定页面,此后的参数设定,就在该页面中进行。在参数设定页面上进行参数的初始设定。在参数设定页面上,参数被分为基本、主轴、坐标、进给速度及加/减速等 5 个组,并被显示在每组的连续页面上,如图 5-2-10 ~图 5-2-14 所示。

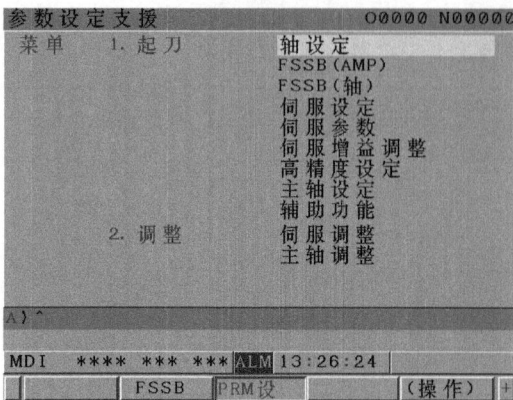

图 5-2-9　参数设定支援页面

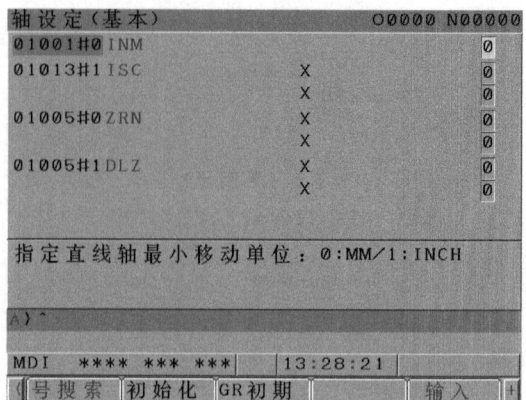

图 5-2-10　基本组参数

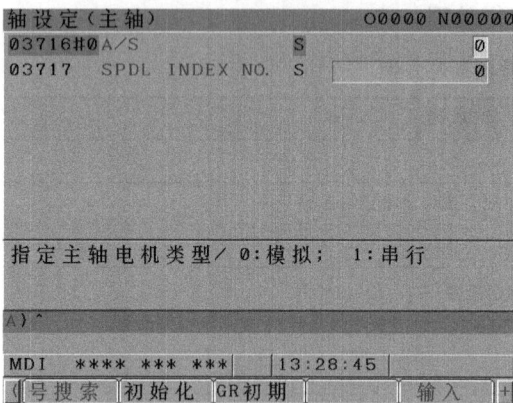

图 5-2-11　主轴组参数

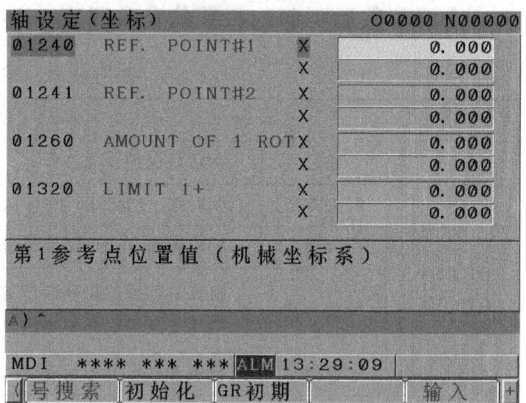

图 5-2-12　坐标组参数

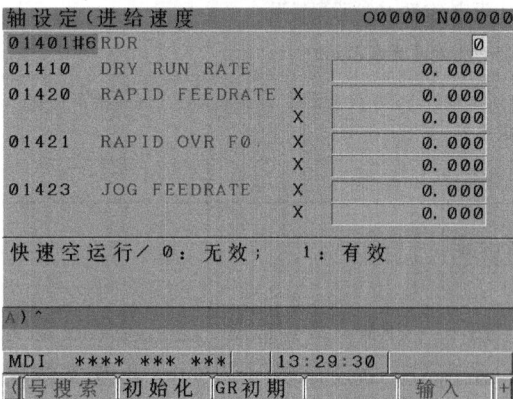

图 5-2-13　进给速度组参数

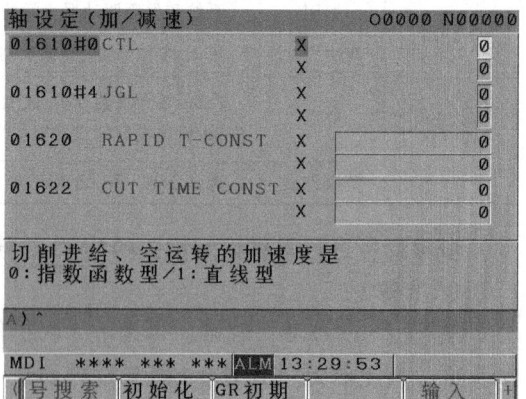

图 5-2-14　加/减速组参数

>> **注意**

1）下文提到的"设定值"，是初始设定时的参考值。最终的设定值应根据机床的特性、使用方法进行调整并决定。

2）下文提到的"设定值"，是指所有轴的设定单位为 IS-B（NO.1013#1 = "0"），且是公制输入（NO.0000#2 = "0"）的情形。

3. 基本组

（1）标准值设定　进行基本组的参数标准设定，按下"PAGE UP/PAGE DOWN"键数次，显示出基本组页面，如图5-2-15所示。

按下软键［GR初期］，页面上出现"是否设定初始值?"提示信息，按下软键［执行］，如图5-2-16所示。

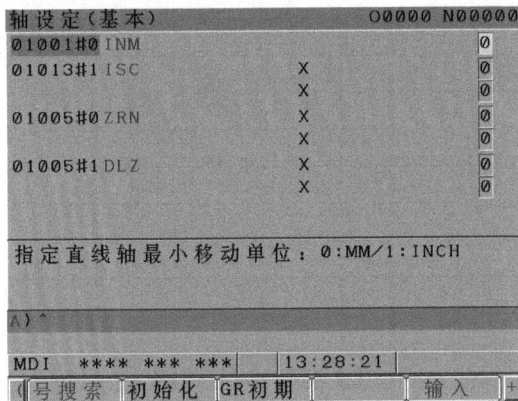

```
轴设定（基本）              O0000 N00000
01001#0 INM                        0
01013#1 ISC           X            0
                      X            0
01005#0 ZRN           X            0
                      X            0
01005#1 DLZ           X            0
                      X            0


指定直线轴最小移动单位：0:MM/1:INCH

A)^

MDI  ****  ***  ***    13:28:21
  号搜索 初始化 GR初期      输入  +
```

图5-2-15　基本组页面

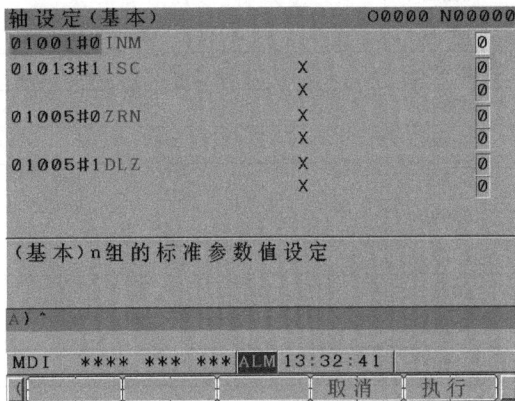

```
轴设定（基本）              O0000 N00000
01001#0 INM                        0
01013#1 ISC           X            0
                      X            0
01005#0 ZRN           X            0
                      X            0
01005#1 DLZ           X            0
                      X            0


（基本）n组的标准参数值设定

A)^

MDI  ****  ***  *** ALM 13:32:41
                        取消  执行
```

图5-2-16　基本组参数初始值设定

至此，基本组参数的标准值设定完成。

>> **注意**

1）无论从组内的哪个页面上选择［GR初期］，对于组内的所有页面上的参数，均进行标准值设定。

2）有的参数没有标准值，即使进行了标准值的设定，这些参数的值也不会被改变。

3）根据标准值设定，有时会出现报警（PW0000）"必须关断电源"，并切换到报警画面，如图5-2-17所示。但是，此时不必立即切断电源。可按照"参数显示"的步骤，重新显示出参数设定画面，进入下一步骤。

4）光标所选项目没有标准值时，按下软键［初始化］时，显示报警信息"无初始值"。光标所选项目有标准值时，按下软键［初始化］时，显示"是否设定初始值?"的信息。按下软键［执行］，完成所选项目的标准值的设定。

（2）没有标准值的参数设定

1）通过上面"标准值设定"的步骤，有的参数尚未设定标准值，这时需要手动地进行这些参数的设定。当输入参数号，按下软键［搜索号］时，光标就移动到所指定的参数处，然后对参数进行修改。

2）轴设定的基本组参数中，部分参数有标准值，无须再次设定，部分参数无标准值，手动地进行这些参数的设定。

3）现对表5-2-15中的参数进行设定，请参考参数说明书写出下列参数的含义并设

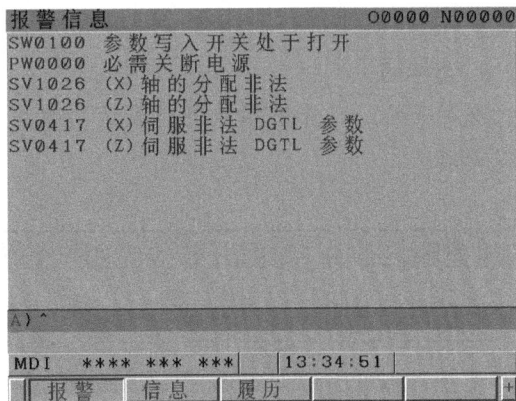

```
报警信息                    O0000 N00000
SW0100  参数写入开关处于打开
PW0000  必需关断电源
SV1026  (X)轴的分配非法
SV1026  (Z)轴的分配非法
SV0417  (X)伺服非法 DGTL 参数
SV0417  (Z)伺服非法 DGTL 参数




A)^

MDI  ****  ***  ***    13:34:51
  报警   信息    履历          +
```

图5-2-17　"必需关断电源"报警

定具体的值，并输入 CNC 系统。

表 5-2-15　基本组参数

参数	含　　义	是否有标准值	设定值
1001#0			
1013#1			
1005#0			
1005#1			
1006#0			
1006#3			
1006#5			
1008#0			
1008#2			
1020			
1022			
1023			
1815#1			
1815#4			
1815#5			
1825			
1826			
1828			
1829			

注：为了实现 X、Z 轴的虚拟运行，需要把参数 1023 设定为 -128，屏蔽伺服报警。

4. 主轴组

现对表 5-2-16 中的参数进行设定，请写出下列参数的含义并设定具体的值，并输入 CNC 系统。

表 5-2-16　主轴组参数

参数	含　　义	设定值
3716#0		
3717		

5. 坐标组

现对表 5-2-17 中的参数进行设定，请写出下列参数的含义并设定具体的值，并输入 CNC 系统。

表 5-2-17　坐标组参数

参数	含　　义	设定值
1240		
1241		
1260		
1320		
1321		

6. 进给速度组

进给速度与机床结构有很大的关系，因此进给速度组的参数都无标准值。现对表 5-2-18 中的参数进行设定，请写出下列参数的含义并设定具体的值，并输入 CNC 系统。

表 5-2-18 进给速度组参数

参数	含　义	设定值
1410		
1420		
1421		
1423		
1424		
1425		
1428		
1430		

7. 加/减速控制组

现对表 5-2-19 的参数进行设定，请写出下列参数的含义并设定具体的值，并输入 CNC 系统。

表 5-2-19 加/减速控制组参数

参数	含　义	设定值
1610#0		
1610#4		
1620		
1622		
1623		
1624		
1625		

步骤三：重启 CNC 系统

断开数控机床的电源，然后再接通。通过上述操作，基本参数的初始设定到此结束。

任务评价

任务评价见表 5-2-20。

表 5-2-20 项目五任务二评价表

评价项目	内容	配分	评分标准	学生评价		教师评价
				自评	互评	
任务实施	参数设定	60	1. 不会调用参数设置画面，扣 10 分 2. 不会输入参数，扣 10 分 3. 参数输入不正确，每错一个扣 5 分，每提示一次扣 5 分			
安全操作与职业素养	安全操作	20	1. 个人安全措施符合要求：穿工作服、电工鞋；停电检修前必须验电；分组实施过程中须有专人监护安全操作 2. 工具和仪表使用得当，不损坏仪器设备			
	5S 管理规范	20	任务实施过程中按照 5S 管理规范（整理、整顿、清洁、清扫、素养）执行，仪器、器件、工具摆放合理；任务完成后工位保持整洁			

巩固拓展

如果系统使用模拟主轴要模拟移动伺服轴时，除了上面的参数设定外，还需要设定表 5-2-21 中的信号。有关各信号的详情，用户可参阅相关连接说明书（功能篇），并完成表 5-2-21 中的相关内容。

表 5-2-21　系统 G 信号功能说明

地　址	符　号	信号名称	功能/设定值
G8.0	＊IT	所有轴互锁信号	
G8.4	＊ESP	紧急停止信号	
G8.5	＊SP	自动运行停止信号	
G10,G11	＊JV	手动进给速度倍率信号	
G12	＊FV	进给速度倍率信号	
G114	＊+L1 ~ ＊+L5	硬件超程信号	
G116	＊-L1 ~ ＊-L5	硬件超程信号	
G130＊	＊IT1 ~ ＊IT5	各轴互锁信号	

任务三　数控系统报警分类及故障排除

任务目标

1. 掌握 FANUC 数控系统故障诊断与维修的基本方法和一般步骤。
2. 掌握 FANUC 数控系统典型故障现象和分析方法。
3. 掌握 FANUC 数控系统技术资料的查询方法。

工作任务

本任务主要介绍数控机床操作常见故障诊断与维修，是实践性很强的综合单元，本任务将以 FANUC 典型的"伺服报警—SV0417"报警（见图 5-3-1）为例子来讲解故障诊断与排除的一般步骤和方法。

完成以下任务：

1. 消除系统 SV0417 报警。
2. 掌握 FANUC 数控系统故障诊断与维修的基本方法和一般步骤。

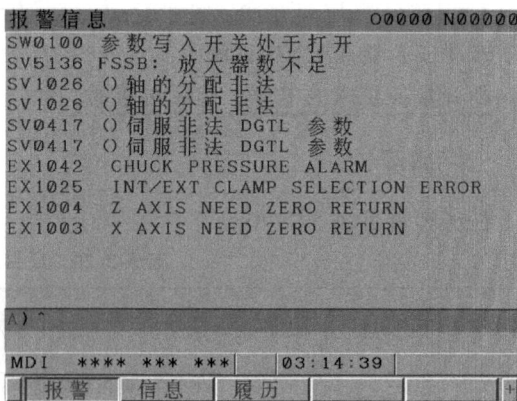

```
报警信息                    O0000 N00000
SW0100  参数写入开关处于打开
SV5136  FSSB：放大器数不足
SV1026  ()轴的分配非法
SV1026  ()轴的分配非法
SV0417  ()伺服非法 DGTL 参数
SV0417  ()伺服非法 DGTL 参数
EX1042  CHUCK PRESSURE ALARM
EX1025  INT/EXT CLAMP SELECTION ERROR
EX1004  Z AXIS NEED ZERO RETURN
EX1003  X AXIS NEED ZERO RETURN




A)^

MDI  ****  ***  ***      03:14:39
  报警    信息    履历              +
```

图 5-3-1　系统报警画面

知识引导

FANUC 数控系统设备由于系统硬件配置、控制功能、使用操作、使用环境和使用时间长短等情况不同，难免会出现各种各样故障现象。因为故障现象多样，所以要维修 FANUC 数控系统设备故障，必须熟悉 FANUC 数控系统的硬件连接、熟悉设备动作的控制过程、熟悉系统提供的故障诊断与维修帮助、熟悉丰富的技术资料、熟悉一些典型故障现象和分析方法，以提高故障诊断和维修的能力。

一、FANUC 数控系统故障诊断与维修

1. 诊断方法

FANUC 数控系统故障诊断与维修有 3 种基本方法：

1）根据系统显示的报警诊断与维修。

2）根据 FANUC 系统主板上的指示灯状态或 I/O 信号诊断与维修。

3）借助系统自诊断功能与维修。数控系统自诊断技术应用主要有起动诊断、在线诊断和离线诊断 3 种方式。

2. 诊断内容

FANUC 数控系统故障的诊断内容主要有以下 5 个方面：

1）监视机床各部分动作来判定动作不良部位的动作诊断。

2）机床电动机带动负载时观察运行状态的状态诊断。

3）定期点检液压元件、气动元件和强电柜的 I/O 信号诊断。

4）监视操作错误和程序错误的操作诊断。

5）数控系统的故障自诊断。

3. 诊断步骤

当数控机床发生故障时，应尽可能地保持数控机床原来的状态不变，并对出现的一些信号和现象及时地做好记录。故障诊断与维修一般按如下步骤进行：

1）详细记录故障现象、故障发生时的操作方式及内容、报警号及故障指示灯的显示内容、故障发生时数控机床各部分的状态与位置、有无其他偶然因素。

2）确定故障源查找方向和手段。

3）从易到难、由表及里进行故障源查找。

4）排除故障。

二、FANUC 数控系统区别报警的分类。

FANUC 0i 系列、0i-A、0i-B、0i-C 等系列的自诊断是以伺服和主轴等不同部分报警号来区分的。例如 0i-C 系统报警见表 5-3-1，把数控系统报警根据功能分类，整个数控系统报警号没有重复的。

表 5-3-1 0i-C 系统报警

报警号	分类
0～253、5010～5455	程序错误/有关编程和操作的报警
300～309	绝对式编码器（APC）的报警
360～386	串行脉冲编码器（SPC）的报警
401～468、601～613	伺服报警
500～515	超程报警
700～704	系统过热报警
740～742	刚性攻螺纹报警

（续）

报警号	分 类
749～784、90001～9122	主轴报警
900～976	CNC 系统报警
1000～1999	机床侧顺序（PMC）报警信息
2000～2999	机床侧顺序（PMC）操作信息
3000～3200	宏程序报警

由于 0i-D 系统功能丰富，系统把自诊断、伺服驱动、主轴放大器、机床操作、编程操作等报警号作为公用报警号，然后将报警的状态别用英文缩写表示，加在报警号前面以示区分，具体见表 5-3-2。

表 5-3-2　0i-D 系统报警

序号	报警分类	报警状态缩写及举例
1	与程序操作相关的报警	PS：PS0003 数位太多
2	与后台编程相关的报警	BG：BG0140 程序号已使用
3	与通信相关的报警	SR：SR1823 数据格式错误
4	参数写入状态下的报警	SW：SW0100 参数写入开关处于打开
5	伺服报警	SV：SV0407 误差过大
6	与超程相关的报警	OT：OT0500 正向超程（软限位 1）
7	与存储器文件相关的报警	IO：IO1001 文件存取错误
8	请求切断电源的报警	PW：PW0000 必须关断电源
9	与主轴相关的报警	SP：SP1220 无主轴放大器（串行主轴 SP9xxx）
10	过热报警	OH：PH0700
11	其他报警	DS：DS0131 外部信息量太大
12	与误动作防止功能相关的报警	IE：IE0008
13	报警列表（PMC）	1. 显示在 PMC 报警页面中的信息：ER01 PROGRAMDATA ERROR 2. PMC 系统报警信息：PC030 RAM PARI xxxxxxxx yyyyyyyy 3. PMC 操作错误 4. PMC I / O 通信错误 1

例如：

1）与程序相关操作的报警，以 PS + 报警号 + 报警内容表示，如"PS0003 数位太多"。

2）与后台编辑相关的报警，以 BG + 报警号 + 报警内容表示，如"BG0140 程序号已使用"。这样虽然报警号一样，但是由于报警状态和性能不同，仍然可以区分相同的报警号。通过报警号前面的英文缩写可以基本判断报警类别，再根据系统维修手册常见系统报警表来进行维修。

三、FANUC 数控系统常见报警号以及常见处理

FANUC 数控系统自诊断和在线诊断功能丰富，从表 5-3-2 可以看出，0i-D 系统报警门类较多，操作人员主要关注以 PS、BG、SR、SW、OT、IO、IE、DS 开头的与机床编程操作有关的报警信息，维修人员必须重点掌握以 SW、SV、SP、PMC、SR、OT、PW、OH 等开头的与硬件、参数修改以及 I/O 信号有关的报警信息。

由于 FANUC 数控系统的诊断和报警功能比较丰富，平时在使用和维修机床时，无法全

部记忆这些信息，所以在日常使用和维修时，需准备一本维修说明书[⊖]（B-64305CM）供参考。当显示屏显示故障报警，系统提示报警原因后不知道如何处理和解决时，可以查阅 B-64305CM 维修说明书，然后再按照前面介绍的各部分知识逐一排除。

四、数控机床本体的常见故障诊断流程

要维修数控机床本体，需要在前面几个单元的知识基础上，再利用具体的数控机床的机械结构和机械动作流程来进行。机床制造商已经把机床侧的输入、输出常见故障在编制 PMC 程序时作了诊断处理，并在 CNC 上显示故障原因和报警信息（EX1000~EX1999），因此只要按照机床出厂时带的使用说明书就可以维修机床侧的输入、输出信号器件和机械主体。

若在维修当中，在显示屏上出现报警信息 EX1000~EX1999，一般不是 CNC 系统本体故障，而是机床侧的输入、输出信号故障，维修方法在其他单元作介绍。

任务实施

一、准备工作

➤ 设备：配置 FANUC 0i-Mate TD 系统的亚龙 YL-558 型数控实训设备。

➤ 情境导入：系统上电后出现报警，报警画面如图 5-3-2 所示，系统无法正常使用。

➤ 任务确定：根据排故的一般步骤和方法，查询 FANUC 参数手册、维修手册等相关资料，给系统设置相关参数，使系统能够正常使用。

二、实施步骤

1. 确定检修范围

根据报警信息提示，查阅 B-64305CM 维修说明书，附录中的报警列表—伺服报警（SV报警）的相关内容，找出 SV0417 报警的产生原因。

SV0417 报警原因分析：

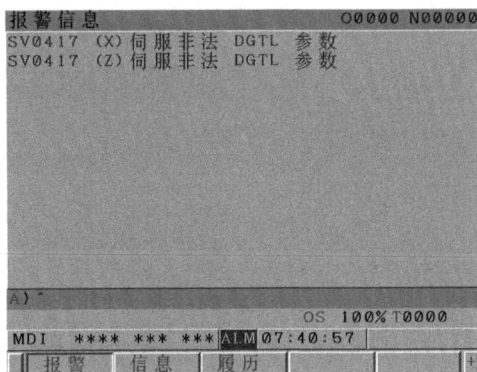

图 5-3-2　系统报警画面

_____

_____

_____

_____

_____

_____

_____

_____

2. 根据报警提示进行故障排除

1）从 B-64305CM 维修说明书上，我们可以查到 SV0417 报警的产生主要是因为相关伺服参数设定不正确引起的，如图 5-3-3 所示。

报警号	信息	内容
SV0417	伺服非法DGTL参数	数字伺服参数的设定值不正确。 [诊断信息No.203#4=1的情形] 通过伺服软件检测出参数非法。利用诊断信息No.352来确定要因。 [诊断信息No.203#4=0的情形] 通过CNC软件检测出了参数非法。可能是因为下列原因所致。(见诊断信息No.280) 1)参数(No.2020)的电机型号中设定了指定范围外的数值。 2)参数(No.2022)的电机旋转方向中尚未设定正确的数值(111或−111)。 3)参数(No.2023)的电机每转的速度反馈脉冲数设定了0以下的错误数值。 4)参数(No.2024)的电机每转的位置反馈脉冲数设定了0以下的错误数值。

图 5-3-3　SV0417 报警信息提示内容

2）根据提示再查询参数手册 B-64310CM 上相关参数的设定方法：与 SV0417 报警相关的参数，主要是在伺服设定画面设定，如图 5-3-4 所示，伺服参数的设定方式参见上个任务内容。

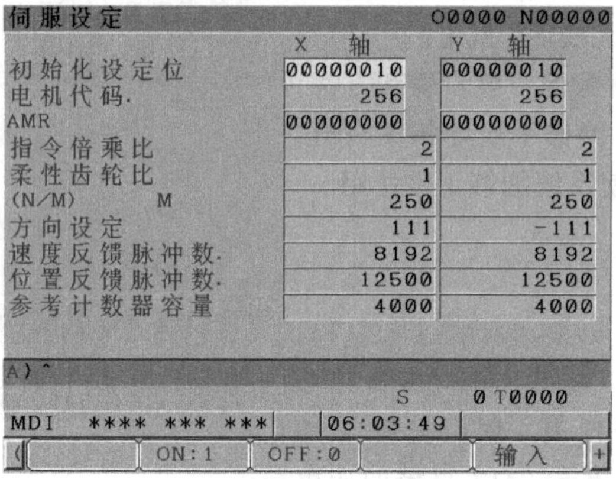

```
伺服设定                          O00000 N00000
                      X  轴            Y  轴
初始化设定位      00000010        00000010
电机代码.             256             256
AMR             00000000        00000000
指令倍乘比              2               2
柔性齿轮比              1               1
(N/M)  M            250             250
方向设定              111            −111
速度反馈脉冲数.      8192            8192
位置反馈脉冲数.     12500           12500
参考计数器容量       4000            4000


A)^
                                 S   0 T0000
MDI  **** *** ***    06:03:49
(        ON:1    OFF:0            输入    +
```

图 5-3-4　伺服参数设定画面

伺服初始化界面所对应的参数见表 5-3-3。

表 5-3-3　初始化界面参数设置表

名称	对应参数号	名称	对应参数号
初始化定位	2000	移动方向	2022
电动机代码	2020	速度反馈脉冲数	2023
AMR	2001	位置反馈脉冲数	2024
指令倍乘比	1820	参考计数器容量	1821
柔性齿轮比	2084/2085		

3. 填写参数设置对照表

根据表5-3-3所列参数查询参数说明手册和维修说明书，完成表5-3-4。

表5-3-4　参数设置对照表

参数号	含　义	设定值

4. 确认排除故障

参数输入完成后，系统关机重启，查看故障是否排除。

任务评价

任务评价见表5-3-5。

表5-3-5　项目五任务三评价表

评价项目	内容	配分	评分标准	学生评价		教师评价
				自评	互评	
任务实施	确定故障现象	10	1. 不会查阅参数手册、不能理解报警含义,扣5分 2. 不能确定故障现象,经一次提示扣2分			
	确定故障范围	20	1. 不能分析故障范围,经一次提示扣5分 2. 检测方法、步骤错误,一次扣5分			
	故障排除	30	1. 通过查询参数手册能够确定故障范围,但是不会排除或者参数设置不正确,经一次提示扣5分 2. 产生新的故障或扩大故障范围,扣5分			
安全操作与职业素养	安全操作	20	1. 个人安全措施符合要求:穿工作服、电工鞋;停电检修前必须验电;分组实施过程中须有专人监护安全操作 2. 工具和仪表使用得当,不损坏仪器设备			
	5S管理规范	20	任务实施过程中按照5S管理规范(整理、整顿、清洁、清扫、素养)执行,仪器、器件、工具摆放合理;任务完成后工位保持整洁			

巩固拓展

其他常见伺服报警的排除，查找维修说明书（B-64305CM）和参数手册（B-64310CM），找到与报警相关的参数并记录下来，完成表5-3-6。

表5-3-6　其他常见伺服报警信息

报警信息	产生原因	相关参数
SV411——移动时的误差太大		
SV410——停止时的误差太大		
SV368——串行数据错误		
SV401——伺服 V_就绪信号关闭		
PW0006/DS0004——超过最高速度		

项目六

CK6150型数控车床典型故障诊断与维修

任务目标

1. 掌握急停、超程电气回路的工作原理。
2. 熟练使用常规检修工具进行故障检测。
3. 针对机床急停或超程现象，能准确分析故障原因，并进行排除。

工作任务

如图 6-1-1 所示，根据机床急停或超程报警，利用常规检测工具，进行故障排除，并将故障排除过程记录在表 6-1-1 中。

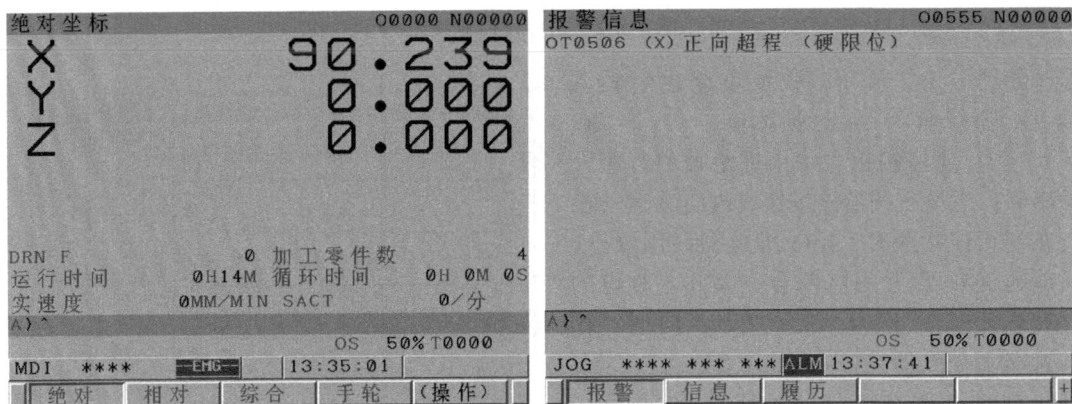

图 6-1-1   机床急停或超程报警

表 6-1-1   故障排除过程

步　骤	具体操作方法	故障检测结果

知识引导

数控机床急停功能是机床安全保护的重要内容。机床引起急停的原因有很多，有人为操作的原因，也有机床运行过程中自身故障引起的原因，其中由自身故障引起的原因中大部分急停故障主要归因于电气原因、系统参数不良、PMC 程序不良、检测元件不良和液压气动元件损坏等。下面以 FANUC 系统为例，介绍急停故障的几种处理方法。

一、急停硬件电路分析

以 FANUC 0i-D 系统配置 βi 伺服驱动为例，急停控制的硬件电路如图 6-1-2 所示。

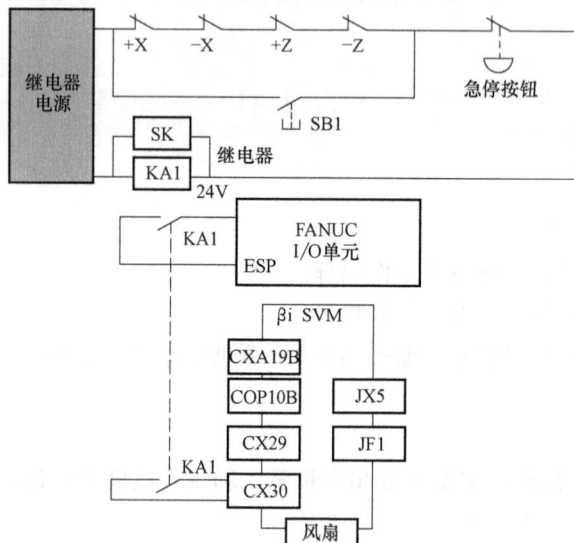

图 6-1-2　急停硬件原理图

如图 6-1-2 所示，数控车床进给轴 X 轴、Z 轴行程开关分别对应 + X、– X、+Z、–Z，急停按钮与每个进给轴的行程开关串联。当没有按急停按钮或进给轴运动没有碰到行程开关时，KA1 继电器线圈吸合，对应的 KA1 常开触点闭合。因此，对应的 I/O 单元 ESP 信号 X8.4 为 1，同时，βi SVM 伺服放大器接口 CX30 闭合。

X8.4 信号为 1 时，对应的 PMC 程序 G8.4 信号为 1，则表明数控系统处于正常运行状态；反之，G8.4 信号为 0，数控系统则处于急停报警状态，如图 6-1-3 所示。

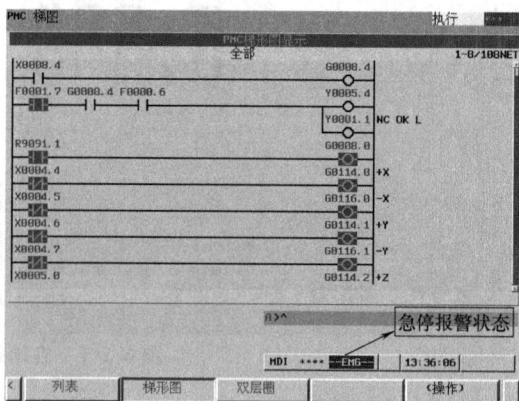

图 6-1-3　急停报警状态

在 βi SVM 伺服放大器侧，CX30 为急停信号控制接口，如图 6-1-4 所示，当急停线圈 KA1 断电时，KA1 触头断开，KA1 触头接 CX30 的引脚 1、3。当 CX30 引脚 1、3 处于断开状态时，伺服放大器处于急停状态，伺服放大器接口 CX29 断开，CX29 可用来控制伺服放大器的外部电源输入。

从图 6-1-2 所示的急停硬件原理图中还可以看出，当机床碰上行程开关后，机床出现急停报警，将无法运行。此时，可通过按下超程解除按钮 SB1 来复位急停报警，使机床沿着超程进给轴的反方向运行，从而离开行程开关。

二、急停功能 PMC 处理

硬件上，虽然 X8.4 信号为 1，但真正要让机床无急停报警，还要取决于 G8.4 是否为 1，G8.4 信号是 FANUC 数控系统内部定义的急停信号，低电平有效，符号表示为 *ESP。

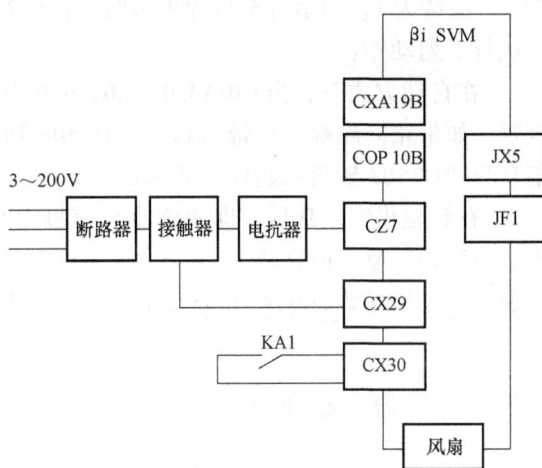

图 6-1-4　伺服放大器急停接口

当 PMC 程序中 G8.4 信号为 0 时，系统处于急停报警状态。所以，在实际机床的维修过程中，首先要观察 G8.4 信号的状态。

三、超程原理分析

数控机床超程开关可以使用上述与急停按钮串联的硬件保护，也可以利用数控系统提供的专门 G 信号来进行保护。

FANUC 数控系统特定的超程信号地址为 G114 和 G116，见表 6-1-2。其中，G114、G116 均为低电平有效，例如：G114.0* + L1 代表第 1 轴正方向，G116.0* − L1 代表第 1 轴负方向。

表 6-1-2　G 地址超程信号

	#7	#6	#5	#4	#3	#2	#1	#0
G114					* + L4	* + L3	* + L2	* + L1
	#7	#6	#5	#4	#3	#2	#1	#0
G116					* − L4	* − L3	* − L2	* − L1

超程控制 PMC 程序如图 6-1-5 所示。

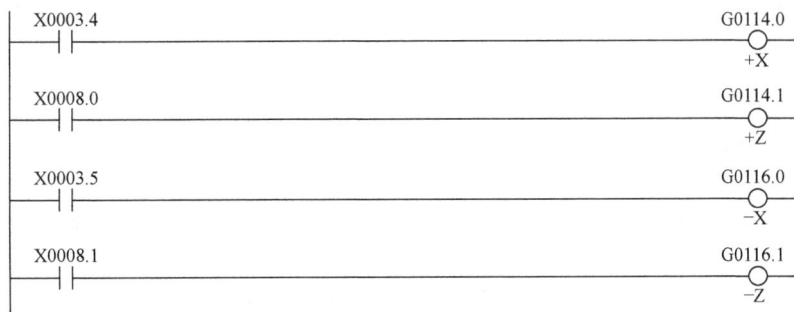

图 6-1-5　超程控制 PMC 程序

图 6-1-5 程序中，X0003.4、X0008.0、X0003.5、X0008.1 为 + X、+ Z、− X、− Z 轴行程开关对应的输入信号。机床运行在行程范围内时，G0114.0、G0114.1、G0116.0、

G0116.1 保持为 1。当运行至行程极限时，碰到行程开关，对应 G 信号为 0，此时，控制装置将执行下列动作：

1）在自动方式下，当 G0114.0、G0116.0 中若有信号为 0，机床所有轴都减速停止，发出报警，如果正向超程，报警信息为 "OT506 轴正向超程（硬限位）"，如果负向超程，报警信息为 "OT507 轴负向超程（硬限位）"。

2）在超程报警出现后，即使该轴 G 信号由 0 恢复成了 1，如果未按 "RESET" 键，仍然无法使该轴向原方向移动。

说明：系统参数 3004#5 设置为 1 时，G0114.0、G0116.0 信号将失效，超程功能将不起作用。

四、常见急停故障分析及诊断

以 FANUC 0i-D 系统为例，CK6150 型数控车床的常见急停故障分析及诊断见表 6-1-3。

表 6-1-3　常见急停故障分析及诊断

序号	故障种类	故障部位	诊断方法
1	硬件故障	机床 I/O 单元不良	检查系统 JD1A 与 I/O Link 的 JD1B 连接是否正常，I/O 单元电源指示灯如不正常，判断为 I/O 单元故障，可先查看保险丝是否损坏，如果更换保险仍有急停，更换 I/O 单元
2	硬件故障	行程开关损坏	检查急停控制继电器回路，发现继电器线圈断点，则依次测量 +X、-X、+Z、-Z 行程开关通断状态，若开关触点不良，进行更换
3	硬件故障	急停按钮损坏	检查发现急停回路中继电器有没有吸合，可以判断出故障是因急停回路断路引起，用万用表对整个急停回路进行检查，发现机床操作面板上急停按钮断线。重新接线，急停按钮复位，机床恢复正常
4	硬件故障	变频器故障引起急停	配置变频器的主轴电动机，当变频器检测出故障时，变频器的输出报警端与急停信号相连会引起急停报警，修理变频器恢复故障
5	硬件故障	分线盘急停输入信号断开	检查 X8.4 输入信号状态，使用万用表一端接 0V，一端接 24V，如果检测电压不在正常范围内，可判断 X8.4 信号线断线
6	软件故障	PMC 地址分配错误	在机床维修过程中，由于操作不慎导致机床数据丢失，PMC 地址分配需要重新定义，如果地址分配不正确，也会导致急停报警
7	软件故障	PMC 程序错误	进入 PMC 程序画面，查看 G8.4 信号状态，正常状态为 1，若为 0，则查找导致 G8.4 为 0 的原因，通过查看 PMC 程序来确定故障部位

任务实施

一、准备工作

➢ 设备：配置 FANUC 0i 系统的 CK6150 型数控车床或者具有相似功能的实验台。

➢ 工具：万用表、螺钉旋具、压线钳等工具。

➢ 情境导入：数控车床出现急停报警且复位按钮按下时也不能解除故障。

➢ 任务确定：根据急停报警产生原理，结合 CK6150 型数控车床的电气原理图，完成急停故障诊断与排除。

二、实施步骤

1. 确定检修范围

查阅 CK6150 型数控车床电气原理图，如图 6-1-6 ~ 图 6-1-8 所示，找出急停回路控制原理图，分析急停控制回路的工作原理，然后判断故障所在区域。

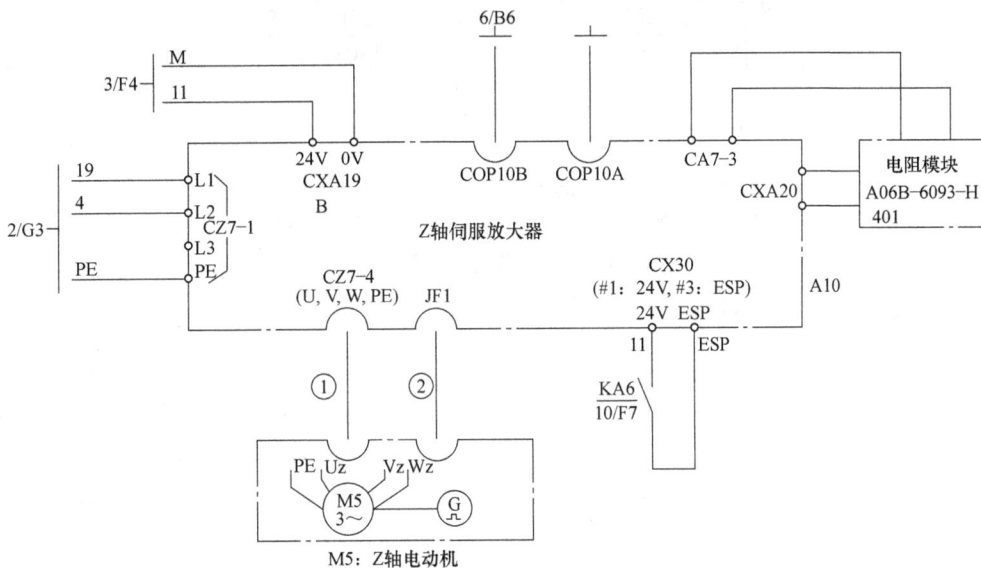

图 6-1-6　Z 轴伺服放大器模块

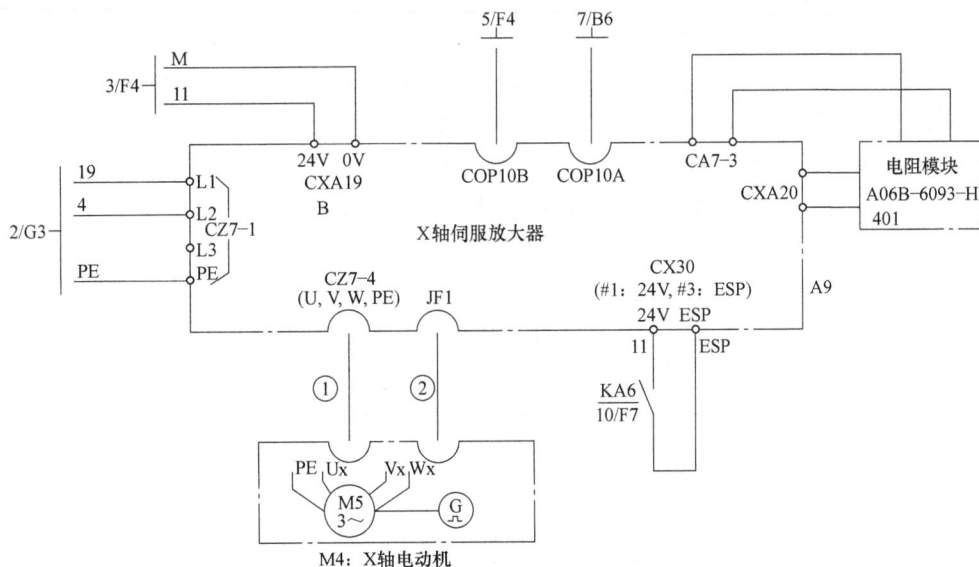

图 6-1-7　X 轴伺服放大器模块

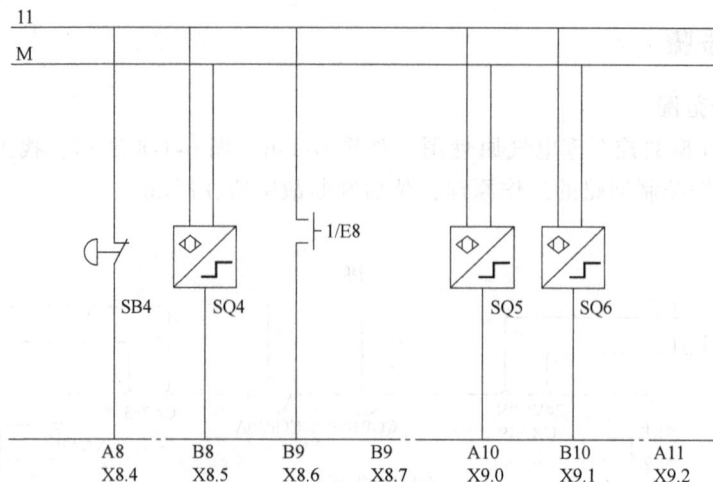

图 6-1-8　I/O 单元急停信号输入

急停电路控制原理分析：

_____

_____

_____

_____

_____

_____

_____

_____

2. PMC 信号检查

根据 CNC、PMC、机床本体三者的关系，急停报警的排查首先从 PMC 程序开始，通过观察 PMC 信号的状态，判断故障的位置。具体步骤如下：

1）依次按 ［system］、［PMCMNT］、［信号］，进入 PMC 维修菜单，该菜单显示 PMC 信号状态的监控、跟踪、PMC 数据显示/编辑等与 PMC 的维护相关的页面。

2）输入 G8.4，按面板下方软键 ［搜索］，光标跳跃到 G8.4 信号栏，观察 G8.4 信号状态。G8.4 为 1，表示正常；如为 0，表示急停报警由软件引起。

3）依次按 ［system］、［PMCLAD］、［梯形图］，查看急停 PMC 程序。输入 G8.4，按 ［搜索］，光标移到 G8.4 线圈，找出引起 G8.4 信号断开的原因。

根据以上操作步骤，查看信号状态，并完成表 6-1-4 的填写。

表 6-1-4　PMC 信号检修记录

步　骤	具体操作方法	故障检测结果

>> **操作提示**　检查 PMC 信号状态时务必在 PMC 运行状态下进行！

3. 急停电路检修

急停 PMC 信号检查完成后，如果 PMC 信号正常，系统还处于急停状态，接下来就开始排查硬件故障。急停电路故障主要分布在继电器回路、I/O 单元、伺服放大器 3 个部位。具体排查顺序如下：

（1）检查急停控制回路　观察急停继电器状态，使用万用表检测继电器线圈，如图 6-1-9 所示，看线圈电压是否为 24V，如果电压不正常，表明继电器线圈未得电或继电器损坏。

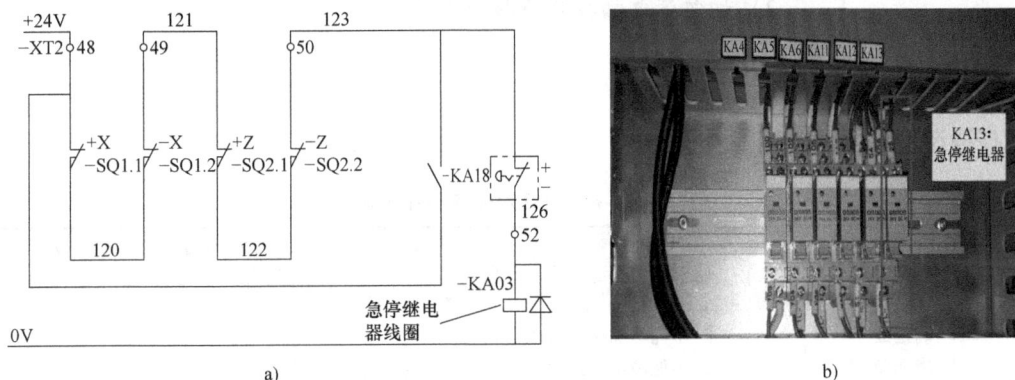

图 6-1-9　急停控制回路

a）电路图　b）实物图

（2）检查 I/O 单元急停输入信号　使用万用表测量 I/O 单元 X8.4 输入信号，X8.4 为 FANUC 数控系统急停控制的专用输入信号。检查 X8.4 输入电压是否为 24V，如图 6-1-10 所示。如果电压不正常，则表明输入信号线断线。

（3）检查伺服放大器接口　伺服放大器接口为 CX4 急停接口，CX4 接口用于控制放大器在急停状态下的制动功能。KA03 触点连接 CX4 接口两引脚 2 和 3，如图 6-1-11 所示，当 KA03 继电器断电时，KA03 触点断开，CX4 断开，此时系统发生急停报警。使用万用表检查 CX4 接口状态，如果断开，检查外围线路。

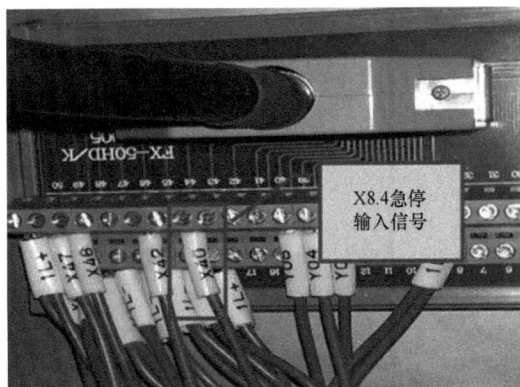

图 6-1-10　I/O 单元分线盘急停输入信号检测

图 6-1-11　伺服放大器接口

根据上述操作步骤，完成表 6-1-5 的填写。

表 6-1-5　硬件检修记录

步　骤	具体操作方法	故障检测结果

>> **操作提示**

1) 使用万用表进行电路检测时注意电压等级。

2) 切勿带电插拔模块接口连线。

任务评价

任务评价见表 6-1-6。

表 6-1-6　项目六任务一评价表

评价项目	内容	配分	评分标准	学生评价		教师评价
				自评	互评	
任务实施	确定故障现象	10	1. 不能熟练操作机床,扣 5 分 2. 不能确定故障现象,经一次提示扣 2 分			
	确定故障范围	20	1. 不能分析故障范围,经一次提示扣 5 分 2. 检测方法、步骤错误,经一次提示扣 5 分			
	故障排除	30	1. 查出故障点但不会排除,经一次提示扣 5 分 2. 产生新的故障或扩大故障范围,扣 5 分			
安全操作与职业素养	安全操作	20	1. 个人安全措施符合要求:穿工作服、电工鞋;停电检修前必须验电;分组实施过程中须有专人监护安全操作 2. 工具和仪表使用得当,不损坏仪器设备			
	5S 管理规范	20	任务实施过程中按照 5S 管理规范(整理、整顿、清洁、清扫、素养)执行,仪器、器件、工具摆放合理;任务完成后工位保持整洁			

巩固提高

1. 简述 FANUC 0i 数控系统急停保护功能作用。

2. 分析使用 G114、G116 信号处理超程功能的原理。

任务二　伺服驱动故障诊断与维修

任务目标

1. 掌握伺服电气回路工作原理。

2. 熟练使用常规检修工具进行故障检测。

3. 针对机床伺服驱动报警现象,能准确分析故障原因,并进行排除。

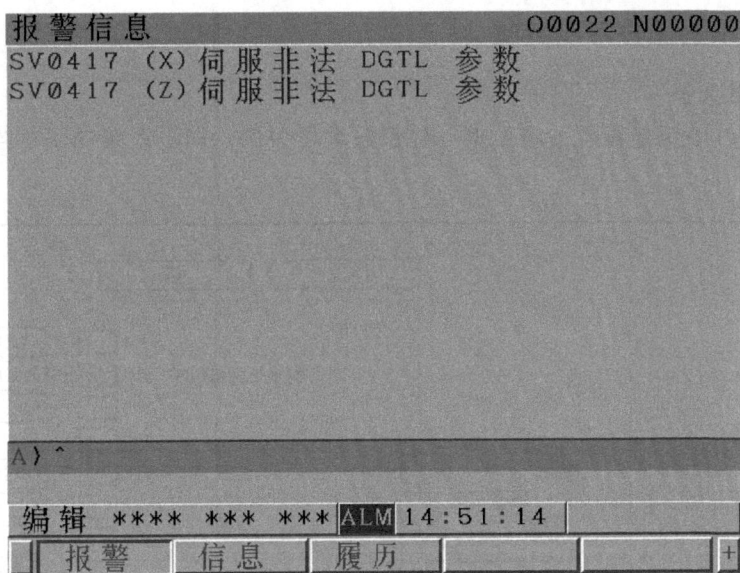

图 6-2-1　CK6150 型数控车床伺服驱动报警画面

工作任务

如图 6-2-1 所示，根据机床伺服驱动报警现象，利用常规检测工具，进行故障排除，并将故障排除过程记录在表 6-2-1 中。

表 6-2-1　故障排除过程

步　　骤	具体操作方法	故障检测结果

知识引导

数控机床的进给伺服系统以机床移动部件的位置和速度为控制量，接收来自数控系统插补软件生成的进给指令，经过一定的信号变换及功率放大、检测反馈，由伺服电动机带动机床工作台，实现工作台工件相对于刀具的运动（铣床）或工作台刀具相对于工件的运动（车床）。

机床引起伺服驱动故障的原因有很多，有人为操作的原因，也有机床运行过程中自身故障引起的原因，其中由自身故障引起的原因中大部分伺服故障主要是由于数控机床硬件连接、伺服电路故障、伺服参数设置不正确、PMC 程序错误、伺服电动机损坏等。下面以FANUC 系统为例，介绍伺服故障的几种处理方法。

一、伺服系统硬件连接分析

1. 一体型放大器

以 FANUC 0i-D 系统配置 βi-SVSP 一体型放大器为例，伺服系统的硬件连接如图 6-2-2 所示。

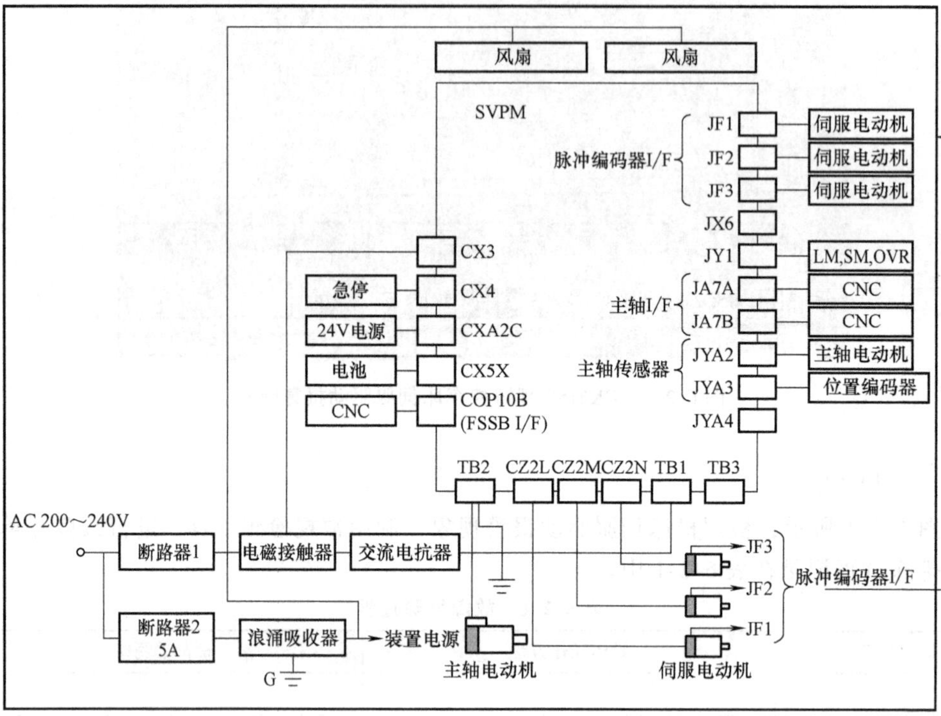

图 6-2-2　一体型放大器的硬件连接

>> 注意

1) 24V 电源连接 CXA2C。

2) 上部的两个冷却风扇要接外部 200V 电源。

3) 图 6-2-2 中的 TB2 和 TB1 不要接错，TB2（左侧）为主轴电动机动力线，而 TB1（右侧）为三相 200V 输入端，TB3 为备用（主回路直流侧端子）。一般不要连接线。如果将 TB1 和 TB2 接反，则测量 TB3 电压正常（约直流300V），但系统会出现 401 报警。

4) 3 个伺服电动机的动力线与编码器线要一一对应，动力线接到 CZ2L（第 1 轴），编码器线就要接到 JF1 上，依次类推。

2. 分离型放大器

以 FANUC 0i-D 系统配置 βi-SV 分离型放大器为例，伺服系统的硬件连接如图 6-2-3 所示。

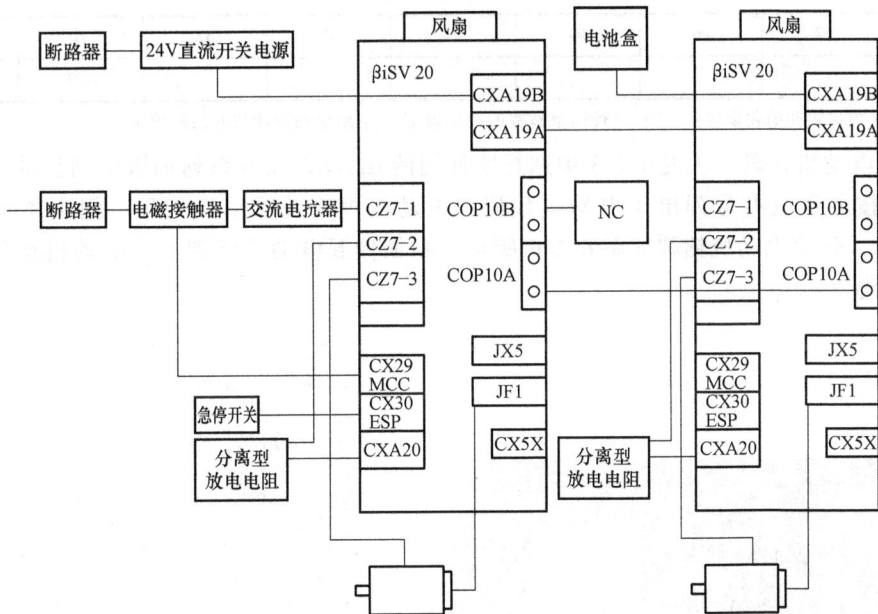

图 6-2-3 分离型放大器的硬件连接

>> 注意

1）分离型放大器连接时要遵守 A 出 B 进的原则进行连接，如伺服 FSSB 总线的连接顺序为从 NC 侧 COP10A 出，连接 X 轴伺服放大器上的 COP10B，然后 X 轴伺服放大器上的 COP10A 出，连接 Z 轴伺服放大器上的 COP10B。CXA19A、CX1A9B 的连接顺序同样如此，连接错误会出现"SV417"报警。

2）每个伺服放大器都有对应的伺服电动机，连接时要注意好配对关系，连接错误会出现"SV417"报警。

二、伺服参数的设定

在 MDI 方式下，进入参数设定支援页面，按下软键［操作］，将光标移动至"伺服设定"处，按下软键［选择］，出现伺服设定页面如图 6-2-4 所示。此后的参数设定，就在该页面进行。

（1）初始化设定位　初始化设定位参数设置见表 6-2-2。

进行初始化设定位时，首先把 2000#1 设定为 0，表示伺服参数将进行初始设定，当初始化设定正常结束，重启 CNC 时，自动地设定 2000#1 为 1。此参数修改后，会发生 000 号报警，此时不用切断电源，等所有初始化参数设定完后，一次断电重启即可。

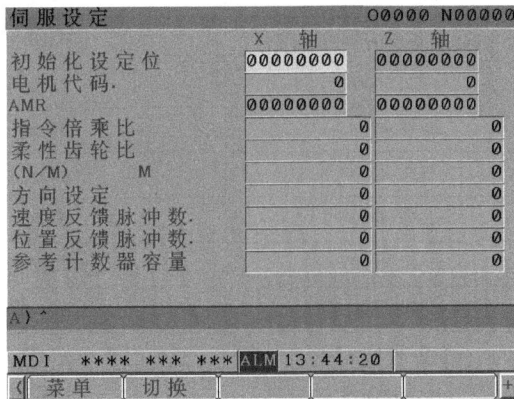

图 6-2-4 伺服设定页面

表 6-2-2　初始化参数设置

2000	#7	#6	#5	#4	#3	#2	#1	#0
							DGP	

注：DGP 为设定初始化设定位：0：进行伺服参数的初始设定；1：结束伺服参数的初始设定。

（2）电动机代码　从表 6-2-3 中选择所使用的 αiS/αiF/βiS 系列伺服电动机的电动机代码。表中按电动机型号列出了电动机代码、电动机规格及电动机代码。伺服电动机如图 6-2-5 所示。伺服电动机铭牌如图 6-2-6 所示。根据伺服电动机铭牌上的电动机型号来查找电动机代码。

图 6-2-5　伺服电动机

图 6-2-6　伺服电动机铭牌

表 6-2-3　常用电动机代码

电动机型号	电动机规格	电动机代码
αiS2/5000	0212	262
αiS2/6000	0234	284
αiS4/5000	0215	265
αiS8/6000	0240	240
αiS12/4000	0238	288
αiS22/4000	0265	315
αiS30/4000	0268	318
αiS40/4000	0272	322
αiS50/5000	0274	324
αiS50/3000FAN	0275-B1	325
αiS100/2500	0285	335
αiS200/2500	0288	338
αiS300/2000	0292	342
αiS500/2000	0295	345
βiS0.2/5000	0111	260

（续）

电动机型号	电动机规格	电动机代码
βiS0.3/5000	0112	261
βiS0.4/5000	0114	280
βiS0.5/6000	0115	281
βiS1/6000	0116	282
βiS2/4000	0061	253
βiS4/4000	0063	256
βiS8/3000	0075	258
βiS12/3000	0078	272
βiS22/2000	0085	274

（3）AMR 的设定　此系数相当于伺服电动机的极数之参数。若是 αiS、αiF 或 βiS 电动机，务必将其设定为 00000000。

（4）指令倍乘比的设定　设定从 CNC 到伺服系统的移动量的指令倍率。

设定值 =（指令单位/检测单位）× 2，通常，指令单位以及检测单位都为 0.001mm，因此，将其设定为 2。

X 轴的移动指令需指定是直径编程还是半径编程。通过参数 DIAx（No.1006#3）进行选择。0i-D 系统的情况下，只要将参数 DIAx（No.1006#3）设定为"1"即采用直径编程，CNC 就会将指令脉冲本身设定为 1/2，所以 X 轴、Z 轴全部设定为 2。

（5）柔性齿轮比的设定　假设直线轴柔性齿轮比设定值为 1:1。常见情况见表 6-2-4。

表 6-2-4　常见的柔性齿轮比

检测单位	滚珠丝杠螺距 N/M					
	6mm	8mm	10mm	12mm	16mm	20mm
1μm	6/1000	8/1000	10/1000	12/1000	16/1000	20/1000
0.5μm	12/1000	16/1000	20/1000	24/1000	32/1000	40/1000
0.1μm	60/1000	80/1000	100/1000	120/1000	160/1000	200/1000

柔性齿轮比的计算与脉冲编码器的种类无关。计算公式如下：

$$\frac{柔性齿轮比分子\ N}{柔性齿轮比分母\ M} = \frac{电动机每旋转一周所需的位置脉冲数}{100万}$$

电动机每旋转一周所需的位置脉冲数 = 电动机每转移动量/检测单位。

【例 6-2-1】　直线运动轴，直接连接螺距 10mm/rev 的滚珠丝杠，检测单位为 1μm 时，电动机每旋转一周（10mm）所需的脉冲数为 10/0.001 = 10000 脉冲。则

$$\frac{柔性齿轮比分子}{柔性齿轮比分母} = \frac{10000}{100万} = \frac{1}{100}$$

【例 6-2-2】　回转轴、电动机工作台之间的减速比为 10:1，检测单位为 0.001° 的情形。电动机每旋转一周时，工作台转动 360°/10 = 36°。

检测单位为 0.001°，因此，电动机每旋转一周的位置脉冲数为（电动机每旋转一周

36°)/（检测单位 0.001°）=36000 脉冲。因此，柔性齿轮比的设定为

$$\frac{柔性齿轮比分子}{柔性齿轮比分母} = \frac{36000}{100万} = \frac{36}{1000}$$

（6）电动机回转方向的设定

1）设定 111：从脉冲编码器看沿顺时针方向旋转。

2）设定 –111：从脉冲编码器看沿逆时针方向旋转。

验证时，如果我们发现机床的实际移动方向与理论方向相反，可以查看本参数是否有误，如图 6-2-7 所示。

图 6-2-7　电动机旋转方向

（7）速度反馈脉冲数、位置反馈脉冲数的设定

1）半闭环时：速度反馈脉冲数设定 8192（固定值）；位置反馈脉冲数设定 12500（固定值）。

2）全闭环时：速度反馈脉冲数设定 8192（固定值）；位置反馈脉冲数设定来自电动机每旋转一周光栅尺的反馈脉冲数。

（8）参考计数器容量的设定　设定参考器计数器在进行栅格方式参考点返回时使用。

假定为半闭环，总传动比为 1∶1，检测单位 1μm 时，

参考计数器容量 = 电动机每旋转一周所需的位置脉冲数 = 电动机每转移动量/检测单位

常见情况见表 6-2-5。

表 6-2-5　参考计数器容量

滚珠丝杠的螺距/mm	所需的位置脉冲数	参考计数器容量	栅格宽/mm
50	5000	5000	5
20	20000	20000	20

（9）其他与伺服相关的参数

1）参数 1020：各轴的编程名称。设定各控制轴的编程轴名见表 6-2-6。

表 6-2-6　各轴的编程轴名

轴名称	设定值	轴名称	设定值	轴名称	设定值
X	88	U	85	A	65
Y	89	V	86	B	66
Z	90	W	87	C	67

2）参数1022：基本坐标系中各轴的属性，具体含义见表6-2-7。

表6-2-7　坐标系中各轴属性

设定值	意　义	设定值	意　义
0	既不是基本3轴,也不是其平行轴	5	X轴的平行轴
1	基本3轴中的X轴	6	Y轴的平行轴
2	基本3轴中的Y轴	7	Z轴的平行轴
3	基本3轴中的Z轴		

注：铣床设置1，2，3；车床设置1，3。

3）参数1023：各轴的伺服轴号。数据范围为1，2，3，…，控制轴数，设定各控制轴为对应的第几号伺服轴。

4）参数1815：各位设置见表6-2-8。

表6-2-8　各位对应含义（一）

1815	#7	#6	#5	#4	#3	#2	#1	#0
	RON	APC	APZ	DCR	DCL	OPT	RVS	

注：OPT作为位置检测器是否使用分离型脉冲编码器：0：不使用，半闭环时；1：使用，全闭环时。

5）参数1902：各位设置见表6-2-9。

表6-2-9　各位对应含义（一）

1902	#7	#6	#5	#4	#3	#2	#1	#0
							ASE	FMD

注：1. ASE为FSSB的设定方式为自动时的完成情况：0：自动设定未完成；1：自动设定已完成（1902#0设为0并重启后自动置1）。

　　2. FMD为FSSB的设定方式：0：自动；1：手动。

6）参数1825：各轴的伺服环增益。

进给直线与圆弧等插补（切削加工）时，应将所有轴设定相同的值；机床只做定位时，各轴可设定不同的值。环路增益越大，则位置控制的响应越快，但如果太大，伺服系统不稳定。参考值为3000。

7）参数1826：各轴的到位宽度。

机床位置与指令位置的差（位置偏差量的绝对值）比到位宽度小时，机床即认为到位（机床处于到位状态）。参考值为20。

8）参数1827：设定各轴切削进给的到位宽度。

机械位置与指令位置的偏移比到位宽度还要小时，假定机械到达指定位置，即视其已经到位。参考值为20。

9）参数1828：各轴移动中的最大允许位置偏差量。

该参数设定各轴移动中的最大位置偏差量。移动中位置偏差量超过最大允许位置偏差量时，会出现伺服驱动报警并立刻停止移动（和急停相同）。通常在参数中设定快速移动的位置偏差量，并考虑余量。参考值为10000（调试时）。

10）1829：各轴停止时的最大允许位置偏差量。

该参数设定各轴停止时的最大允许位置偏差量。停止时位置偏差量超过最大允许位置偏差量时，会出现伺服驱动报警（和急停相同）。参考值为 500。

三、CX30 急停接口故障

数控机床出现伺服驱动故障，除了硬件电路外，还有可能 CX30 急停接口故障，这需要 PMC 程序进行处理。与伺服相关的梯形图非常简单，但是本程序很重要，位于梯形图中的第一级，优先扫描。开机以后，Y2.2、Y2.6 这两个信号必须要有输出，否则伺服上不了电。具体在梯形图中的处理如图 6-2-8 所示。

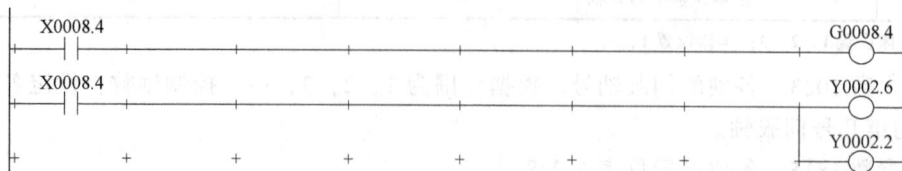

图 6-2-8　梯形图

G8.4 为急停信号，CNC 起动以后 X8.4 信号闭合，在 G8.4 接通的同时，Y2.2、Y2.6 也马上接通，信号随之输出。如果由于梯形图故障导致 Y2.2、Y2.6 信号无法输出，开机出现"SV401 伺服 V—就绪信号关闭"报警。

四、常见伺服故障分析及诊断

以 FANUC 0i-D 系统为例，CK6150 型数控车床的常见伺服故障分析及诊断见表 6-2-10。

表 6-2-10　常见急停故障分析及诊断

序号	故障种类	故障部位	诊断方法
1	硬件故障	SV 电阻板	检查系统 CV20 接口是否与伺服电阻板相连，如果连接正确仍出现"SV440"报警，更换 SV 电阻板
2	硬件故障	伺服放大器连接错误	检查伺服放大器的连接是否正确，连接顺序是否和参数 No.1023 设定的数值相符，检查伺服放大器是否通过 JF1 接口与相对应的伺服电动机相连
3	硬件故障	伺服电动机故障	用万用表检查伺服动力输出线 WX、VX、UX、WZ、VZ、UZ 未接或出现缺相。检查 X 轴、Z 轴伺服电动机后面编码器接线是否对调，检查 X 轴、Z 轴动力输出线是否对调
4	硬件故障	伺服上电故障	检查分线器上 Y2.2、Y2.6 是否接通，然后观察 KA3、KA6 线圈是否得电，检查伺服放大器上的 CX30 时候接通
5	硬件故障	伺服电动机动力故障	检查伺服动力电路是否通点，伺服动力线是否连接，没得电则检查那个元器件的原因
6	软件故障	伺服参数设置错误	在机床维修过程中，由于操作不慎导致机床参数丢失或修改了与伺服驱动相关重要的参数，由此需检查伺服初始化的参数以及与伺服相关的参数是否设定正确
7	软件故障	PMC 程序错误	进入 PMC 程序画面，查看 Y2.4、Y2.6 是否有输出，如果没有输出，仔细查看没有输出的原因

任务实施

一、准备工作

➢ 设备：配置 FANUC 0i 系统的 CK6150 型数控车床或者具有相似功能的实验台。

➢ 工具：万用表、螺钉旋具、压线钳等工具。

➢ 情境导入：数控车床开机以后出现"OSV417"报警。

➢ 任务确定：根据伺服驱动报警产生原理，结合 CK6150 型数控车床电气原理图，完成伺服故障诊断与排除。

二、实施步骤

1. 确定检修范围

查阅 CK6150 型机床电气原理图，找出伺服回路控制原理图，如图 6-2-9 ~ 图 6-2-11 所

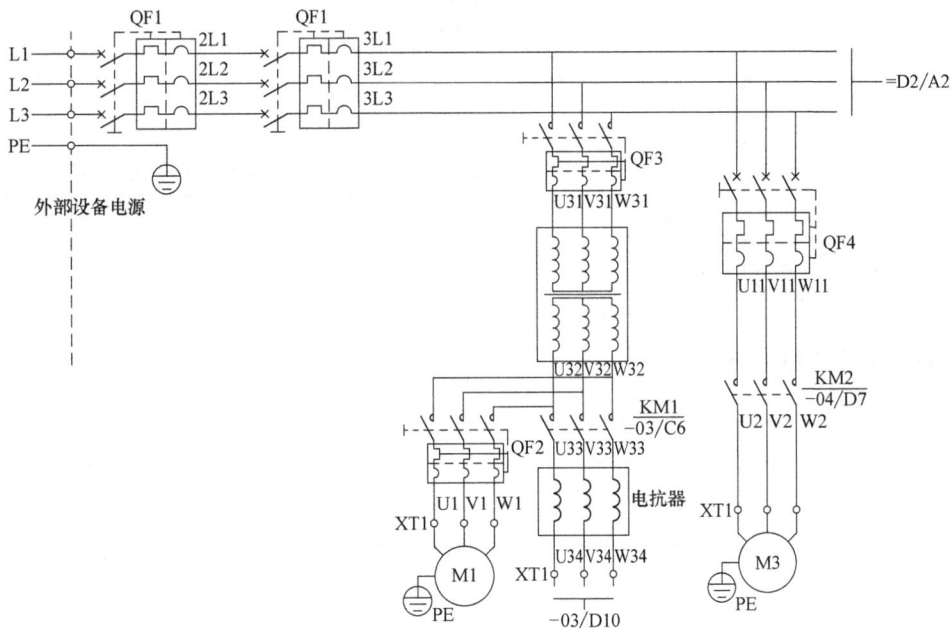

图 6-2-9　伺服主电路

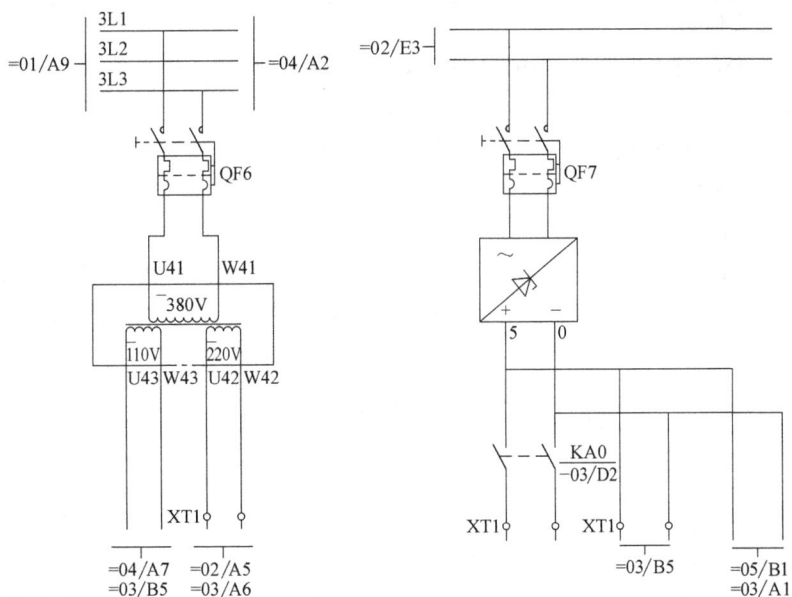

图 6-2-10　伺服控制电路

示，分析伺服控制回路工作原理。

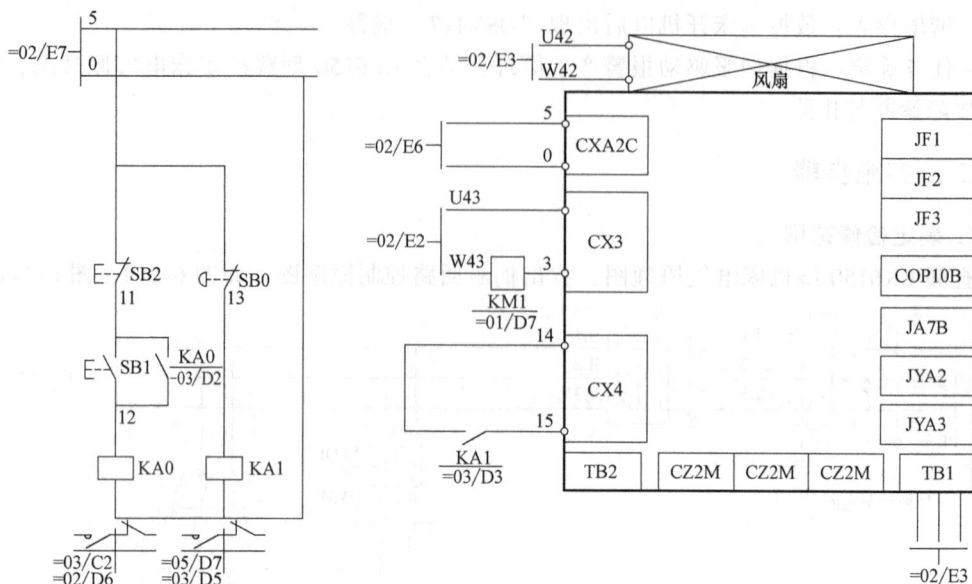

图 6-2-11　伺服放大器的连接

伺服电路控制原理分析：

_____

_____

_____

_____

_____

_____

_____

_____

2. PMC 信号检查

伺服驱动报警的排查首先从 PMC 程序开始，通过观察 PMC 信号的状态，判断故障的位置。具体步骤如下：

1）进入 PMC 监控画面，输入 Y2.2 或 Y2.6，按面板下方软键［搜索］，光标跳跃到 Y2.2 或 Y2.6 信号栏，观察 Y2.2 或 Y2.6 的信号状态。Y2.2 或 Y2.6 为 1 表示正常；如为 0，表示急停报警由软件引起。

2）依次按［system］、［PMCLAD］、［梯形图］，查看急停 PMC 程序。输入 Y2.2 或 Y2.6，按［搜索］，光标移动 Y2.2 或 Y2.6 线圈，找出引起 Y2.2 或 Y2.6 信号断开的原因。

根据以上操作步骤，查看信号状态，并完成表 6-2-11 的填写。

表 6-2-11　PMC 信号检修记录

步　　骤	具体操作方法	故障检测结果

>> **操作提示**　检查PMC信号状态时务必在PMC运行状态下进行！

3. 伺服参数检查

PMC信号检查完成后，如果PMC信号正常，系统还处于报警状态，接下来就开始排查参数故障。伺服参数有很多，检查时需要按照顺序逐一查找。具体排查顺序如下：

（1）检查伺服初始化参数　在急停状态下，进入参数设定支援页面，按下软键［操作］，将光标移动至"伺服设定"处，按下软键［选择］，出现伺服初始化参数设定页面。检查这页面下的参数设定是否正确，并完成表6-2-12。

表6-2-12　伺服初始化参数

项目	参数号	含义	X轴设定值	Z轴设定值
初始化设定位				
电动机代码				
AMR				
指令倍乘比				
柔性齿轮比				
方向设定				
速度反馈脉冲数				
位置反馈脉冲				
参考计数器容量				

（2）检查其他伺服参数　除了伺服初始化界面里的参数以后，还有一些参数也会影响到伺服系统，完成表6-2-13的填写。

表6-2-13　其他伺服参数

参数	含义	原有值	参考值
1020			
1022			
1023			
1825			
1826			
1827			
1828			
1829			
1815#1			
1902#0			
1902#1			

4. 伺服相关电路检查

（1）检查伺服相关硬件连接　检查伺服放大器的连接是否正确，正确的硬件连接实物图如图6-2-12、图6-2-13所示。

图 6-2-12 伺服放大器的连接

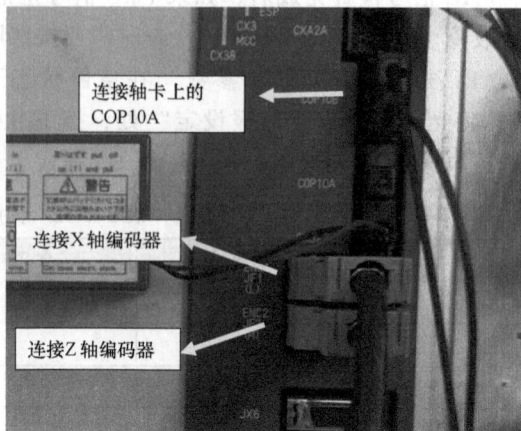

图 6-2-13 伺服放大器的连接

（2）检查伺服动力电路 用万用表检查端子排上触点 U34、V34、W34 之间的电压是否有电压，若有电压，则表示主电路没问题；若没有电压，则依次检查电抗器、接触器 KM1 的主触点、变压器之间的接线是否连接正确，是否接触不良，若线路检查无误，依然没有电压，则表示某个元器件如断路器损坏。伺服系统动力电路如图 6-2-14 所示。

图 6-2-14 伺服系统动力电路

根据上述操作步骤，完成表 6-2-14 的填写。

表 6-2-14 硬件检修记录

步　骤	具体操作方法	故障检测结果

>> **操作提示**

1）使用万用表进行电路检测时注意电压等级。

2）切勿带电插拔模块接口连线。

任务评价

任务评价见表6-2-15。

表6-2-15 项目六任务二评价表

评价项目	内容	配分	评分标准	学生评价		教师评价
				自评	互评	
任务实施	确定故障现象	10	1. 不能熟练操作机床、伺服设定界面调不出来扣5分 2. 不能确定故障现象,经一次提示扣2分			
	确定故障范围	20	1. 不能分析故障范围,经一次提示扣5分 2. 检测方法、步骤、万用表档位错误,一次扣5分			
	故障排除	30	1. 查出故障点但不会排除或参数设定不正确,经一次提示扣5分 2. 产生新的故障或扩大故障范围,扣5分			
安全操作与职业素养	安全操作	20	1. 个人安全措施符合要求:穿工作服、电工鞋;停电检修前必须验电;分组实施过程中须有专人监护安全操作 2. 工具和仪表使用得当,不损坏仪器设备			
	5S管理规范	20	任务实施过程中按照5S管理规范(整理、整顿、清洁、清扫、素养)执行,仪器、器件、工具摆放合理;任务完成后工位保持整洁			

巩固提高

1. 简述 FANUC 0i 数控系统伺服上电功能的作用。

2. 在实训车间寻找一台采用分离型放大器的数控机床,查阅相关说明书,然后画出机床的硬件连接图。

任务三 刀架故障诊断与维修

任务目标

1. 掌握刀架电气回路的工作原理。
2. 熟练使用常规检修工具进行刀架故障检测。
3. 针对机床无法换刀现象,能准确分析故障原因,并进行排除。
4. 读懂简单的刀架 PMC 程序,并能进行简单的修改。

工作任务

在 MDI 方式下输入换刀指令,刀架正转但无法停在指定刀位,刀架转动两圈后跳出报警信息,如图 6-3-1 所示,利用常规检测工具,进行故障排除,并将故障排除过程记录在表6-3-1 中。

CK6150 型数控车床采用传统的 4 刀位的方刀架，其在机床上的实物图如图 6-3-2 所示。

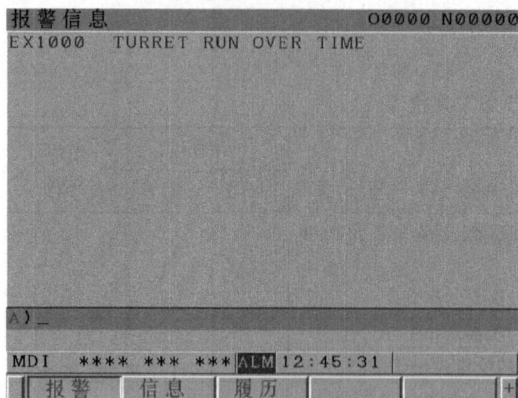

图 6-3-1　刀架报警

图 6-3-2　CK6150 型数控车床方刀架

表 6-3-1　故障排除过程

步　骤	具体操作方法	检测结果

知识引导

数控车床为了能在工件一次装夹中完成多个工步，缩短辅助时间，减少工件因多次安装引起的误差，都带有刀架系统。数控车床的刀架是机床的重要组成部分，用于安装和夹持刀具。它的结构和性能直接影响机床的切削性能和切削效率。电动刀架作为数控车床的重要配置，在机床运行工作中起着至关重要的作用，一旦出现故障，很可能使工件报废，甚至造成卡盘与刀架碰撞的事故，而且刀架故障在数控车床故障中占有很大的比例，常常包括电气方面、机械方面以及液压方面的问题。

要及时快速排除数控机床的刀架故障，维修人员首先必须熟练掌握刀架的结构、工作原理和控制流程，针对故障现象作出准确的判断；其次要能够读懂机床使用企业提供的资料信息，包括参数、梯形图以及电气原理图等；同时能够利用系统的状态显示功能监测刀架的运行状态，掌握常用检测仪器和工具的使用方法，结合刀架换刀机构动作状态确定故障点。

一、典型刀架分类

数控车床使用的刀架是最简单的自动换刀装置，按照结构型式划分，可以分为排刀式刀架、转盘式刀架和转塔式刀架等。按照驱动型式划分，有液压驱动和电动机驱动两种。几种常见的刀架如图 6-3-3 ~ 图 6-3-5 所示。

目前，国内数控车床刀架以电动为主，分为转塔式和转盘式两种。转塔式刀架有四工位、六工位两种形式，主要用于简易数控车床；转盘式刀架有八工位、十工位等，可正、反方向旋转，就近选刀，用于全功能数控车床。另外转盘式刀架还有液压刀架和电动机驱动刀架。电动刀架是数控车床重要的传统结构，合理地选配电动刀架，并正确实施控制，能够有效地提高劳动生产率，缩短生产准备时间，消除人为误差，提高加工精度与加工精度的一致性等。

图 6-3-3　液压驱动刀架

图 6-3-4　电动机驱动刀架

二、刀架换刀动作分析

数控车床刀架从 CNC 系统接收换刀指令到驱动电动机动作，当换刀指令发出后，刀架电动机起动正转，通过平键套筒联轴器使蜗杆转动，从而带动蜗轮转动，蜗轮带动螺杆转动。刀架上刀体中安装有离合盘，内孔有内螺纹，与螺杆旋合。当蜗轮开始旋转时，刀架下刀体固定不动，蜗轮转动使上刀体抬起，当抬至一定距离后，上、下齿盘脱开，刀架开始转动。当转到程序指定的刀号时，刀架电动机反转，上刀体逐渐下落，反靠销在弹簧力的作用下进入下齿盘中进行粗定位，当上、

图 6-3-5　排刀式刀架

下齿盘啮合时实现精确定位。刀架机构的动作过程的主要环节如图 6-3-6 所示。

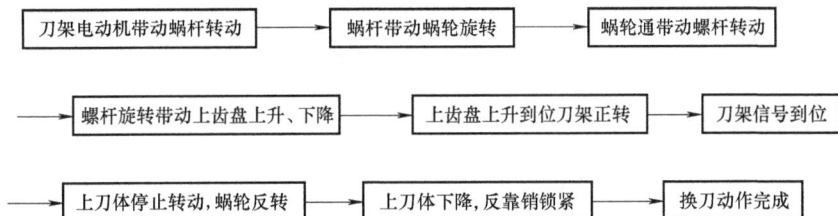

图 6-3-6　刀架机构的动作过程主要环节

三、刀架 PMC 画面调用及功能分析

编辑界面输入换刀指令，数控系统对刀号进行编译并存入系统内部地址 F26 ~ F29 中。

执行换刀指令，系统指令 F7.3 触发，当条件满足时，刀架正转信号 Y3.4 导通。刀架正转过程中，刀位信号 X3.0、X3.1、X3.2、X3.3 状态随之发生变化，同时当前刀号与指令刀号进行比较，当两者一致，时刀架正转信号 Y3.4 断开，并伴随触发刀架反转信号 Y3.0 导通，刀架反转。PMC 程序中设定反转时间或者刀架到位检测信号，当时间到或接收到检测信号，刀架反转停止。换刀结束，发送换刀完成信号 G4.3. 具体流程如图 6-3-7 所示。

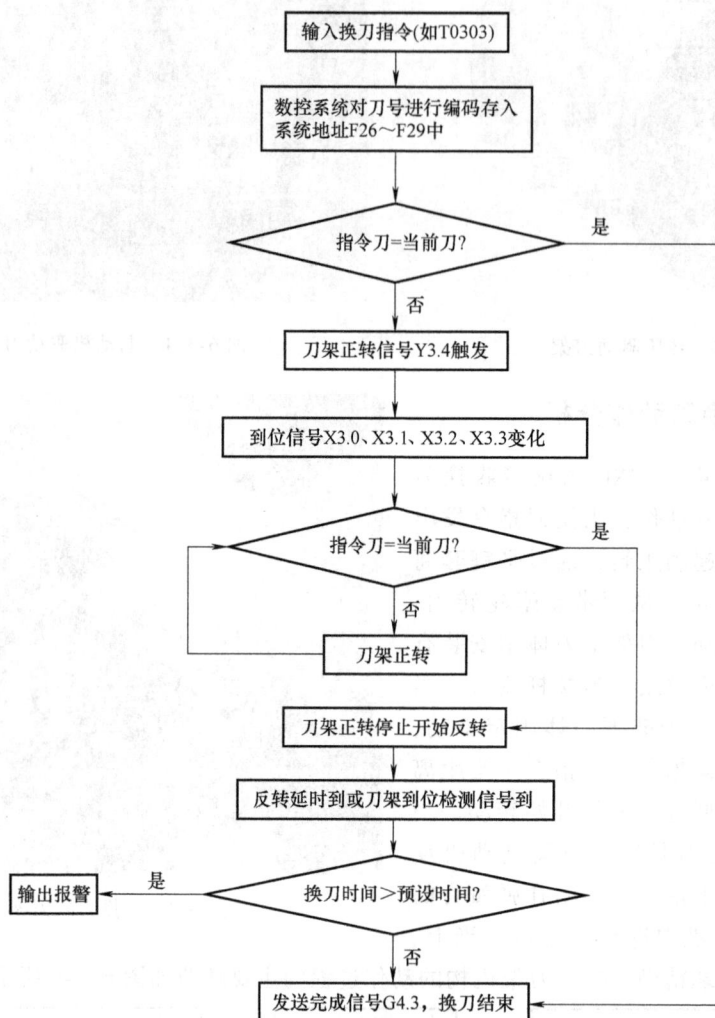

图 6-3-7　换刀流程

四、刀架电路分析

刀架电路可以简单地分为 220V 的主电路、24V 的控制电路以及信号电路，以亚龙 YL-558 型数控车床试验台为例，其电路如图 6-3-8 ~ 图 6-3-10 所示。

由上述电路可以得出整个换刀的过程，Y2.4、Y2.5 是 PMC 发出的信号，分别表示刀架正转信号以及刀架反转信号。若想要让刀架正转，首要 PMC 发出刀架正转信号 Y2.4，Y2.4 控制的中间继电器 KA4 得电，KA4 得电以后，控制电路中的接触器 KM1 线圈得电，KM1 线圈得电以后，主电路中 KM1 的主触点闭合，从而刀架电动机 M3 开始正转换刀。

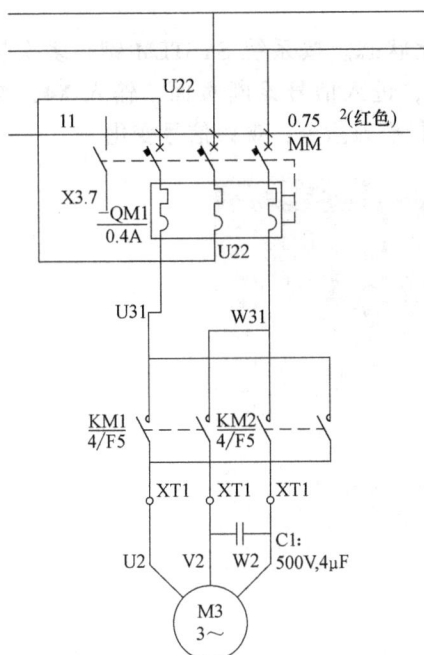

图 6-3-8　主电路

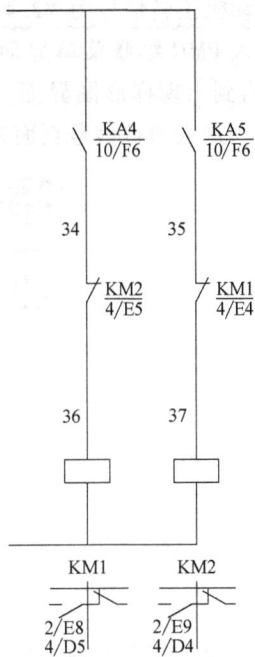

图 6-3-9　控制电路

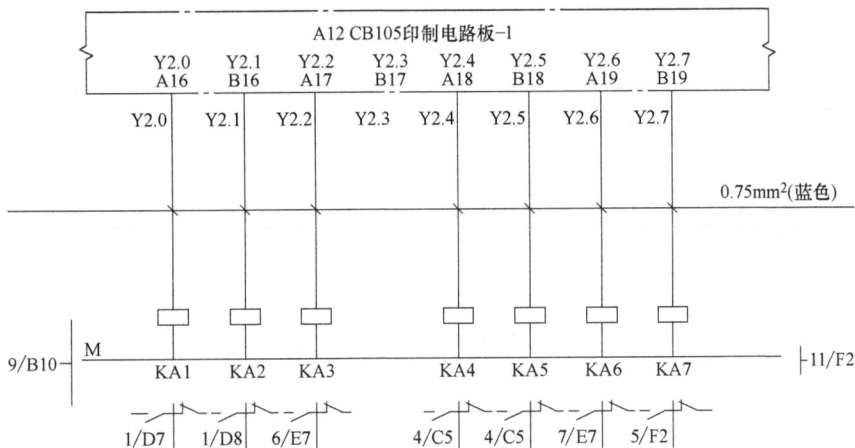

图 6-3-10　信号电路

若想要让刀架反转，首先要 PMC 发出刀架正转信号 Y2.5，Y2.5 控制的中间继电器 KA5 得电，KA5 得电以后，控制电路中的接触器 KM2 线圈得电，KM2 线圈得电以后，主电路中 KM2 的主触点闭合，从而刀架电动机 M3 开始反转。

五、换刀功能 PMC 处理

PMC 程序中调用功能指令有利于简化程序，实现系统内部的逻辑处理。要能读懂刀架 PMC 程序，功能指令的理解至关重要。

1. 刀位信号

一台四工位电动刀架 T1、T2、T3、T4，刀位输入信号为 X4.6、X4.7、X5.0、X5.1。

刀架电动机正转信号为 Y2.4, 反转信号为 Y2.5。

进入 PMC 维修菜单界面, 观察刀位信号变化状态。按系统 SYSTEM 键, 多次按软键 [＋] 直到出现梯形图界面。按软键 [PMCMNT], 进入信号诊断页面, 输入 X4, 按 [搜索] 键, 进入刀位信号页面如图 6-3-11 所示。执行换刀指令, 观察信号变化。

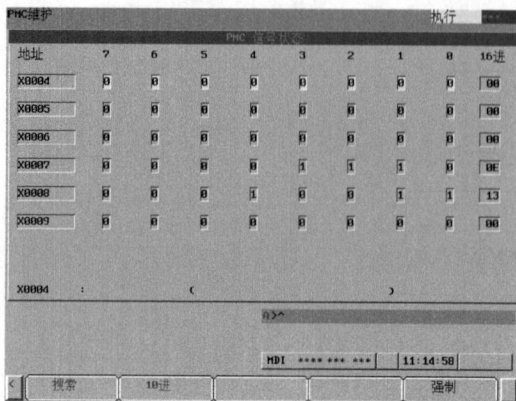

图 6-3-11　刀位信号页面

2. 指令刀号与当前刀号的比较分析

在 PMC 程序界面中调出 COIN 指令、刀架正转指令 Y3.4 以及相关逻辑语句, 观察 R130.0 信号变化。相关梯形图如图 6-3-12 所示。

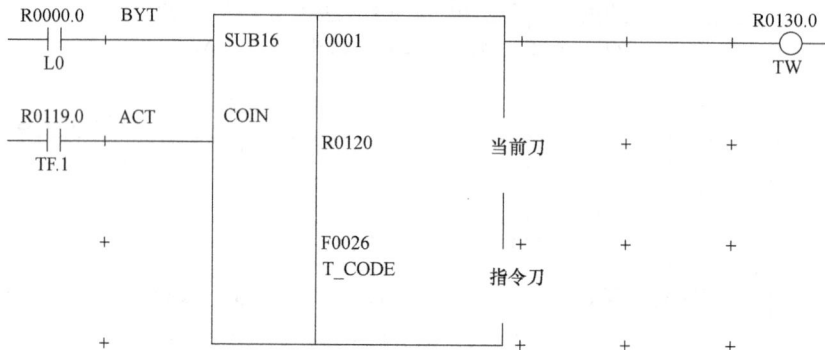

图 6-3-12　梯形图 1

如图 6-3-12 所示, 功能指令 COIN 中, R120 为当前刀具数值, F26 为指令刀具数值, 如果两者一致, R130.0 ＝1。利用 R130.0 信号的接通来解决出现相同刀号时后续程序无法执行的问题。

3. 刀架正转

当刀架触发指令 R134.1 ＝1 时, Y3.4 导通, 刀架电动机正转, 相关梯形图如图 6-3-13 所示。

图 6-3-13　梯形图 2

4. 刀架停止延时

当前刀位与指令到位一致时，刀架正转停止，触发信号 R139.0 = 1，定时器指令执行，为下阶段刀架反转做好准备，相关梯形图如图 6-3-14 所示。

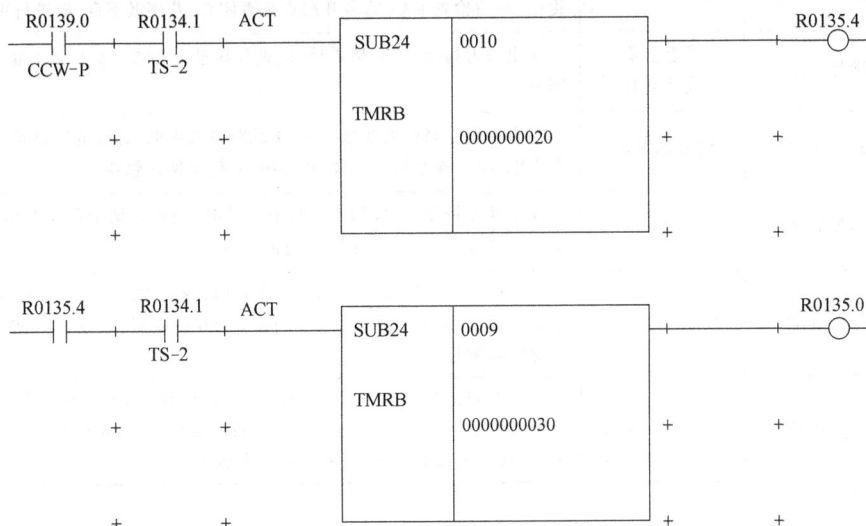

```
R0139.0   R0134.1   ACT                              R0135.4
──┤├──────┤├──────────┌──────┬──────────┐──────┤├────( )──
  CCW-P     TS-2      │SUB24 │ 0010     │
                      │      │          │
                      │TMRB  │          │
         +       +    │      │0000000020│      +       +
                      │      │          │
                      │      │          │      +
                      └──────┴──────────┘

R0135.4   R0134.1   ACT                              R0135.0
──┤├──────┤├──────────┌──────┬──────────┐──────┤├────( )──
           TS-2      │SUB24 │ 0009     │
                      │      │          │
                      │TMRB  │          │
         +       +    │      │0000000030│      +       +
                      │      │          │
                      │      │          │      +
         +       +    └──────┴──────────┘      +
```

图 6-3-14　梯形图 3

5. 刀架反转

当刀架正转停止延时时间到，R135.0 = 1，触发刀架反转信号 Y3.0 = 1，刀架反转。刀架反转的意义在于实现刀架的准确定位和锁紧功能，相关梯形图如图 6-3-15 所示。

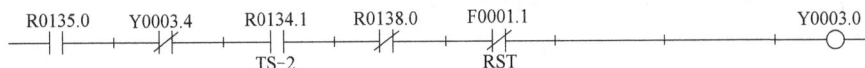

```
R0135.0   Y0003.4   R0134.1   R0138.0   F0001.1            Y0003.0
──┤├──────┤├────────┤├────────┤├────────┤/├────────────────( )──
                     TS-2                 RST
```

图 6-3-15　梯形图 4

6. 刀架反转停止延时

在刀架反转的过程中，上齿盘和下齿盘进行精定位，当反靠销进入啮合槽的瞬间，刀架定位结束，刀架反转停止，换刀过程结束，相关梯形图如图 6-3-16 所示。

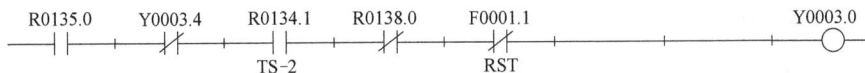

```
R0135.0   Y0003.4   R0134.1   R0138.0   F0001.1            Y0003.0
──┤├──────┤/├────────┤├────────┤├────────┤/├────────────────( )──
                     TS-2                 RST
```

图 6-3-16　梯形图 5

六、常见刀架故障分析及诊断

以 FANUC 0i-D 系统为例，CK6150 型数控车床的常见刀架故障分析及诊断见表 6-3-2。

表 6-3-2　常见刀架故障分析及诊断

序号	故障种类	故障部位	诊断方法
1	硬件故障	中间继电器 KA4	发出换刀指令后,检查 KA4 线圈是否得电,然后检查 KA4 的常开触点是否闭合,若接触不良,应进行更换

（续）

序号	故障种类	故障部位	诊断方法
2	硬件故障	中间继电器 KA5	发出换刀指令后,若刀架一直正转无法反转到位,则检查 KA5 线圈是否得电,然后检查 KA5 的常开触点是否闭合,若接触不良,应进行更换
3	硬件故障	分线盘上输入信号断开	发出换刀指令后,刀架不动,检查分线盘上触点 Y2.4 或者触点 M 是否断开
4	硬件故障	接触器 KM1	检查控制电路中的接触器 KM1 线圈是否得电,若得电后刀架仍不转,检查 KM1 的主触点是否闭合,若接触不良,更换接触器
5	硬件故障	刀架	发出换刀指令后,换的刀与指令不符时,检查刀架上的 4 个触点 X4.6、X4.7、X5.0、X5.1 的连接顺序是否正确
6	软件故障	PMC 程序错误	发出换刀指令后,进入 PMC 程序页面,查看 Y2.4 信号状态,正转时正常状态为 1,若为 0,则查找导致 Y2.4 为 0 的原因,通过查看 PMC 程序来确定故障部位
7	软件故障	PMC 程序错误	发出换刀指令后,进入 PMC 程序画面,查看 Y2.5 信号状态,反转时正常状态为 1,若一直为 0,则刀架无法反转到位,查找导致 Y2.5 一直为 0 的原因,通过查看 PMC 程序来确定故障部位

任务实施

一、准备工作

➤ 设备：配置 FANUC 0i 系统的 CK6150 型数控车床或者具有相似功能的实验台。

➤ 工具：万用表、螺钉旋具、压线钳等工具。

➤ 情境导入：数控车床发出换刀指令后，刀架正转，但一直无法找到刀位，直至产生报警刀架停止转动。

➤ 任务确定：根据刀架正反转的原理，结合 CK6150 型数控车床电气原理图，完成刀架故障诊断与排除。

二、实施步骤

1. 确定检修范围

查阅 CK6150 型数控车床电气原理图，找出刀架控制相关的原理图，如图 6-3-8 ~ 图 6-3-10所示，分析刀架的工作原理。

刀架正转控制原理分析：

_____

_____

_____

_____

_____

_____

_____

2. PMC 信号检查

刀架报警的排查首先从 PMC 程序开始，然后依次检查信号电路、控制电路、主电路，通过观察 PMC 信号的状态，判断故障的位置。具体步骤如下：

1）假设此时刀位不在 1 号刀位，选择 MDI 方式，输入"T0101;"，按下循环起动按钮，进入 PMC 维修菜单，输入 Y3.0，按面板下方软键［搜索］，光标跳跃到 Y3.0 信号栏，观察 Y3.0 信号状态。Y3.0 为 1 表示梯形图正常，检查硬件故障；如为 0，表示报警有可能由梯形图引起。

2）进入梯形图界面，查看 PMC 程序。输入 Y3.0，按［W 搜索］，光标自动移动到 Y3.0 线圈上，找出引起 Y3.0 信号断开的原因。

根据以上操作步骤，查看故障原因，并完成表 6-3-3 的填写。

表 6-3-3　PMC 信号检修记录

步　骤	有故障的梯形图	修改内容

>> **操作提示**　1）检查 PMC 信号状态时务必在 PMC 运行状态下进行！
　　　　　　　　 2）必须先运行换刀指令，再检查正转信号。

3. 刀架电路检修

刀架 PMC 信号检查完成后，如果 PMC 信号正常，系统还不能换刀，接下来就开始排查硬件故障。刀架电路故障主要分布在信号电路、控制电路、主电路 3 个部位。具体排查顺序如下：

1）检查刀架信号回路。假设此时刀位在 1 号刀位，选择 MDI 方式，输入"T0101;"，按下循环起动按钮，假定此时信号 Y3.0 为 1，但刀架仍然不正转，说明刀架电路有问题，首先检查信号电路。用万用表检查中间继电器 KA3 的线圈是否有电压，若有电压则表示刀架信号电路没问题，若没电压，则检查 KA3 的线圈两端是否接触不良或者 KA3 是否损坏。

2）检查刀架控制回路。中间继电器 KA3 得电以后刀架仍然不正转，开始检查刀架控制回路，用万用表检查接触器 KM3 的线圈是否得电，若得电，则表示控制回路正常，若没得电，用万用表检查 KA3 的常开触点是否闭合以及 KM4 的常闭触点是否正常，有可能是接触不良或损坏。刀架控制回路如图 6-3-17 所示。

3）检查刀架主电路。若 KM3 得电以后，刀架仍然不正转，检查主电路，用万用表测量 KM3 的主触点是否接通，然后测量断路器 QF5 是否接通。刀架主电路如图 6-3-18 所示。

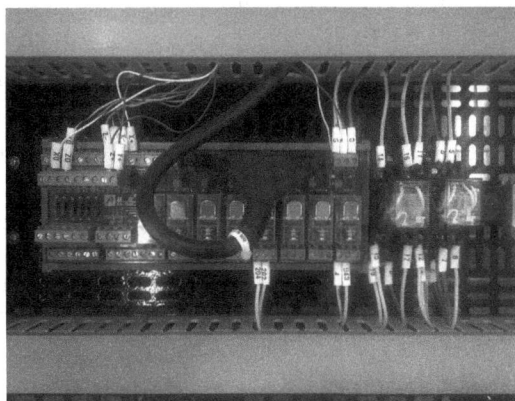

图 6-3-17　刀架控制回路

根据上述操作步骤，完成表 6-3-4 的填写。

表 6-3-4 硬件检修记录

步 骤	具体操作方法	故障检测结果

图 6-3-18 刀架主电路

>> 操作提示

1）使用万用表进行电路检测时注意电压等级。
2）检查主电路时注意安全，防止触电。

任务评价

任务评价见表 6-3-5。

表 6-3-5 项目六任务三评价表

评价 项目	内容	配分	评分标准	学生评价		教师 评价
				自评	互评	
任务实施	确定故障现象	10	1. 不能熟练操作机床、PMC 编辑界面或 PMC 信号界面调不出来，扣 5 分 2. 不能确定故障现象，经一次提示扣 2 分			
	确定故障范围	20	1. 不能分析故障范围，经一次提示扣 5 分 2. 检测方法、步骤、万用表档位错误，一次扣 5 分			
	故障排除	30	1. 查出故障点但不会排除或 PMC 程序修改不正确，经一次提示扣 5 分 2. 产生新的故障或扩大故障范围，扣 5 分			
安全操作与职业素养	安全操作	20	1. 个人安全措施符合要求：穿工作服、电工鞋；停电检修前必须验电；分组实施过程中须有专人监护安全操作 2. 工具和仪表使用得当，不损坏仪器设备			
	5S 管理规范	20	任务实施过程中按照 5S 管理规范（整理、整顿、清洁、清扫、素养）执行，仪器、器件、工具摆放合理；任务完成后工位保持整洁			

巩固提高

1. 简述 FANUC 0i 数控系统刀架转动的流程。

2. 在实训车间找到一台采用转盘式刀架的数控车床，查阅其有关刀架的 PMC 程序，并根据 PMC 程序来阐述换刀的流程。

项目七

XK5032型数控铣床 故障诊断与维修

任务一　机床起动故障诊断与维修

任务目标

1. 掌握机床起动电气回路工作原理。
2. 掌握 PMC 的地址分配。
3. 针对机床无法起动现象，能准确分析故障原因，并进行排除。

工作任务

闭合机床电源总开关，按下机床起动按钮，机床黑屏、操作面板不亮，没有任何反应，无法起动机床，如图 7-1-1 所示，检查机床的起动电路，找出电路中的故障所在，同时完成表 7-1-1。

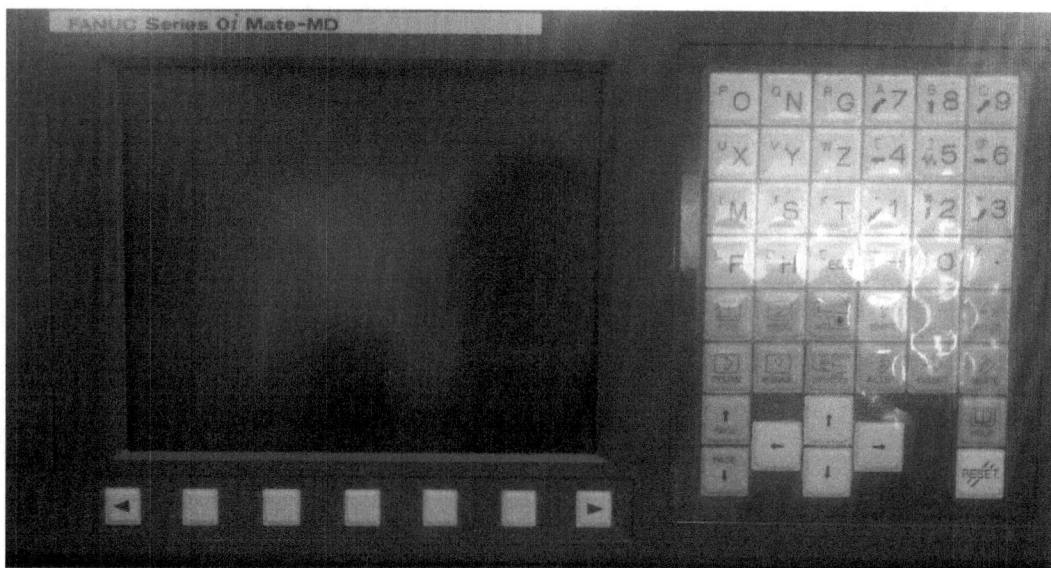

图 7-1-1　机床起动故障

表 7-1-1　故障排除过程

万用表档位	检测的元器件	故障检测结果

知识引导

数控机床由于长期使用会导致电气线路的老化，有时机床会出现无法起动的现象或起动后操作面板失效的现象。出现这种现象的原因主要是由于机床起动电路中元器件或电线故障所致。

一、与机床起动相关的硬件连接

电源线输入插座［CP1］，机床厂家需要提供外部 24V 直流电源。具体接线为（1—24V，2—0V，3—地线），注意正负极性不要搞错。具体到实际机床，CNC 装置的 11 号线与 M 号线提供 24V 电源，接入 CPI 电源接口，如图 7-1-2 所示。机床无法起动时，如果屏幕黑屏可以测量接入 CPI 电源接口的两根导线（11 号线与 M 号线）有没有电压，如果没有电压，则检查没有 24V 的原因。

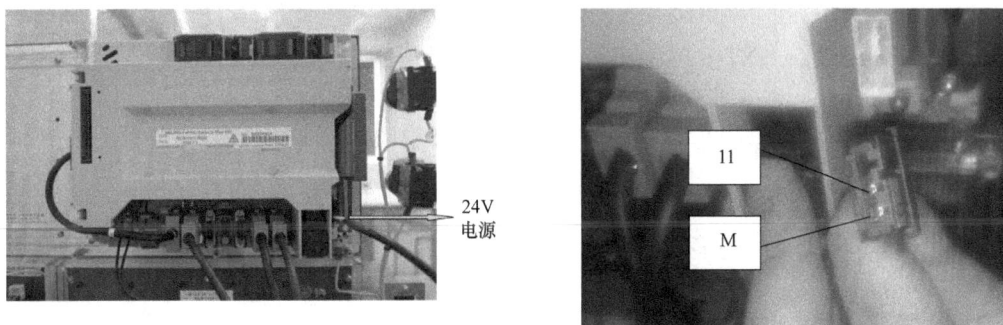

24V
电源

11

M

图 7-1-2　24V 直流电源

二、机床起动 220V 总电源电路分析

以配置 FANUC 0i-D 系统的 XK5032 型数控铣床为例，机床的总电源开关电路如图 7-1-3 所示。

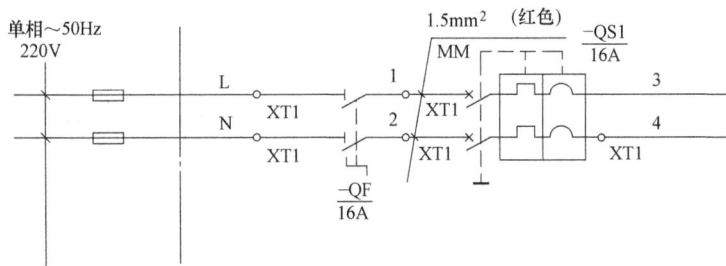

图 7-1-3　总电源开关电路图

如图 7-1-3 所示，数控机床实验台的总电源由刀开关 QF 以及断路器 QS1 来控制，如果刀开关 QF 闭合后，系统无法起动，首先应该判断系统总电源有没有接通，及测量图示电路上 3、4 两个触点之间的电压，如果电压为 220V 左右，则总电源接通，如果电压为 0，则说明总电源未接通，用万用表一步步往前检查电路。

三、机床 24V 控制电路分析

以配置 FANUC 0i-D 系统的 XK5032 型数控铣床为例，机床的 24V 起动电路如图 7-1-4 及图 7-1-5 所示。

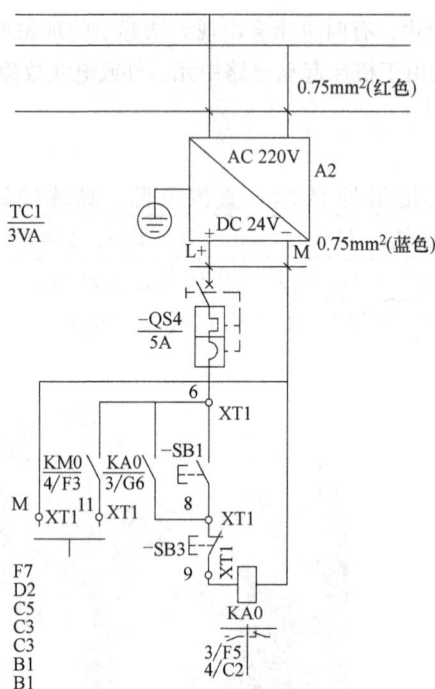

图 7-1-4　起动电路 1

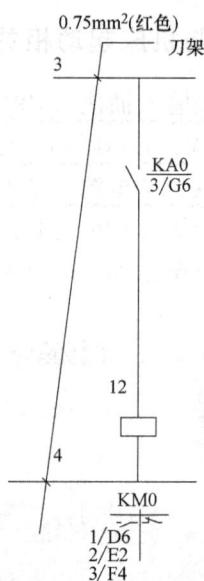

图 7-1-5　起动电路 2

如图 7-1-4、图 7-1-5 所示，首先查看开关电源的指示灯是否亮，测量 L + 与 M 之间的电压是否为 24V，如果没有电压则检查开关电源的连接情况，如果电压为 24V 则说明开关电源有输出。再检查断路器 QS4 是否连接正确，如果按下起动按钮 SB1 以后系统未起动，检查 KA0 线圈是否得电。如果按下 SB1 系统起动但松开按钮以后随意断电，检查 KA0 常开触点的自锁回路。

还有一种情况是系统虽然起动完成，但显示器始终没反应，则说明没有 24V 电源进入 CNC 装置，检查接触器 KM0 线圈所在的电路如图 7-1-5 所示。用万用表检测 KA0 的常开触点是否接通，KM0 的线圈是否得电。得电后，检查 KM0 的常开触点是否闭合。

四、操作面板

1. 硬件连接

I/O 模块的硬件连接如图 7-1-6 所示。

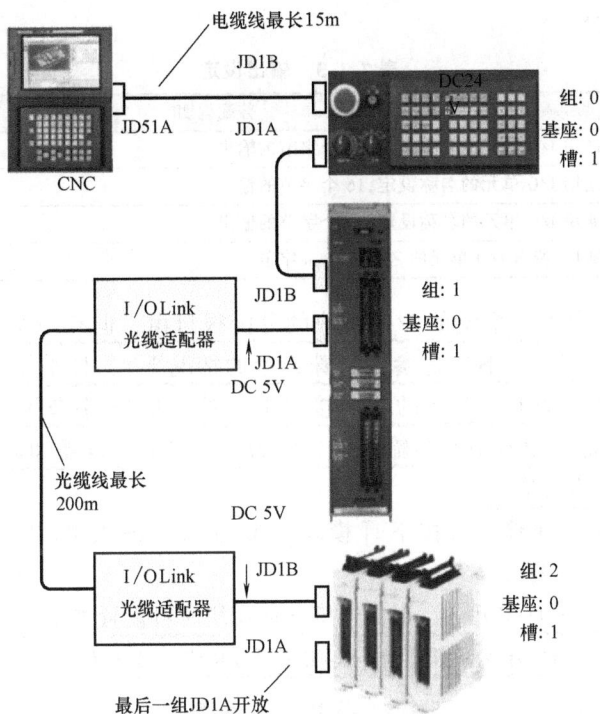

图 7-1-6　I/O 模块的硬件连接

由于各个 I/O 点，首轮脉冲信号都连接在 I/O Link 总线上，在梯形图编辑之前都要进行 I/O 模块的设置，即地址分配。在 PMC 中进行模块分配，实质上就是要把硬件连接和软件上设定统一的地址（物理点和软件点的对应）。为了地址分配的命名方便，将各 I/O 模块的连接定义出组（group）、座（base）、槽（slot）的概念。

组（group）：系统和 I/O 单元之间通过 JD1A→JD1B 串行连接，离系统最近的单元称之为第 0 组，依次类推，最大到 15 组。

基座（base）：在使用 IO UNIT-MODELA 时，在同一组中可以连接扩展模块，因此在同一组中为区分其物理位置，定义主、副单元分别为 0 基座、1 基座。

槽（slot）：在使用 IO UNIT-MODELA 时，在一个基座上可以安装 5～10 槽的 I/O 模块，从左至右依次定义其物理位置为 1 槽、2 槽。

2. PMC 配置

I/O 点数的设定是按照字节数的大小通过命名来实现的，根据实际的硬件单元所具有的容量和要求进行设定。

输入设定见表 7-1-2。

表 7-1-2　输入设定

I/O 分配输入信号	分配说明
OC01I	适用于通用 I/O 单元的名称设定,12 个字节的输入
OC02I	适用于通用 I/O 单元的名称设定,16 个字节的输入
OC03I	适用于通用 I/O 单元的名称设定,32 个字节的输入
/n	适用于通用、特殊 I/O 单元的名称设定,n 字节

输出设定见表7-1-3。

表 7-1-3　输出设定

I/O 分配输出信号	分配说明
OC01O	适用于通用 I/O 单元的名称设定,12 个字节的输出
OC02O	适用于通用 I/O 单元的名称设定,16 个字节的输出
OC03O	适用于通用 I/O 单元的名称设定,32 个字节的输出
/n	适用于通用、特殊 I/O 单元的名称设定,n 字节

(1) 模块分配（大小）　系统的 I/O 模块的分配很自由,但有一个规则,即:连接手轮的模块至少为 16 个字节（在不进行参数特殊设置的情况下）,且手轮连在离系统最近的一个大于等于 16 字节大小的 I/O 模块的 JA3 接口上。对于此 16 字节模块,Xm +0→Xm +11 用于输入点,即使实际上没有那么多输入点,但为了连接手轮也需如此分配。Xm +12→Xm +14 用于 3 个手轮的输入信号。

按下［PMC 配置］软键,再按下［模块］软键以后进入 PMC 地址设定页面,按下"操作"即可进行删除、编辑。

0i-D 系统仅用如下 I/O 单元 A,不再连接其他模块时可设置如下:X 从 X0 开始用键盘输入:0.0.1. OC02I;Y 从 Y0 开始用键盘输入:0.0.1. /8 或 0.0.1. OC010,如图 7-1-7 所示。

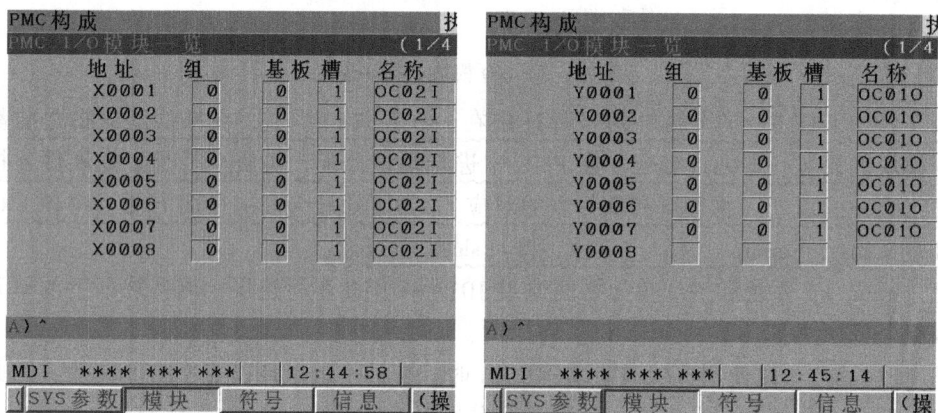

图 7-1-7　PMC 配置

只连接一个手轮时（第一手轮）,旋转手轮时可看到 Xm +12 中信号在变化。Xm +15 用于输出信号的报警。m 为在模块分配时候的起始地址,一旦分配的起始地址（m）定义好以后,则模块内的点地址也相对有了固定地址,如图 7-1-8 所示。

(2) 定义有效范围　原则上 I/O 模块的地址可以在规定范围内（即系统所容许的点数范围内）任意处定义,但是为了机床的梯形图的统一和便于管理,最好按照以上推荐的标准定义。注意:一旦定义了起始地址（m）该模块的内部地址就分配完毕。

(3) 保存、重启　在模块分配地址完毕后,要保存到 F-ROM 中,然后使机床断电再上电,分配的地址才能生效。同时要注意使模块优先于系统上电,否则系统在上电时无法检测到该模块。

PMC 的配置错误或未配置会导致机床操作面板的指示灯不亮或指示灯显示错误。操作面板上的指示灯出现故障或不亮时,可以尝试重新进行 PMC 的地址分配。

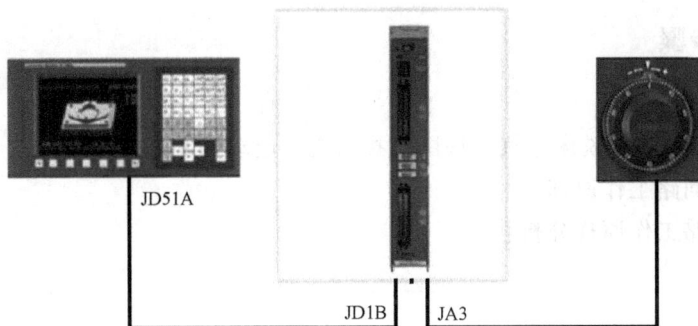

图 7-1-8　手轮连接

五、常见起动故障分析及诊断

以 FANUC 0i-D 系统为例，XK5032 型数控铣床的常见起动故障分析及诊断见表7-1-4。

表 7-1-4　常见起动故障分析及诊断

序号	故障种类	故障部位	诊断方法
1	硬件故障	刀开关 QF	刀开关 QF 合上以后,检查系统220V总电源是否有输入,若没有电压输入,则检查刀开关 QF 以及断路器 QS1 是否接触不良
2	硬件故障	开关电源	查看开关电源是否得电,指示灯不亮则表示开关电源未得电,检查开关电源的220V输入以及24V输出
3	硬件故障	显示器黑屏	用万用表检测通入 CNC 装置的24V输入电压是否有电压,若没有电压则仔细查看24V控制电路哪里出现了故障
4	硬件故障	中间继电器 KA0	若按下开机按钮机床起动,但一松开开机按钮机床马上断电,则用万用表检查跟开机按钮并联的 KA0 的常开触点是否接触不良
5	硬件故障	光缆断开	正常开机以后若操作面板上的指示灯都不良,检查 I/O 模块之间的硬件连接是否接触不良或光缆接反
6	操作面板故障	PMC 地址分配错误	正常开机以后若操作面板上的指示灯都不亮,检查 PMC 的地址分配是否正确,若未分配或分配地址错误,删除后重新配置
7	操作面板故障	PMC 程序分配错误	正常开机以后若操作面板上的指示灯显示错误,删除 PMC 的地址分配后重新分配

任务实施

一、准备工作

➤ 设备：配置 FANUC 0i 系统的 XK5032 型数控铣床或者具有相似功能的实验台。

➤ 工具：万用表、螺钉旋具、压线钳等工具。

➤ 情境导入：数控铣床出现按下开机按钮无法起动，且即使故障排除了，起动机床后操作面板指示灯不亮的现象，逐步解除故障。

➤ 任务确定：结合 XK5032 型数控铣床电气原理图，完成机床的正常起动以及操作面板的正常使用。

二、实施步骤

1. 确定检修范围

查阅 XK5032 型数控铣床电气原理图，找出机床起动回路原理图，如图 7-1-3～图 7-1-5 所示，分析起动回路工作原理。

机床起动回路工作原理分析：

_____

_____

_____

_____

_____

_____

2. 机床起动回路检修

（1）检查开关电源　观察开关电源的指示灯是否亮，若指示灯亮则表示连接开关电源的主电路工作正常。若指示灯不亮，则表示连接开关电源的主电路有故障。首先使用万用表测量控制变压器下端的 U42、W42 这两个触点之间的电压是否为 240V。若有电压，检查从控制变压器到断路器 QF7，再从 QF7 到开关电源之间的连接是否接触不良，或 QF7 是否损坏。开关控制回路如图 7-1-9 所示。

若没有电压，则继续检查主电路，用万用表检查控制变压器上段的 U41、W41 这两个触点之间的电压是否为 380V，若有电压，表示控制变压器下端的 U42、W42 这两个触点接触不良或控制变压器损坏。若 U41、W41 没有电压，则用万用表检查断路器 QF6、QF1、KM1 之间有没有接触不良或某个元器件损坏。

（2）检查开机控制回路　观察开关电源的指示灯是否亮，若指示灯亮，则开始开机检查控制回路。首先用万用表检查中间继电器 KA0 线圈是否得电，若没有得电，检查 KA0 的线圈两端的触点是否接触不良或者接触器 KA0 是否损坏。开机控制回路如图 7-1-9 所示。

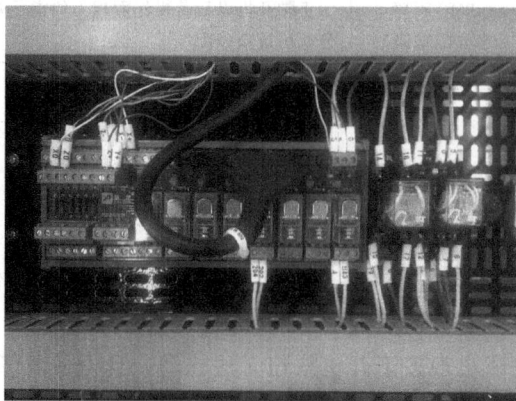

图 7-1-9　开机控制回路

还有一种情况，当按下起动按钮 SB1 时机床起动，一旦松开机床马上断电，这种情况说明与 SB1 并联的 KA0 的常开触点接触不良，用万用表检查。

（3）检查 NC 电源控制回路　有时候机床开机时可能出现黑屏现象，造成这种现象的原因是 24V 电源未送入 NC 装置，供电原理如下：开关电源提供 24V 电源，出来导线 4、5 分别连接 KA0 的两个常开触点，然后 KA0 的对应的两个公共触点接到端子排上的指定位置，然后端子排两个触点为 NC 装置供电。用万用表检查 KA0 另外两个常开触点，端子排上的相应触点是否接触不良。

根据上述操作步骤，完成表 7-1-5 的填写。

表 7-1-5　故障记录

万用表档位	检测的元器件	故障检测结果

>> **操作提示**

1）使用万用表进行电路检测时注意电压等级。

2）线圈得电与否还可以通过观察指示灯来判断。

3. PMC 地址的重新分配

机床正常开机以后，操作面板也可能出现故障，如操作面板上的指示灯不亮，或操作面板上的按钮失效等，如图 7-1-10 所示。出现上述故障的原因主要是由于 PMC 地址分配错误所致，需要删除原有地址后重新分配。

图 7-1-10　操作面板故障

简述故障排除过程：

_____

_____

_____

_____

_____

_____

_____

>> **操作提示** | PMC 地址分配好后注意要保存到 F-ROM 中并重启才能生效。

任务评价

任务评价见表 7-1-6。

表 7-1-6　项目七任务一评价表

评价项目	内容	配分	评分标准	学生评价		教师评价
				自评	互评	
任务实施	确定故障现象	10	1. 不熟悉机床起动回路,无从下手,扣 5 分 2. 不能确定故障现象,经一次提示扣 2 分			
	确定故障范围	20	1. 不能确定起动回路的故障范围,经一次提示扣 5 分 2. 检测方法、步骤、万用表档位错误,一次扣 5 分			
	故障排除	30	1. 机床无法起动,扣 30 分 2. 机床可以起动但显示器黑屏,扣 10 分 3. 机床可以起动但操作面板不亮,扣 10 分			
安全操作与职业素养	安全操作	20	1. 个人安全措施符合要求:穿工作服、电工鞋;停电检修前必须验电;分组实施过程中须有专人监护安全操作 2. 工具和仪表使用得当,不损坏仪器设备			
	5S 管理规范	20	任务实施过程中按照 5S 管理规范(整理、整顿、清洁、清扫、素养)执行,仪器、器件、工具摆放合理;任务完成后工位保持整洁			

巩固提高

1. 简述 XK5032 型数控铣床起动回路的工作原理。

2. 查看 CK6136 型数控车床的电气原理图,简述其起动回路的工作原理。

3. 对比上述两种机床的起动回路,讨论哪种起动回路更合理。

任务二　数据传输故障诊断与维修

任务目标

1. 掌握几种常用的数据传输方法。

2. 熟悉各种传输方法参数及各类数据的设定。

3. 针对机床的传输故障,能准确分析故障原因,并进行排除。

工作任务

采用 RS232 接口备份梯形图程序以及梯形图参数时发生数据传输故障,如图 7-2-1 所示,根据机床的报警,进行故障排除,并将故障排除过程记录在表 7-2-1 中。

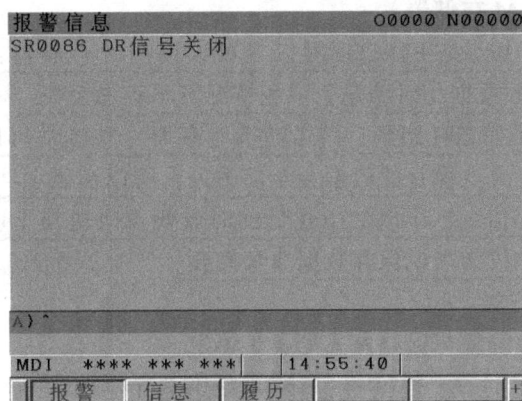

图 7-2-1　XK5032 型数控铣床数据传输报警页面

表 7-2-1　故障排除过程

步　　骤	具体操作方法	故障检测结果

知识引导

　　数控机床出厂时，数控系统内的参数、程序、PMC 程序等数据都经过机床厂家调试过，并顺利运行。但在机床实际使用的过程中，有可能出现机床数据的丢失等情况，如果要现场调试实现机床的正常运行则相当困难，这就需要对系统数据进行备份，当机床出现参数丢失的情况下可以实现数据恢复，从而使机床进入正常的运行状态。数控系统数据备份与恢复这项功能非常实用，初学者调试机床的时候可以先把数控系统的数据进行备份，当错误地修改或删除数据导致机床发生故障时，可以及时地把数据进行恢复。

　　数据恢复指把数据恢复到系统以外的介质中所记录的状态。备份的最终目的是为了恢复数据，当机床出现故障，机床里面的数据发生错误或丢失时，我们要学会把备份好的各类数据恢复到机床，使机床能正常的运作。数据恢复可以防止数据丢失，用于参数紊乱后的恢复，批量调试。但是在数据备份和恢复的数据传输过程中可能出现各种故障。本任务重点解决数据传输中的各种故障。

一、数据传输理论知识

1. 数据备份的意义

　　数据备份就是将系统数据存储到系统以外的介质里。数据备份的作用是预防数据丢失。在机床所有参数调整完成后，需要对出厂参数等数据进行备份，并存档，最好是厂里有一份存档，随机给用户一份，用于万一机床出故障时的数据恢复。

2. F-ROM 与 S-RAM 存储器

F-ROM（FLASH-ROM）是不能自动写入只可以读出的存储器，通常用于存储控制程序、常数等。F-ROM 中的数据相对稳定，一般情况下不容易丢失。

S-RAM（Static-RAM 静态存储器）可以随机地存取，并经常可以自由地改写其内容的存储装置。该存储器一旦失电保存的数据会全部丢失，所以在显示器后方装有干电池，关机以后由干电池供电来保存信息，干电池电量低的时候要及时更换干电池，从而防止 S-RAM 内数据的丢失，对于数控机床来说保存数据非常必要。

3. 数据类型和保存方式

常见数据类型的保存位置与保存方式见表 7-2-2。

表 7-2-2 数据类型和保存方式

数据类型	保存位置	来源	备注
CNC 参数	SRAM	机床厂家提供	必须保存
PMC 参数	SRAM	机床厂家提供	必须保存
PMC 程序	FROM	机床厂家提供	必须保存
螺距误差补偿	SRAM	机床厂家提供	必须保存
宏程序	SRAM	机床厂家提供	必须保存
宏编译程序	FROM	机床厂家提供	如果有,保存
C 执行程序	FROM	机床厂家提供	如果有,保存
加工程序	SRAM	操作者输入	如果有,保存
系统文件	FROM	FANUC 公司提供	不必保存

4. SRAM 数据的输入、输出方法

对于存储于 CNC 中的数据进行保存恢复的方法，有个别数据输入、输出方法和整体数据的输入、输出方法，见表 7-2-3。

表 7-2-3 SRAM 数据的输入、输出方法

项 目	分 别 备 份	整 体 备 份
I/O 工具	网线	存储卡
	RS 232C	
	存储卡	
数据形式	文本格式 （可利用计算机打开文件）	二进制形式 （计算机不能打开）
操作	多画面操作、较复杂	简单
用途	设计、调整	维修

5. 系统数据的备份方法

系统数据的备份主要采用存储卡、U 盘、RS 232、以太网接口来备份。U 盘、存储卡备份操作简单，传输速度快，且携带方便。但是目前只有 0i-D 系统的数控机床才配备有 USB 接口，0i-C 系统以下的数控机床不配备此接口。

存储卡备份操作简单，速度快，且携带方便。存储卡又名 CF 卡，是数控机床最常用的存储工具，但要在计算机上读取 CF 卡上的信息必须要有读卡器才可以读取。存储卡如图

7-2-2所示。

U盘备份操作简单，速度快，携带方便，且比CF卡更加普及。计算机上都有USB接口，比读取CF卡上面的信息更加简单，所以现在越来越多的操作者使用U盘来备份数据。但是U盘只能在启动画面下分别备份各类数据，无法在BOOT画面下进行备份，限制了它的使用范围。

以太网接口备份必须配备网线和计算机，用网线一端连接数控机床显示器的以太网接口，另一端连接计算机。数控机床显示器后面的接口如图7-2-3所示。采用以太网接口备份一般只备份梯形图程序和梯形图参数。

图7-2-2　存储卡

图7-2-3　以太网接口

计算机和数控机床必须都具备RS 232接口才能采用RS 232备份，RS 232备份传输速度慢，且兼容性较差。RS 232接口如图7-2-4所示。现在越来越多的操作者习惯采用存储卡或网线备份。

6. No. 20参数

对系统参数进行备份时首先需要修改No. 20参数，见表7-2-4。

表7-2-4　No. 20参数设定值

备份工具	存储卡	以太网接口	RS232	U盘
No. 20参数设定值	4	0	9	17

二、存储卡备份

1. BOOT画面下备份

（1）SRAM中的数据备份　步骤如下：

1）插存储卡：把存储卡插到数控机床上的插槽内，注意存储卡的方向，如图7-2-5所示。

2）启动引导系统（BOOT SYSTEM）：按下系统启动按钮，同时按下显示器最后边两个键，直至启动完毕。启动引导页面如图7-2-6所示。

3）进入系统引导页面：系统引导页面如图7-2-7所示。

图7-2-7中，各选项的含义如下：

① 从存储卡读取F-ROM文件，并写入F-ROM。

RS232

图 7-2-4　RS232 接口

图 7-2-5　插存储卡

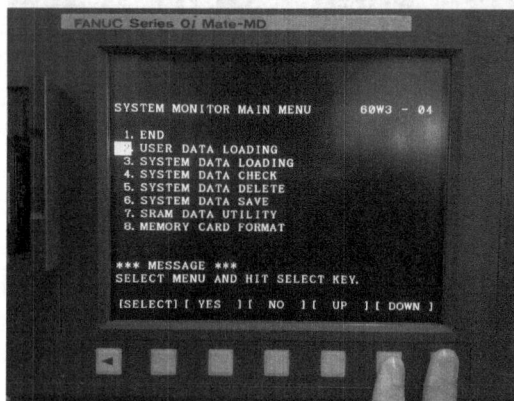

图 7-2-6　启动引导页面

图 7-2-7　系统引导画面

② 显示写入 F-ROM 的文件。

③ 删除写入 F-ROM 的顺序程序等用户文件。

④ 把写入 F-ROM 的顺序程序等保存到存储卡。

⑤ 把 SRAM 中存储的 CNC 参数和加工程序等存入存储卡。

⑥ 删除存储卡内的文件。

⑦ 进行存储卡的格式化。

⑧ 退出 BOOT 页面，机床正常起动。

BOOT 页面下 7 个软键对应的动作见表 7-2-5。

表 7-2-5　BOOT 页面软键的动作

软键	动　　作
<	在当前页面不能显示时,返回前一页面
SELECT	选择光标位置的功能
YES	确认执行时,用"是"回答
NO	不确认执行时,用"否"回答
UP	光标上移一行
DOWN	光标下移一行
>	当前页面不能显示时,转向下一页面

4）进入 SRAM 备份页面：连续按下多次 [DOWN] 软键，选择图 7-2-6 中的第 5 个选项，按下 [SELECT] 软键，进入 SRAM 备份页面，如图 7-2-8 所示。

5）数据备份：选择图 7-2-8 中的第 1 个选项 "SRAM BACKUP [CNC--MEMORY CARD]，即把 CNC 中的 SRAM 数据备份到存储卡中。按下软键 [SELECT]，再按下软键 [YES]，实现了 SRAM 数据的备份。

6）退出 SRAM 备份页面：选择 "END"，按下软键 [SELECT]，即可退出 SRAM 备份页面。

（2）FROM 中的数据备份　步骤如下：

1）插入存储卡。

2）启动引导系统（BOOT SYSTEM）。

3）进入系统引导页面。

4）进入系统数据复制页面。

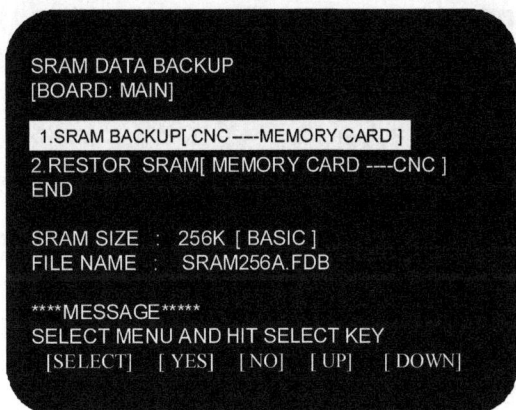

图 7-2-8　SRAM 备份页面

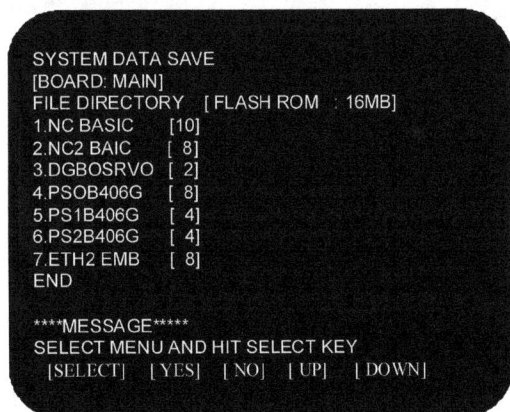

连续按下多次 [DOWN] 软键，选择图 7-2-7 中的第 4 个选项，按下 [SELECT] 软键，进入系统数据备份页面，如图 7-2-9 所示。

5）选择需要的数据进行备份：按下 [UP]、[DOWN] 软键选择需要备份的数据，按下 "SELECT" 软键，再按下 [YES] 进行备份。

6）备份完选择 "END" 退出。

2. 正常启动页面下备份

在正常启动页面下用存储卡对机床数据进行备份之前，首先要把机床的 CNC 参数进行修改。

（1）修改 No.20 参数

1）起动机床。

2）选择手动输入方式。拨动模式选择旋钮，选择手动输入方式，如图 7-2-10 所示。

3）进入 CNC 参数页面。依次按下功能键 [SYSTEM]、软键 [参数]，出现参数页面，如图 7-2-11 所示。

图 7-2-9　系统数据备份页面

图 7-2-10　手动输入方式

4）修改 No. 20 参数。按下翻页键"PAGE DOWN"，把光标移至 No. 20 参数，输入"4"，再按下"INPUT"键，完成对 No. 20 参数的修改，如图 7-2-12 所示。

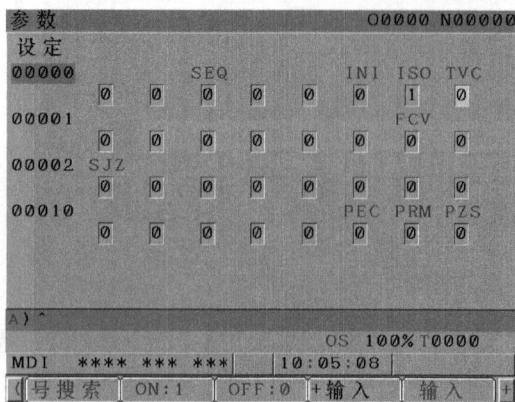

图 7-2-11　CNC 参数页面

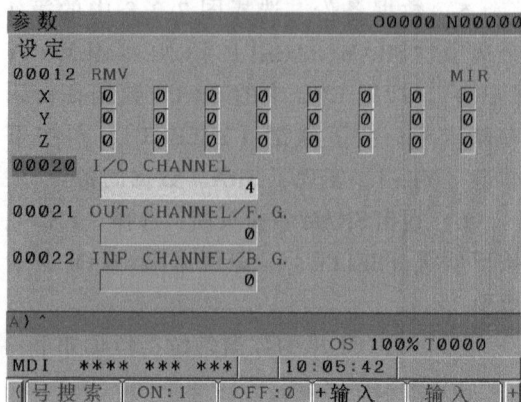

图 7-2-12　No. 20 参数

（2）系统参数的备份

1）解除急停，机床上无急停报警。

2）在机床操作面板上选择方式为编辑方式。

3）依次按下功能键"SYSTEM"、软键［参数］，出现参数页面，如图 7-2-11 所示。

4）按下软键［操作］，出现页面如图 7-2-13 所示。

按下软键［＋］，出现页面如图 7-2-14 所示。

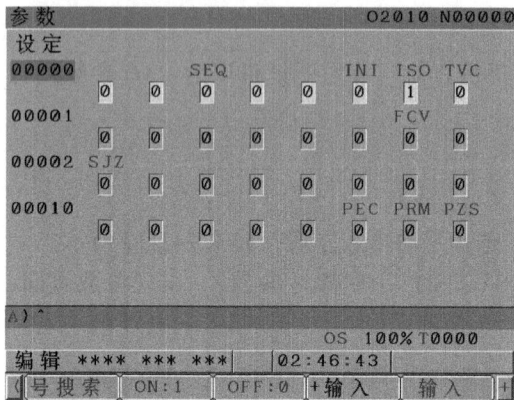

图 7-2-13　按［操作］软键出现页面

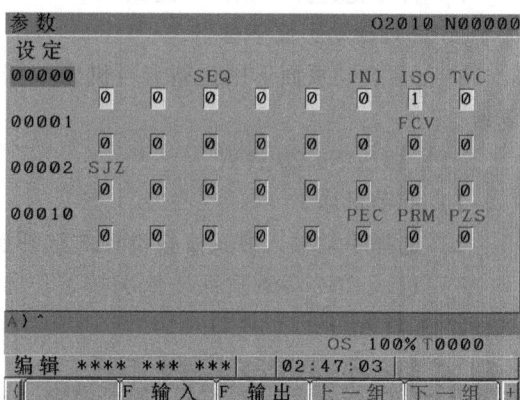

图 7-2-14　按［＋］软键出现页面

按下软键［F 输出］，出现页面如图 7-2-15 所示。

按下软键［全部］，出现页面如图 7-2-16 所示。

按下软键［执行］，全部 CNC 参数存入存储卡中，输出文件名为"CNC-PARA. TXT"。

三、RS232 接口备份

这种备份方式必须配备 RS232 网线和计算机，用 RS232 网线一端连接数控机床显示器的 RS232 接口，另一端连接计算机。采用 RS232 接口备份一般备份梯形图程序和梯形图参数。

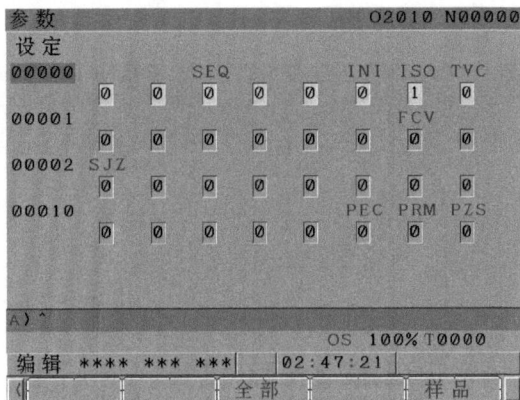

图 7-2-15 按 [F 输出] 软键出现页面

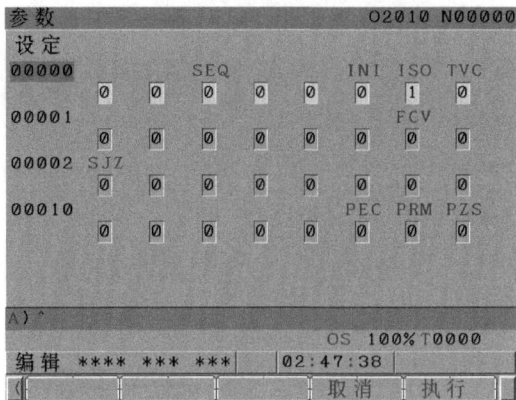

图 7-2-16 按 [全部] 软键出现页面

1. 对数控机床的设置

(1) 修改 No. 20 参数 根据前面存储卡备份讲述的步骤,把 No. 20 参数修改为 0。

(2) PMC 在线监测页面的设定 按下 MDI 面板上的功能键 [SYSTEM],连续按下多次软键 [+],直至出现页面如图 7-2-17 所示。按下软键 [PMCCNF] 出现页面如图 7-2-18 所示,连续按下多次软键 [+],再按下软键 [在线],进入在线监控参数设置页面,并移动光标对各项参数进行设置,设置完后如图 7-2-19 所示。

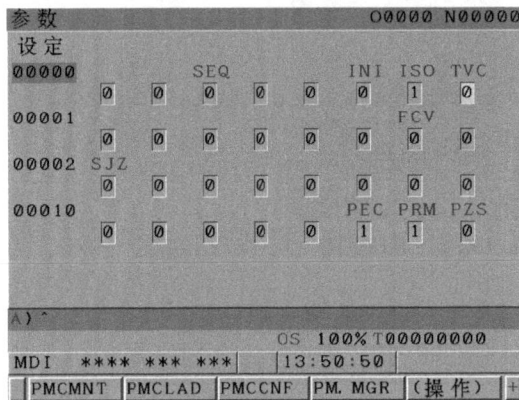

图 7-2-17 连续按多次 [+] 软键出现页面

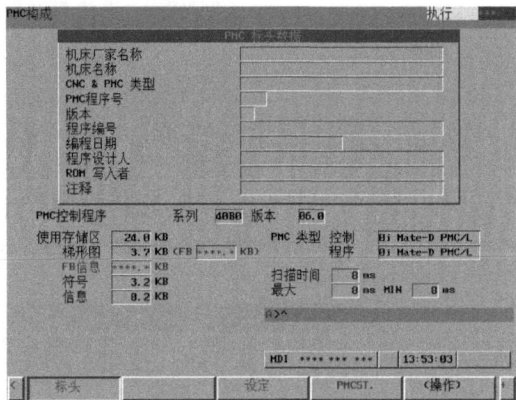

图 7-2-18 按下软键 [PMCCNF] 出现页面

(3) CNC 系统 IP 地址的设置 按下功能键 "SYSTEM",连续按下多次软键 [+],直至出现页面如图 7-2-20 所示。再依次按下软键 [内嵌]、[公共],出现公共参数设定页面,根据页面所示设定 IP 等相关地址,如图 7-2-21 所示。再按下软键 [FOCAS2],并如图 7-2-22 所示设置参数。

(4) 计算机 IP 地址的设置 打开 "控制面板"上的"网络连接",如图 7-2-23 所示,右键单击"本地连接",选择属性,出现对话框如图 7-2-24 所示。单击 "Internet

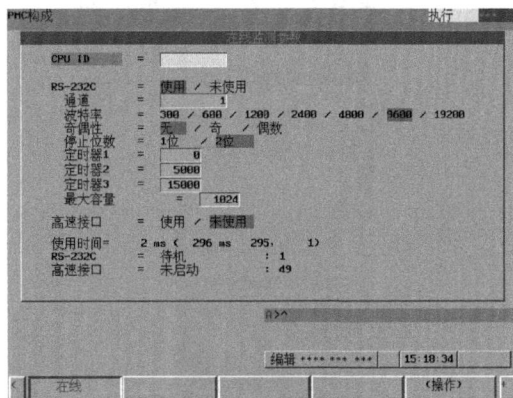

图 7-2-19 设置完后出现页面

协议"，出现 IP 地址设定对话框，IP 地址可参考图 7-2-25 设定。

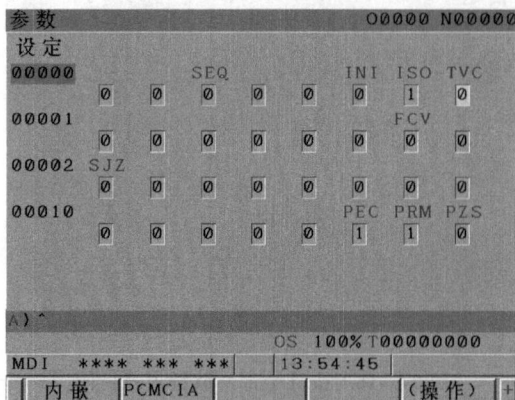

图 7-2-20　连续按下多次软键［＋］出现页面

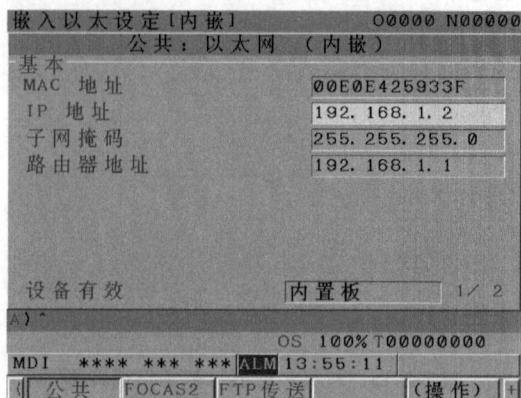

图 7-2-21　公共参数设定页面

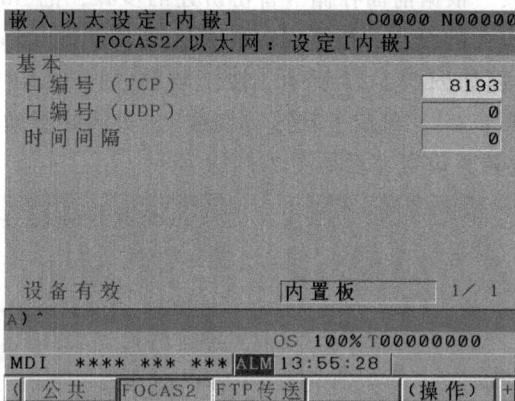

图 7-2-22　再按下软键［FOCAS2］出现页面

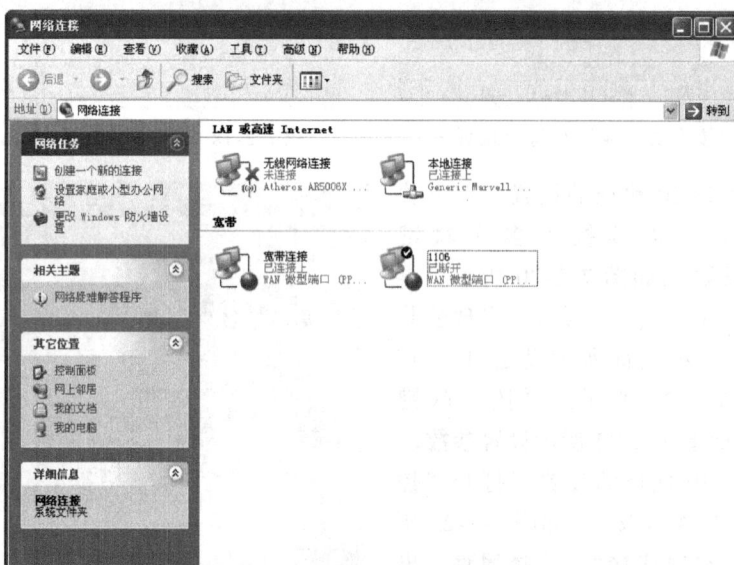

图 7-2-23　网络连接窗口

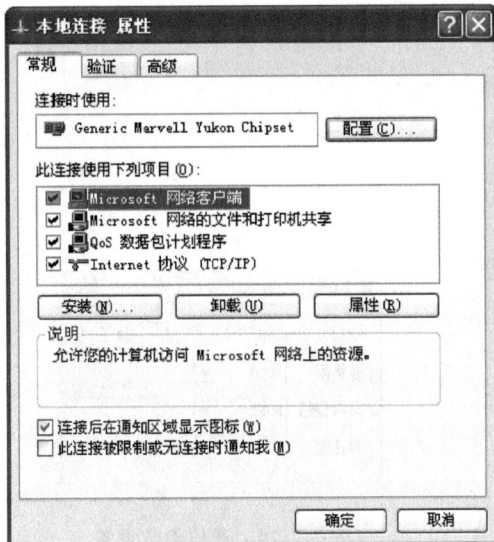

图 7-2-24　"本地连接"对话框

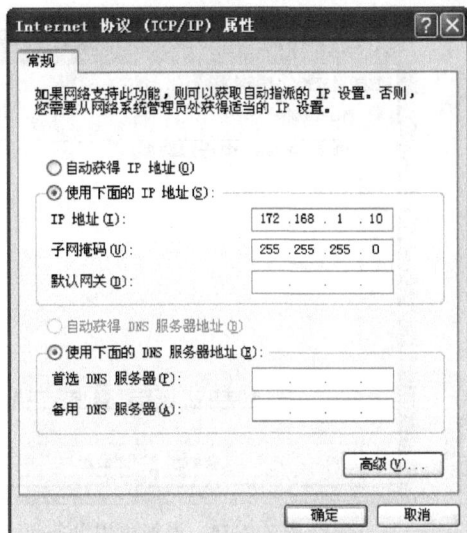

图 7-2-25　Internet 协议（TCP/IP）属性对话框

（5）PC 端 FANUC LADDER-Ⅲ 软件的设置与操作

1）运行 FANUC LADDER-Ⅲ 软件。

2）单击工具栏中的"文件"、"新程序"选项，新建一个 PMC 程序，输入文件名，选择 PMC 类型，然后单击"确定"，如图 7-2-26 所示。

3）单击工具栏中的"工具""通信设置""设置"，进入如图 7-2-27 所示对话框，确定已有的 IP 地址是否与 CNC 系统一样，若没有设置 IP 地址或 IP 地址不同，则单击"网络地址"按钮，在"添加主机"对话框中输入 CNC 系统的 IP 地址。

4）单击"设置"选项卡，确认把与 CNC 系统 IP 地址一样的"可用设备"通过单击"添加"按钮，添加到"用户设备"中，如图 7-2-28 所示。若 FANUC LADDER-Ⅲ 通信参数设置于数控系统 PMC 在线监控不一致，可以单击"设置"修改，如图 7-2-29 所示。单击"连接"按钮，若硬件没有故障，则计算机与 CNC 系统就能连接成功，如图 7-2-30 所示。

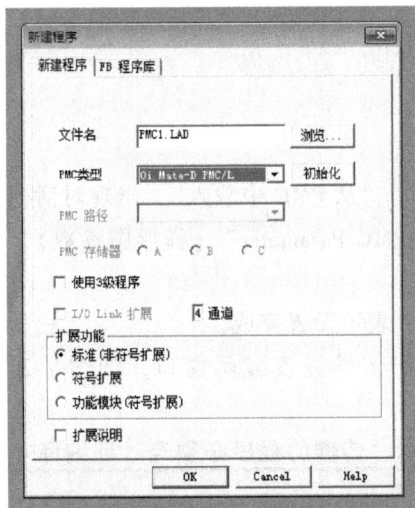

图 7-2-26　新建一个 PMC 程序

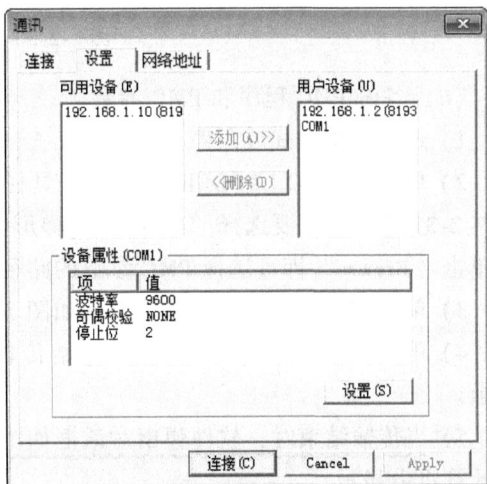

图 7-2-27　"通信设置"对话框

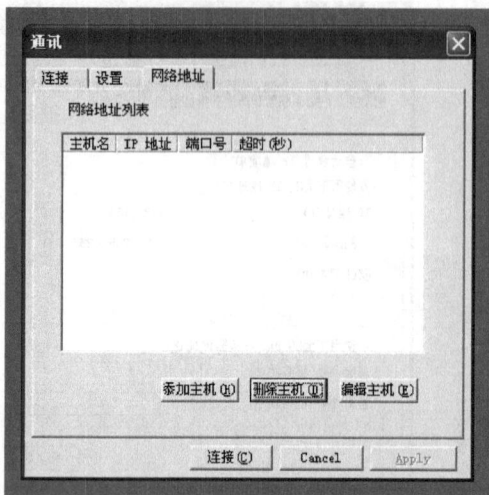

图 7-2-28　添加可用设备

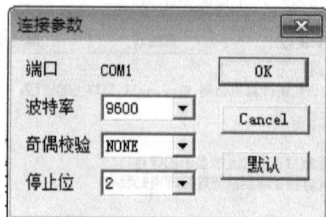

图 7-2-29　通信参数设置

图 7-2-30　连接进程显示

（6）备份 PMC 程序和 PMC 参数

1）选择编辑方式或急停方式。

2）单击 FANUC LADDER-Ⅲ软件工具栏中的"工具""从 PMC 中载入"，出现对话框如图 7-2-31 所示，需要选择"Ladder"（梯形图）以及"PMC Parameter"（梯形图参数），同时单击"Browse"即可选择 PMC 参数的路径。

3）单击"Next"按钮，系统显示如图 7-2-32 所示，表示设置完成。

4）单击"Finish"按钮，系统开始传输，软键弹出传输进度显示窗口，如图 7-2-33 所示。

5）当传输结束时，软件弹出对话框如图 7-2-34 所示，传输的程序必须经过反编译才能在计算机上显示。

6）单击"Yes"按钮，系统自动反编译，FANUC LADDER-Ⅲ软件显示收到的 PMC

程序。

　　7）单击"Program List"对话框中的"Ladder"，就能看到下载备份的 PMC 程序。单击"Save"按钮，会弹出如图 7-2-35 所示对话框，再单击"OK"按钮，就能保存下载的所有数据。再单击"Save As"就可把 PMC 程序保存在自己设定的文件夹内。

图 7-2-31　"从 PMC 中载入"对话框

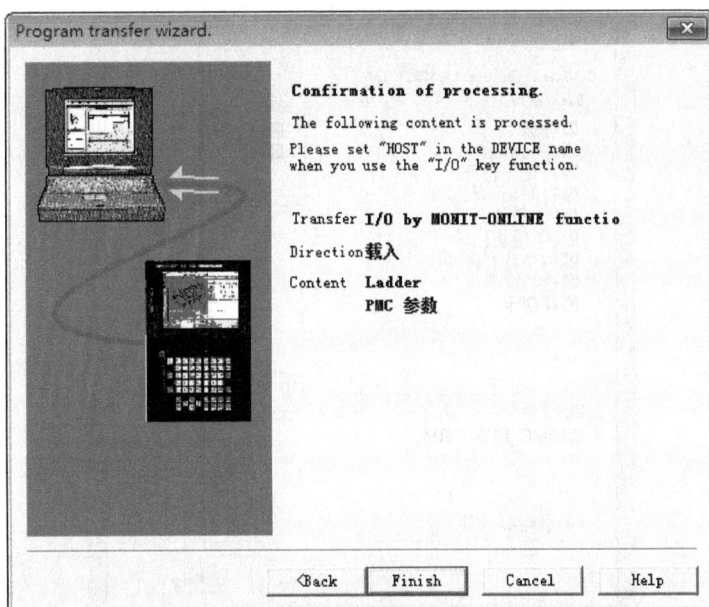

图 7-2-32　系统设置完成对话框

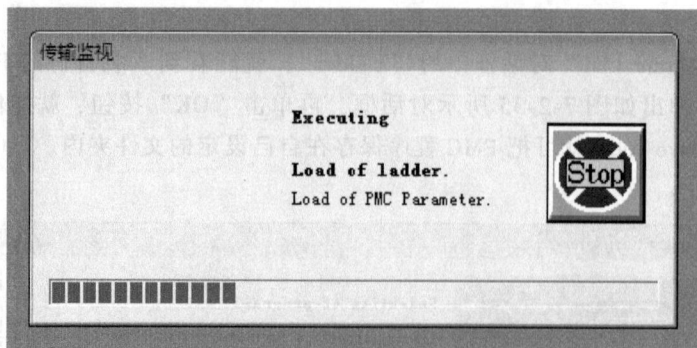

图 7-2-33 传输进度显示

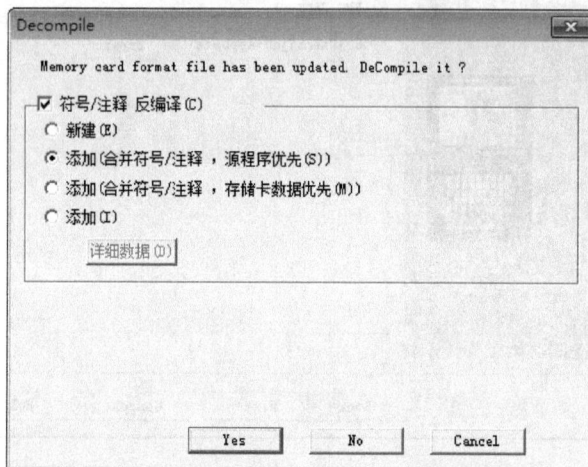

图 7-2-34 "反编译"选择对话框

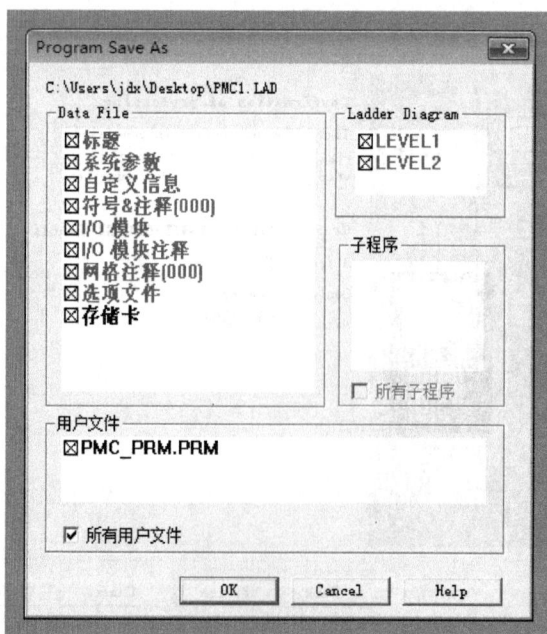

图 7-2-35 Program List 对话框

四、常见传输故障分析及诊断

以 FANUC 0i-D 系统为例，XK5032 型数控铣床的常见传输故障分析及诊断见表7-2-6。

表 7-2-6　常见传输故障分析及诊断

序号	故障种类	故障部位	诊断方法
1	软件故障	No.20 参数	进入参数设定界面，找到 No.20 参数，根据使用的数据传输方式来判断设置是否正确（CF:4；以太网接口:0；RS232:9；USB 接口:17）
2	软件故障	计算机软件	采用以太网接口或 RS232 接口时，首先检查计算机的 IP 设定是否正确，然后检查计算机侧的 PMC 传输软件设置是否正确
3	软件故障	PMC 在线监测参数	采用以太网接口或 RS232 接口时，进入 PMC 在线检测参数页面，查看 RS232C、通道、波特率、奇偶性、停止位数、高速接口设定是否正确
4	软件故障	CNC 侧 IP 设定	采用以太网接口或 RS232 接口时，进入公共:以太网页面，查看 CNC 侧的 IP 地址设定是否正确
5	接口故障	系统主板 RS232 接口	检查系统主板 RS232 接口是否破损
6	传输线故障	传输线断线	更换网线或 RS232 线

任务实施

一、准备工作

➤ 设备：配置 FANUC 0i 系统的 XK5032 型数控铣床或者具有相似功能的实验台、有 RS232 接口的计算机。

➤ 工具：RS232 线、CF 卡、U 盘、网线等工具。

➤ 情境导入：数控机床采用 RS232 接口传输 PMC 程序和 PMC 参数时，无法传输数据。

➤ 任务确定：根据传输故障产生的原理，结合计算机上的传输软件，完成传输故障诊断与排除。

二、实施步骤

1. 检查 CNC 侧参数以及 IP 地址的设定

写出具体步骤：

2. 检查计算机侧软件及 IP 地址的设定

写出具体步骤：

根据以上操作步骤，查看故障原因，并完成表 7-2-7 的填写。

表 7-2-7 排除故障记录

步　骤	故障原因	故障解决办法

>> 操作提示

1）RS232 传输速度较慢，传输过程中要耐心等待。

2）传输的 PMC 程序必须经过反编译才能在计算机上显示。

任务评价

任务评价见表 7-2-8。

表 7-2-8 项目七任务二评价表

评价项目	内容	配分	评分标准	学生评价		教师评价
				自评	互评	
任务实施	确定故障现象	10	1. 不能熟练操作机床、无法进入 BOOT 界面，扣 5 分 2. 不能确定故障现象，经一次提示扣 2 分			
	确定故障范围	20	1. 不能分析故障范围，经一次提示扣 5 分 2. 操作方法错误，经一次提示扣 5 分			
	故障排除	30	1. 查出故障点但不会排除、No.20 参数或电脑软件设定错误，经一次提示扣 5 分 2. 产生新的故障或扩大故障范围，扣 5 分			
安全操作与职业素养	安全操作	20	1. 个人安全措施符合要求：穿工作服、电工鞋；停电检修前必须验电；分组实施过程中须有专人监护安全操作。 2. 工具和仪表使用得当，不损坏仪器设备			
	5S 管理规范	20	任务实施过程中按照 5S 管理规范（整理、整顿、清洁、清扫、素养）执行，仪器、器件、工具摆放合理；任务完成后工位保持整洁。			

巩固提高

1. 叙述本任务中介绍的 4 种传输方法中 No.20 参数的设定。

2. 使用以太网接口把备份的 PMC 程序以及 PMC 参数恢复到 CNC 装置。

3. 使用存储卡恢复备份的 CNC 参数。

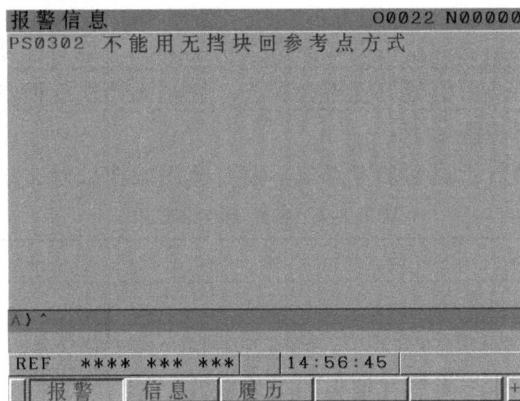

任务三　　回参考点故障诊断与维修

任务目标

1. 掌握有挡块回参考点和无挡块回参考点的区别。
2. 熟练使用常规检修工具进行故障检测。
3. 判断机床的回零方式，能准确分析无法回零的故障原因，并进行排除。

工作任务

如图 7-3-1 所示，根据机床回零时出现的报警现象，利用常规检测工具，进行故障排除，并将故障排除过程记录在表 7-3-1 中。

图 7-3-1　XK5032 型数控铣床回零报警画面

表 7-3-1　故障排除过程

步　　骤	具体操作方法	故障检测结果

知识引导

当数控机床更换、拆卸电动机或编码器后，机床会有报警信息：编码器内的机械绝对位置数据丢失了，或者机床回参考点后发现参考点和更换前发生了偏移等，这些都要求我们重新设定参考点，所以了解参考点的工作原理十分必要。

参考点是指当执行手动参考点回归或加工程序的 G28 指令时机械所定位的那一点，又名原点或零点。每台机床有一个参考点，根据需要也可以设置多个参考点，用于自动刀具交换。G28 指令执行快速复归的点称为第一参考点（原点），通过 G30 指令复归的点称为第

二、第三或第四参考点，也称为返回浮动参考点。由编码器发出的栅点信号或零标志信号所确定的点称为电气原点。机械原点是基本机械坐标系的基准点，机械零件一旦装配好，机械参考点也就建立了。为了使电气原点和机械原点重合，将使用一个参数进行设置，这个重合的点就是机床原点。

机床配备的位置检测系统一般有相对位置检测系统和绝对位置检测系统。由于相对位置检测系统在关机后会丢失位置数据，所以在机床每次开机后都要求先回零点才可投入加工运行，一般使用挡块式零点回归。绝对位置检测系统即使在电源切断时也能检测机械的移动量，所以机床每次开机后不需要进行原点回归。由于在关机后位置数据不会丢失，并且绝对位置检测功能执行各种数据的核对，如检测器的回馈量相互核对、机械固有点上的绝对位置核对，因此具有很高的可信性。当更换绝对位置检测器或绝对位置丢失时，应设定参考点，绝对位置检测系统一般使用无挡块式零点回归。

一、有挡块回零

下面介绍不使用减速挡块的栅格方式参考点设定方法。绝对脉冲编码器，只要设定过一次参考点，一般在电源断开后机械位置不会丢失。使用无挡块返回参考点功能时，不需要安装挡块和限位开关。具体步骤如下：

步骤一：设定以下参数，返回参考点就不需要使用减速信号 * DEC，见表 7-3-2。

表 7-3-2　参数 105 设置表

105	#7	#6	#5	#4	#3	#2	#1	#0
							DLZ	

注：DLZ：0：各轴返回参考点使用挡块方式；1：各轴返回参考点不使用挡块方式。

步骤二：设定参数，使绝对脉冲编码器功能有效。

1）设定参数 1815，各位设置见表 7-3-3。

表 7-3-3　参数 1815 设置

1815	#7	#6	#5	#4	#3	#2	#1	#0
		RON	APC	APZ	DCR	DCL	OPT	RVS

注：1. APC：0：使用增量式脉冲编码器；1：使用绝对式脉冲编码器。
　　2. APZ：绝对式脉冲编码器原点位置：0：未确立；1：已确立。

首先设定参数 1815#5 = 1，表示使用绝对式脉冲编码器，然后设定参数 1815#4 = 0，表示绝对式脉冲编码器原点位置未确立。

2）切断电源。

3）断开主断路器。

4）把绝对脉冲编码器的电池连接到伺服放大器。

5）接通电源。

步骤三：按以下步骤操作，自动检测编码器基准点。

1）用手动进给或手轮进给，使机床电动机转动一转以上的距离。

2）切断电源，再接通电源。此时速度和移动方向不受限制。

没有进行这项操作而返回参考点时，将出现 PS0090 号报警。

步骤四：设定参考点。

1）按机床操作面板的"JOG"键，选择手动进给方式。

2）按机床操作面板的"X""Y""Z"键，选择相应返回参考点的轴。

3）使机床先离开参考点，如图7-3-2所示。

图7-3-2　机床远离参考点示意图

4）按手动进给按钮，使轴按参数1006#5（ZMI）设定的返回参考点方向移动，如图7-3-3所示。

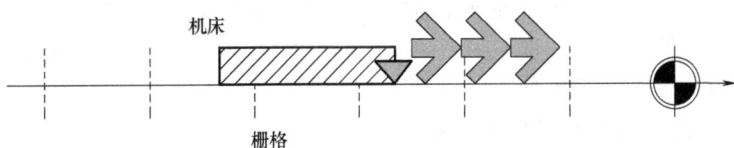

图7-3-3　机床返回参考点示意图

此时，如不满足表7-3-4中的条件，会产生PS0090号报警。

表7-3-4　报警条件

项　目	条　件
速度	300mm/min以上
方向	参数1006#5设定的方向
距离	电动机转动一转以上

5）把轴移动到预定为参考点的位置之前，大约1/2栅格，如图7-3-4所示。移动超过时，也可沿反方向返回。

图7-3-4　移动至参考点附近示意图

6）按机床操作面板的"REF"键，选择返回参考点方式。

7）按机床操作面板的"X"、"Y"、"Z"键，选择相应返回参考点的轴。

8）按手动进给"＋"按钮，以参数1425设定的返回参考点FL速度，使轴沿返回参考点方向移。

9）如图7-3-5所示，到达参考点位置时，轴停止移动，返回参考点完成信号ZPx变为1。参考点建立时，参数1815#4：APZ自动变为1。

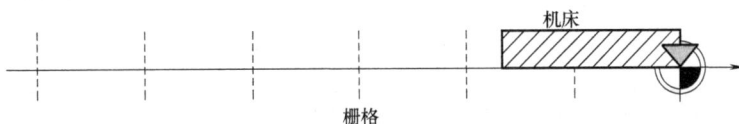

图7-3-5　到达参考点位置示意图

步骤五：调整参考点的位置。

使用参数的栅格偏移功能，可在一个栅格的范围内微调参考点位置。通常，一个栅格与电动机一转的移动量相同。使参考点位置错开一个栅格以上时，可使用改变挡块的安装位置（有挡块时），或修改参考点的设定（无挡块时）等方法。

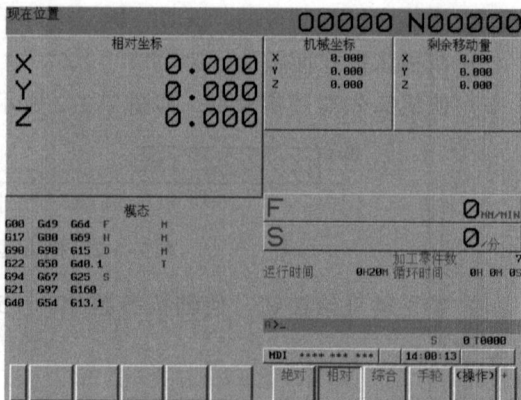

图 7-3-6 相对坐标页面

1）使机床回到参考点（此位置作为临时原点）。

2）按功能键"POS"数次，显示相对坐标页面如图 7-3-6 所示。

3）按以下顺序按 [（操作）]、[归零]、[所有轴] 软键，将相对坐标值归零。

4）一边观察机床的位置，一边用手轮进给把轴移动到希望的参考点位置。

5）读取相对坐标值。

6）在参数中设定栅格偏移量。如果已经设定了栅格偏移量，设定参数值时，只需合理设定参数 No. 1850 即可。

对于车床用直径指定的轴，需注意在画面上显示实际移动量两倍的值。

7）切断电源。

8）接通电源。

9）再次回参考点，确认参考点位置是否正确。

二、有挡块回参考点

增量式脉冲编码器只能检测 CNC 电源接通后的移动量。由于 CNC 电源切断时机械位置会丢失，所以电源重新接通后需进行返回参考点的操作。

这种方式使用 CNC 内部设计的栅格（每隔一定距离的信号）进行停止，也称为栅格方式。一个栅格的距离等于检测单位×参考计数器容量。具体步骤如下：

步骤一：设定相关参数。

1）设定返回参考点使用减速挡块，具体参数设置见表 7-3-5。

表 7-3-5　设定返回参考点使用减速挡块

1005	#7	#6	#5	#4	#3	#2	#1	#0
							DLZ	

注：DLZ：0：返回参考点使用挡块方式；1：返回参考点不使用挡块方式。

2）设定返回参考点的方向，具体参数设置见表 7-3-6。

表 7-3-6　设定返回参考点方向

1006	#7	#6	#5	#4	#3	#2	#1	#0
			ZMI					

注：ZMI：0：返回参考点方向为正向；1：返回参考点方向为负向。

3）返回参考点减速信号（＊DEC）输入后，设定返回参考点的低速进给（FL）速度，即设定参数 No. 1435。

步骤二：设定参考点。

1）选择手动连续进给方式，使机床离开参考点，如图 7-3-7 所示。

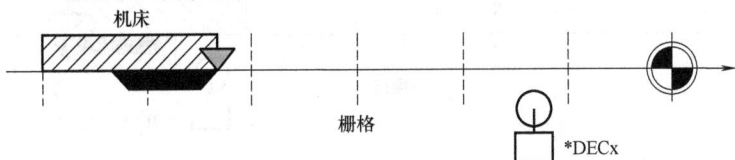

图 7-3-7 机床离开参考点示意图

2）按机床操作面板的"REF"键，选择手动进给方式。

3）选择快速进给倍率"100%"。

4）按机床操作面板的"X"、"Y"、"Z"键，选择相应返回参考点的轴。

5）按机床操作面板的正方向手动进给"＋"键，发出返回参考点方向移动的指令，使轴向参考点方向以快速进给的速度移动。按住轴移动按钮直至回到参考点，如图 7-3-8 所示。

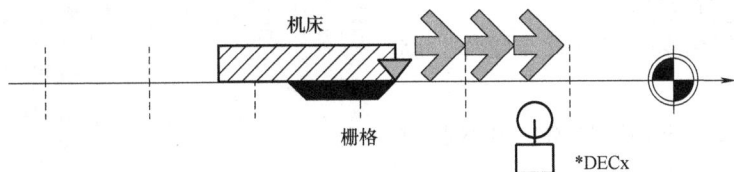

图 7-3-8 快速进给示意图

6）返回参考点减速信号（＊DECx）变为 0 时，轴以参数 1425 的 FL 速度减速移动，如图 7-3-9 所示。

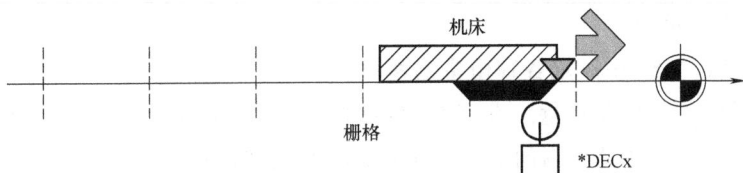

图 7-3-9 以 FL 速度减速移动示意图

7）返回参考点减速信号（＊DECx）变回 1 后，轴继续移动，如图 7-3-10 所示。

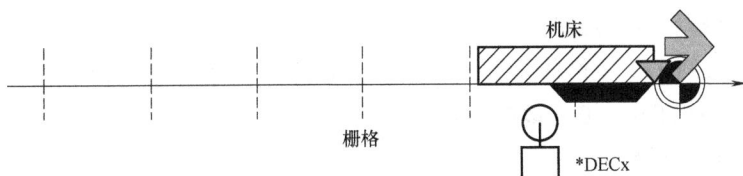

图 7-3-10 减速信号变回 1 后轴继续移动示意图

8）如图 7-3-11 所示，轴停在第一个栅格上，机床操作面板上的返回参考点完毕指示灯点亮。参考点确立信号（ZRFx）变为 1。通过改变回参考点减速挡块的安装位置，可以栅格单位修改参考点位置。一栅格内的位置微调，用栅格偏移功能（参数 1850）进行。

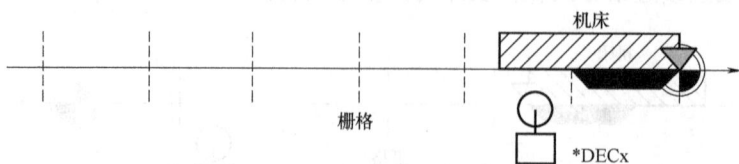

图 7-3-11　轴停在第一个栅格上示意图

步骤三：微调参考点位置。

使用参数的栅格偏移功能，可在一个栅格的范围内微调参考点位置。通常，一个栅格与电动机一转的移动量相同。使参考点位置错开一个栅格以上时，可使用改变挡块的安装位置（有挡块时），或修改参考点的设定（无挡块时）等方法。

1）使机床回到参考点（此位置作为临时原点）。

2）按功能键"POS"数次，显示相对坐标页面如图 7-3-12 所示。

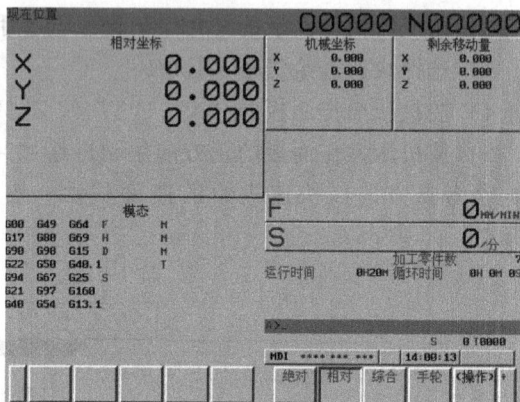

图 7-3-12　相对坐标页面

3）按以下顺序按 [（操作）]、[归零]、[所有轴] 软键，将相对坐标值归零。

4）一边观察机床的位置，一边用手轮进给把轴移动到希望的参考点位置。

5）读取相对坐标值。

6）在参数 No.1850 中设定各轴栅格偏移量。

如果已经设定了栅格偏移量。设定参数值时，使用软键 [＋输入] 比较方便。对于车床用直径指定的轴，需注意在画面上显示实际移动量两倍的值。

7）切断电源。

8）接通电源。

9）再次回参考点，确认参考点位置是否正确。

10）最后，微调挡块的安装位置。

在参考点前大约 1/2 栅格的位置进行调整，使返回参考点减速信号（＊DEC）恢复原状。按功能键"SYSTEM"进入诊断画面。根据诊断 302 号，可以确认在脱开减速挡块后至第一栅格（参考点）的距离。

三、与参考点相关的信号

1. 使用有挡块返回参考点减速信号：＊DECx（Deceleration）

这个信号是设置在参考点之前的减速开关发出的信号，见表 7-3-7。由 CNC 直接读取该信号，故无须 PMC 的处理。

表 7-3-7　设置减速开关发出的信号

地址	#7	#6	#5	#4	#3	#2	#1	#0
X0009				＊DEC5	＊DEC4	＊DEC3	＊DEC2	＊DEC1

将参数 3006#0：GDC 置 1 时，可把返回参考点减速信号的地址改为 G196。此时，必须编制顺序程序。

当轴数超过 8 轴时，可将参数 3008#2：XSG 置为 1。此时，返回参考点减速信号的 X 地址可由参数 3013、3014 设定。

在向返回参考点方向快速移动中，当此信号变为 0，移动将减速。此后，则以参数 1425 设定的返回参考点 FL 速度，继续向参考点方向移动。其限位开关实例如图7-3-13 所示。

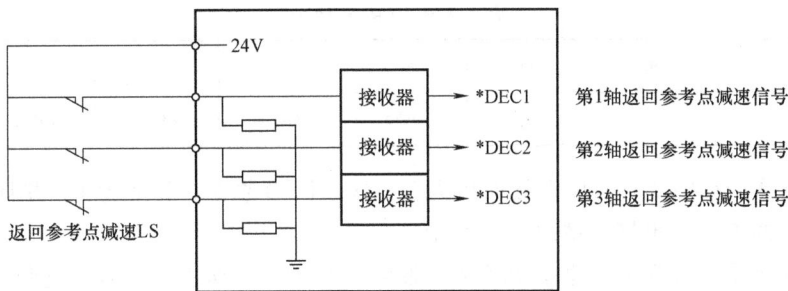

图 7-3-13　返回参考点减速信号的限位开关实例

2. 减速挡块的长度

按以下计算公式可计算返回参考点减速信号（＊DEC）用的挡块长度（留取 20% 的余量）。

$$挡块长度 = \frac{快速移动速度 \times (30 + 快速移动加/减速时间常数/2 + 伺服时间常数)}{60 \times 1000} \times 1.2$$

式中，快速移动速度的单位为 mm/min；快速移动加/减速时间常数和伺服时间常数的单位为 ms；挡块长度的单位为 mm。该式用于快速移动直线形加、减速的情况。快速移动指数函数形加、减速时，快速移动加、减速时间常数不除以 2。

例如，快速移动速度为 24m/min（24000 mm/min）；快速移动直线形加/减速时间常数为 100ms；伺服时间常数为 1/伺服环增益（参数 1825）= 1/30s = 0.033s = 33ms，则

$$挡块长度 = \frac{24000 \times (30 + 100/2 + 33)}{60 \times 1000} \times 1.2 mm = 54 \ mm$$

考虑到以后可能会加大时间常数，所以确定挡块长度为 60～70mm。如果减速挡块长度过短，参考点开始的位置可能以栅格为单位发生前后移动。

3. 参考点返回完成信号：ZPx（Zero Position）

手动返回参考点或自动返回参考点（G28）完毕时，返回参考点完成信号（ZPx）变为 1。ZPx 地址见表 7-3-8。

表 7-3-8 ZPx 地址

地址	#7	#6	#5	#4	#3	#2	#1	#0
Fn094				ZP5	ZP4	ZP3	ZP2	ZP1

用手动进给或自动运行从参考点开始移动，或者按急停按钮等，将使返回参考点完成信号（ZPx）变为 0。

即使用手动进给或手轮进给使机床移动到参考点，返回参考点完成信号（ZPx）也不变为 1。

使用参数 1240（各轴第 1 参考点的机床坐标值），可以设定回参考点完成时预置的机床坐标值。

4. 参考点建立信号：ZRFx（Zero Reference）

建立参考点过程中，当显示的位置坐标和机械原点位置一致时，此信号变为 1。ZRFx 地址见表 7-3-9。

表 7-3-9 ZRFx 地址

地址	#7	#6	#5	#4	#3	#2	#1	#0
F0120				ZRF5	ZRF4	ZRF3	ZRF2	ZRF1

使用增量脉冲编码器时，电源接通后进行一次返回参考点后就变为 1，并且在切断电源之前（除了脉冲编码器报警等情况）均为 1。

使用绝对脉冲编码器时，建立参考点（参数 1815#4：APZ 为 1）后，就变为 1。

5. 当参考点建立时的动作

在使用绝对脉冲编码器建立参考点后，再次返回参考点，可以按以下操作步骤进行：

1）在急停按钮按下的状态，接通机床电源。

2）解除急停状态。当前机床位置显示自动更新。

3）按机床操作面板的"返回参考点"键，选择返回参考点方式。

4）按机床操作面板的"X"、"Y"、"Z"键，选择相应返回参考点的轴。

5）按机床操作面板的正方向手动进给"＋"键，使轴向参考点方向以快速进给的速度移动。

注意移动的方向：请注意，无论按正方向还是负方向按键，机床都往接近参考点的方向移动。

手动进给信号中途被切断时，轴停止移动。即使在输入手动进给信号的情况下，轴到达参考点后就不再移动。

四、PMC 对回零信号的处理

建立参考点过程中，当 X 轴显示的位置坐标和机械原点位置一致时，F120.0 信号变为 1，线圈 Y7.4 得电，机床上对应的指示灯亮，表示 X 轴回零完成。当 Z 轴显示的位置坐标和机械原点位置一致时，F120.1 为 1，机床上对应的指示灯亮，表示 Z 轴回零完成。

梯形图中的处理如图 7-3-14 所示。

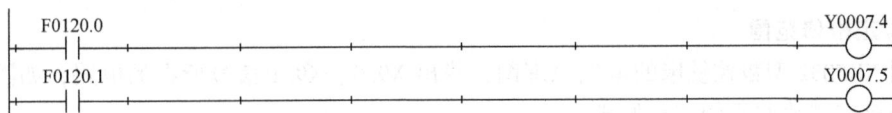

```
    F0120.0                                                        Y0007.4
    ─┤├──────────────────────────────────────────────────────────( )
    F0120.1                                                        Y0007.5
    ─┤├──────────────────────────────────────────────────────────( )
```

图 7-3-14　回零梯形图

五、常见回零故障及分类

以 FANUC 0i-D 系统为例，XK5032 型数控铣床采用了有挡块回零的方式。常见回零故障分析及诊断见表 7-3-10。

表 7-3-10　常见回零故障分析及诊断

序号	故障种类	故障部位	诊断方法
1	硬件故障	分线盘急停输入信号断开	进入 PMC 信号监控画面，找到信号 X9.0，然后进行 X 方向的回零，若回零过程中工作台经过了回零挡块后信号 X9.0 没有变化，用万用表检查分线盘上的触点 X9.0 是否断开
2	硬件故障	减速开关损坏	进入 PMC 信号监控画面，找到信号 X9.0，然后进行 X 方向的回零，若回零过程中工作台经过了回零挡块后信号 X9.0 没有变化，且减速开关一直不亮，则减速开关损坏
3	硬件故障	分线盘急停输入 M 信号断开	序号 1 中的情况，还有一种可能是分线盘上的 M 号线断线
4	参数故障	No.1005#1 参数	进入参数画面，查找 No.1005 参数，设定 No.1005#1 = 0（有挡块回零）
5	参数故障	No.3003#5 参数	若回零时经过减速挡块不减速，则检查 No.3003#5 是否设置为 1
6	参数故障	No.1425 参数	若回零过程中发出"回零未完成"报警，检查 No.1425 参数是否设定得过小（小于 200 会触发报警）
7	梯形图故障	PMC 程序	回零完成后，若回零完成指示灯不亮，进入 PMC 程序画面，查看 Y7.4、Y7.5 是否接通，若未接通，检查其逻辑关系

任务实施

一、准备工作

➤ 设备：配置 FANUC 0i 系统的 XK5032 型数控铣床或者具有相似功能的实验台。

➤ 工具：万用表、螺钉旋具、压线钳等工具。

➤ 情境导入：数控车床回零过程中出现"不能用无挡块回参考点方式"报警。

➤ 任务确定：根据回零原理，结合 XK5032 型数控铣床电气原理图，完成回零故障诊断与排除。

二、实施步骤

1. 确定检修范围

查阅 XK5032 型数控铣床的电气原理图，找出 X9.0、X9.1 信号所在的电路，如图 7-3-15 所示，分析有挡块回零的工作原理。

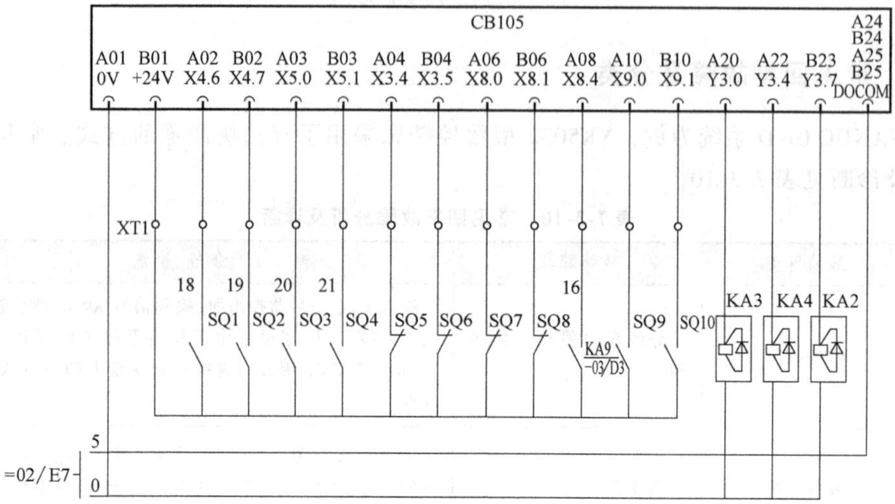

图 7-3-15 回零信号电路

有挡块回零的工作原理分析：

_____

_____

_____

_____

_____

2. PMC 信号检查

回零报警的排查首先从 PMC 程序开始，通过观察 PMC 信号的状态，判断故障的位置。具体步骤如下：

1）输入 X9.0，按面板下方软键 [搜索]，光标跳跃到 X9.0 信号栏，观察 X9.0 信号状态。选择回零方式，然后按下 [+X] 按钮，X 方向开始回零，经过减速挡块时，X9.0 为 1 表示信号正常；如为 0，表示硬件有故障，没信号输入。

2）输入 X9.1，按面板下方软键 [搜索]，光标跳跃到 X9.1 信号栏，观察 X9.1 信号状态。选择回零方式，然后按下 [+Z] 按钮，X 方向开始回零，经过减速挡块时，X9.1 为 1 表示信号正常；如为 0，表示硬件有故障，没信号输入。

根据以上操作步骤，查看信号状态，并完成表 7-3-11 的填写。

表 7-3-11 PMC 信号检修记录

信　号	原　状　态	经过挡块时的状态

>> 操作提示

1）检查PMC信号状态时务必在PMC运行状态下进行！

2）只有当工作台经过回零挡块的那段时间内，信号X9.0或X9.1才有变化。

3. 相关参数检查

PMC信号检查时，若在整个回零过程中X9.0或X9.1信号的状态没有发生变化，则表示有可能部分参数设置不正确。进入参数页面，查阅参数说明书，检查相关参数是否有误，并完成表7-3-12。

表7-3-12　PMC信号检修记录

参数	含　义	原有值	参考值
1005#1			
3003#5			
3008#2			
3006#0			
1425			

4. 回零电路检修

急停PMC信号检查完成后，如果PMC信号正常，且相关参数设定都正确，系统还是无法正常回零，接下来就开始排查硬件故障。回零硬件故障主要就是X9.0与X9.1的触点相关的电路上。

选择回零方式，然后按下 ［＋X］ 按钮，X方向开始回零，同时，另一个人用万用表一边搭载X9.0的触点，另一边搭载触点M，同时注意其电压变化，工作台经过减速挡块时，查看万用表是否有电压变化。回零信号电路如图7-3-16所示。若有变化表明回零电路正常，若没有变化则仔细查找回零电路哪里出现了故障。工作台经过减速挡块时如图7-3-17所示。

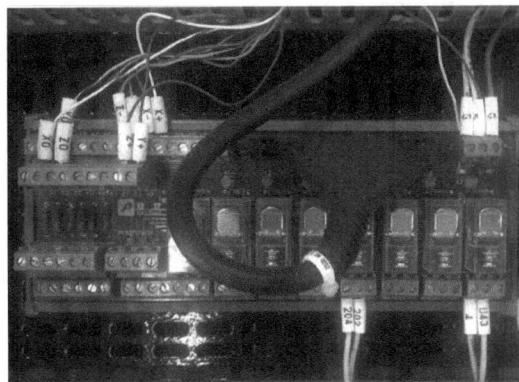

图7-3-16　回零信号电路

图7-3-17　减速挡块

根据上述操作步骤，完成表7-3-13的填写。

表7-3-13　硬件检修记录

万用表档位	检测的元器件	故障检测结果

>> **操作提示**　　1) 使用万用表进行电路检测时注意电压等级。

2) 回零电路检修时，如果有可能的话可以两人同时进行操作，方便检查。

任务评价

任务评价见表 7-3-14。

表 7-3-14　项目七任务三评价表

| 评价项目 | 内容 | 配分 | 评 分 标 准 | 学生评价 | | 教师评价 |
				自评	互评	
任务实施	确定故障现象	10	1. 不能熟练操作机床、PMC 编辑界面或 PMC 信号界面调不出来，扣 5 分 2. 不能确定故障现象，经一次提示扣 2 分			
	确定故障范围	20	1. 不能分析故障范围，经一次提示扣 5 分 2. 检测方法、步骤、万用表档位错误，一次扣 5 分			
	故障排除	30	1. 查出故障点但不会排除、PMC 程序或参数设定不正确，经一次提示扣 5 分 2. 产生新的故障或扩大故障范围，扣 5 分			
安全操作与职业素养	安全操作	20	1. 个人安全措施符合要求：穿工作服、电工鞋；停电检修前必须验电；分组实施过程中须有专人监护安全操作 2. 工具和仪表使用得当，不损坏仪器设备			
	5S 管理规范	20	任务实施过程中按照 5S 管理规范(整理、整顿、清洁、清扫、素养)执行，仪器、器件、工具摆放合理；任务完成后工位保持整洁			

巩固提高

1. 简述 FANUC 0i 数控系统有挡块回零的步骤。

2. 实训车间一台采用无挡块回零的数控车床发生回零故障，根据本任务所学知识进行故障的解除。

项目八

VDL-850立式加工中心故障诊断与维修

任务目标

1. 认识加工中心刀库换刀过程。
2. 掌握刀库换刀原理，能够采用常规工具进行刀库控制电路检测。
3. 根据加工中心换刀故障现象，能准确分析故障原因，并进行排除。

工作任务

如图 8-1-1 所示，故障描述：程序运行至 T11M06 时，刀库移动到主轴侧时，Z 轴不抬刀，换刀过程无法进行，机床跳出报警。要求：利用现有工具，进行故障排除，并将故障排除过程记录在表 8-1-1 中。

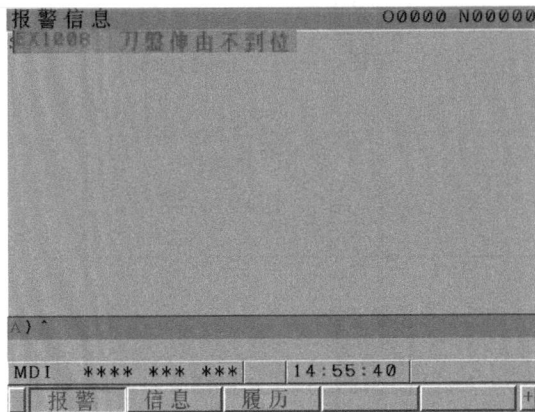

图 8-1-1　VDL-850 加工中心刀库故障

表 8-1-1　故障排除过程

步　骤	具体操作方法	故障检测结果

知识引导

立式加工中心是一种带有刀库并能自动更换刀具的数控机床，具有集中完成多种工序、效率高、性能好的特点，尤其是在加工形状复杂、精度要求高的零件时，更具有良好的经济效果，因此在柔性自动化生产系统中被广泛采用。立式加工中心的重要组成部分是自动换刀系统，其工作的可靠性将直接影响到立式加工中心的生产效率，如果换刀系统故障频发则直接影响立式加工中心的使用性能，严重影响设备生产效率和经济性能。

一、刀库工作原理及换刀动作过程

1. 工作原理分析

加工中心刀库是集电气、气动/液压、机械传动于一体的机电一体化控制系统。以 VDL-850 加工中心为例，它是采用固定编码换刀方式，通过数控系统 PMC 程序控制刀库旋转、主轴定向、Z 轴运行，通过气缸控制刀库前进及后退，换刀过程稳定可靠。

2. 刀库换刀动作过程

斗笠式刀库在换刀时整个刀库向主轴平行移动，首先，取下主轴上原有刀具，当主轴上的刀具进入刀库的卡槽时，主轴向上移动脱离刀具；其次，主轴安装新刀具，这时刀库转动，当目标刀具对正主轴正下方时，主轴下移，使刀具进入主轴锥孔内；最后，刀具夹紧后，刀库退回原来的位置，换刀结束。刀库具体动作过程见表 8-1-2。

表 8-1-2　斗笠式刀库换刀流程

刀库换刀过程	动作示意图
1. 刀库转到当前位	取刀过程： 1. Z 轴进入准备位置 2. 刀库按就近方向将目标刀具转到换刀位置 主轴准停 主轴换刀准备位 Z=-10 主轴换刀位置 参数1241 刀库原始位置　　刀库换刀位置
2. 刀库伸出	取刀过程： 刀库伸出 主轴准停 主轴换刀准备位 Z=-10 主轴换刀位置 参数1241 刀库原始位置　　刀库换刀位置

（续）

刀库换刀过程	动作示意图
3. 主轴抓刀	取刀过程： 1. 主轴准停 2. 主轴松刀 3. Z轴进入换刀位置 主轴准停 主轴换刀准备位 Z=-10 主轴换刀位置 参数1241 刀库原始位置　　刀库换刀位置
4. 刀库缩回	取刀过程： 1. 主轴紧刀 2. 刀库缩回 主轴准停 主轴换刀准备位 Z=-10 主轴换刀位置 参数1241 刀库原始位置　　刀库换刀位置

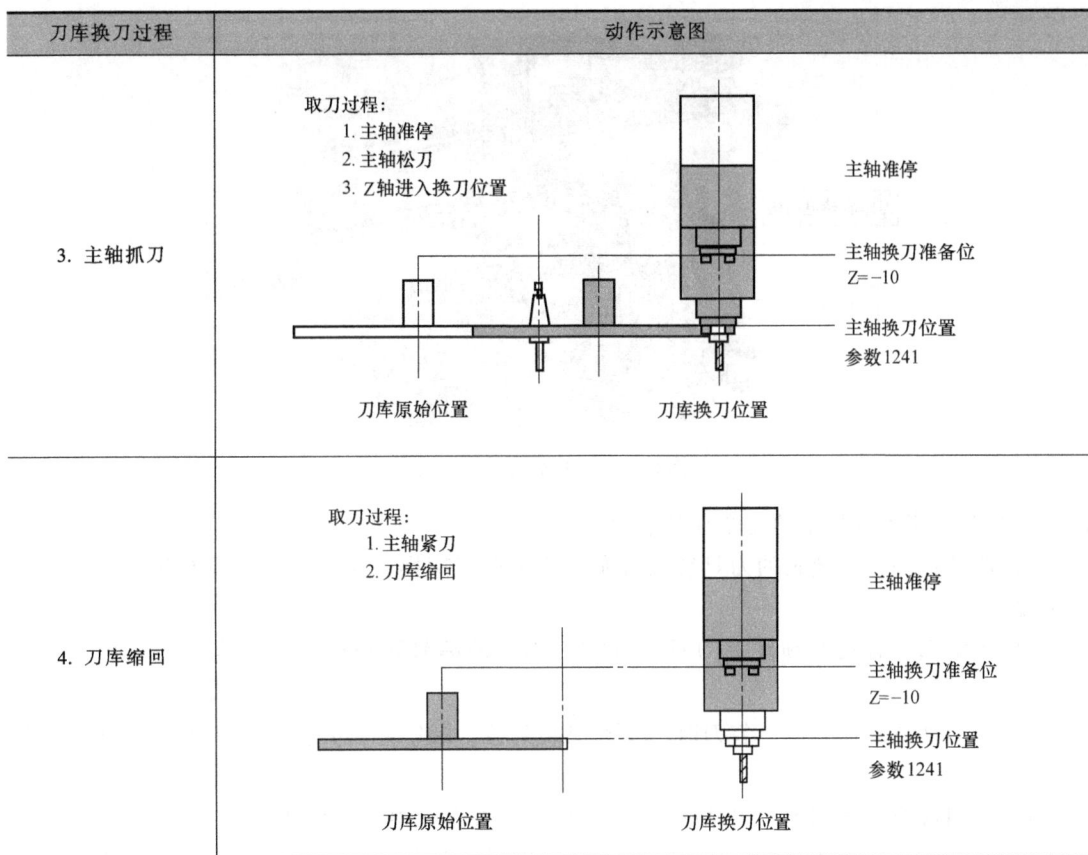

二、加工中心刀库分类及结构特点

加工中心常用的刀库结构类型有斗笠式、机械手臂式和链条式等。其中斗笠式刀库是加工中心比较常见的一种换刀装置。一般存储刀具数量不能太多，10～24把刀具为宜，具有体积小、安装方便等特点。VDL-850加工中心采用的是16工位斗笠式刀库，换刀系统由刀具、主轴部件和换刀机构（ATC机构）等部件组成。

刀库具有前、后两个位置，刀库处于前位时刀库靠近主轴方向的刀具正好与主轴在同一条轴线上。通过气动或液压装置使刀库在两个位置上前后移动，且通过两个行程开关来确认刀库的前后位置。刀库采用普通三相异步电动机驱动，可正转或反转。在刀库上设有刀具计数开关。通过刀库伸出和缩回，刀库与Z轴和主轴配合实现换刀。这种刀库的另一个特点是采用固定刀位管理，即刀库中每个刀套只用于安放一把固定的刀具。刀库结构如图8-1-2所示。

三、刀库维护要点

引起刀库故障的原因有很多，有人为操作不当引起的故障，也有刀库自身设计结构不合理引起的故障。为了有效降低刀库故障率，关键在于对刀库能够进行正确的操作。实际运行中，有超过50%以上的刀库故障来源于操作人员的使用不当。下面以VDL-850加工中心为

图 8-1-2　斗笠式刀库结构

例，介绍刀库使用过程中的几个注意事项：

1）严禁把超重、超长的刀具装入刀库，防止在刀库换刀时掉刀或刀具与工件、夹具等发生碰撞。

2）固定选刀方式必须注意刀具放置在刀库中的编号要正确，防止换错刀具导致事故发生。

3）用手动方式往刀库上装刀时，要确保装到位，装牢靠，并检查刀座上的锁紧装置是否可靠。

4）定期检查刀库圆盘、主轴松/紧刀气缸，检查气管中水分程度。

5）开机时，检查各部分工作是否正常，特别是行程开关和电磁阀能否正常动作。检查气压系统的压力是否正常（空气源 $5 \sim 6 kg/cm^2$），刀具在刀库上锁紧是否可靠，发现不正常时应及时处理。

四、刀库常见故障分析及诊断

刀库换刀结构较复杂，且在工作中又频繁运动，所以故障率较高，目前加工中心上约有60%以上的故障都与之有关，例如刀库运动故障、定位误差过大、主轴夹持刀柄不稳定、刀库移动过程中卡住等。这些故障最后都造成换刀动作卡位，整机停止工作，因此刀库及换刀机械手的维护十分重要。刀库常见故障分析及诊断见表 8-1-3。

表 8-1-3　刀库常见故障分析及诊断

序号	故障现象	原因分析	诊断方法
1	刀库不能转动	刀库缩回不到位	检查刀库控制电路，查看刀库行程检测开关是否吸合，若未吸合，使用万用表测量开关性能
2	刀库不能转动	主轴松/紧刀接触不良	检查加工中心主轴松刀到位信号和紧刀到位信号，如果信号不正常，更换开关
3	刀库旋转不停止	刀库计数器故障	刀库计数器是用来控制刀库到位停止的，当计数器失效时，程序中目标刀号将始终保持寻找刀位状态，刀库会连续运转。检查刀库计数器

（续）

序号	故障现象	原因分析	诊断方法
4	加工过程中掉刀	刀库圆盘锁紧弹簧失效	1. 刀库中某刀位所装刀具超重,造成弹簧夹紧力不足 2. 刀库移动过程中行程气缸气压过大,造成刀库掉刀
5	刀具交换时掉刀	Z轴第2参考点漂移	换刀时主轴箱没有回到换刀点或换刀点漂移,机械手抓刀时没有到位,就开始拔刀,都会导致换刀时掉刀。这时应重新移动主轴箱,使其回到换刀点位置,重新设定换刀点
6	主轴拔刀过程中有明显声响	刀库机构磨损	1. 主轴上移至刀爪时,刀库刀爪有错动,说明刀库零点可能偏移,或是由于刀库传动存在间隙 2. 刀库上刀具质量不平衡而偏向一边。因为插拔刀费劲,估计是刀库零点偏移;将刀库刀具全部卸下,用塞尺测刀库刀爪与主轴传动键之间间隙,证实有偏移;调整参数1241直至刀库刀爪与主轴传动键之间间隙基本相等。开机后执行换刀正常

任务实施

一、准备工作

➢ 设备：VDL-850 加工中心或者具有相似功能的实验台。

➢ 工具：万用表、螺钉旋具、压线钳等常规检测工具。

➢ 情境导入：加工中心换刀过程中，当刀库移动到主轴侧时，主轴不松刀，换刀过程无法继续，系统界面跳出报警。

➢ 任务确定：根据报警产生原理，结合 VDL-850 加工中心电气原理图，完成故障诊断与排除。

二、实施步骤

1. 确定检修范围

先前换刀正常，刀库换刀过程出现停滞，换刀动作无法继续，解决方案首先从硬件排查开始。查阅 VDL-850 电气原理图，找出刀库控制原理图，如图 8-1-3 ～ 图 8-1-5 所示，并分析控制回路工作原理。

电路控制原理分析：

_____

_____

_____

_____

_____

2. 检查刀库 PMC 运行状态

根据刀库故障现象，我们可以通过观察 PMC 状态，较快地判断刀库换刀动作停留引起的原因，从而判断故障的位置。具体步骤如下：

1）依次按［system］、［PMCMNT］、［信号］软键，进入 PMC 维修菜单，该菜单显示

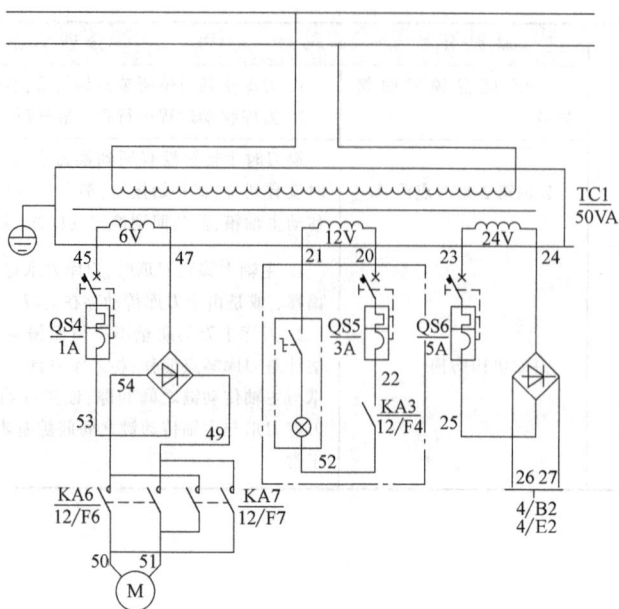

图 8-1-3　刀库电动机正/反转电路

主轴正转	主轴反转	照明灯	夹具	Z轴制动	刀库正转	刀库反转	刀库进、退

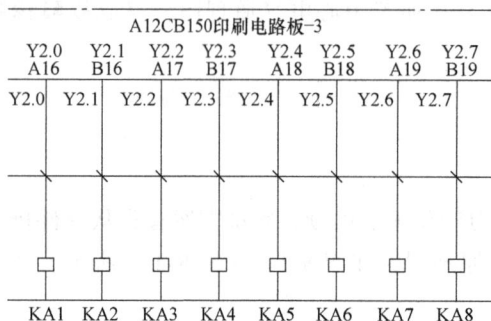

图 8-1-4　刀库控制输入信号

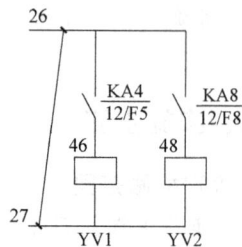

图 8-1-5　刀库进退控制电路

PMC 信号状态的监控、跟踪、PMC 数据显示/编辑等与 PMC 的维护相关的页面。

2）例如，输入刀库正转信号 Y20.0，按面板下方［搜索］软键，光标跳跃到 Y20.0 信号栏，观察 Y20.0 信号状态。

3）依次按［system］、［PMCLAD］、［梯形图］软键，查看急停 PMC 程序。输入 Y20.0，按［搜索］软键，光标移动 Y20.0 线圈，如果 Y20.0 为 1 表示 PMC 输出刀库正转信号，如果刀库仍然不转，检查外围电路；如果 Y20.0 为 0，检查 PMC 程序前面逻辑电路，寻找引起 Y20.0 不通的原因。

>> **操作提示**

1）换刀信号检查过程中注意观察刀库所处位置，避免撞刀。

2）检查 PMC 信号时，切勿随意修改程序。

3. 刀库电路检修

刀库 PMC 程序检查完成后，如果 PMC 信号出现异常，接下来就根据信号状态开始排查硬件故障。刀库电路故障主要分布在控制回路、主电路和信号检测电路等部位。具体排查顺序如下：

（1）检查刀库控制回路　观察刀库正/反转输出继电器状态，使用万用表检测继电器线圈，如图 8-1-6 所示，看线圈电压是否为 24V，如果电压不正常，表明接触器线圈未得电或接触器损坏。

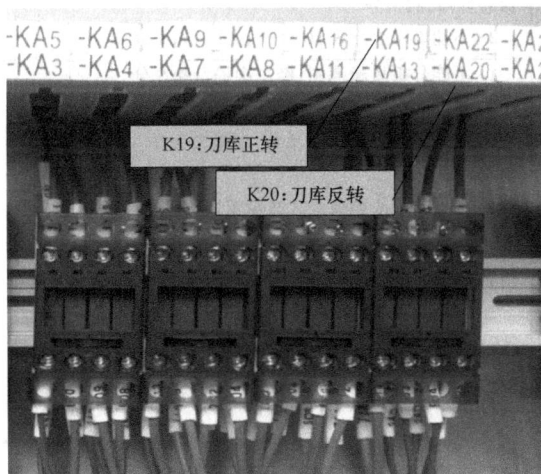

图 8-1-6　刀架正/反转控制电路

（2）刀库检测信号检查　根据刀库 PMC 程序检查结果，可以判定刀库不转引起的原因。使用万用表依次测量刀库检测信号 Y2.5、Y2.6、Y2.7 的状态，填写表 8-1-4。

表 8-1-4　刀库检测信号检修记录

步骤	具体操作方法	检测结果

（3）检查主轴刀具锁紧/松开状态　刀库换刀过程中除了刀库伸出/缩回、刀库正/反转等状态外，还有主轴夹紧/松开的动作。如果这个动作未完成也会导致刀库换刀过程中断。检查主轴夹紧/松开信号状态，填写表 8-1-5。

表 8-1-5　检查主轴刀具

步骤	具体操作方法	检测结果

>> 操作提示　　1）检查过程中手不得在刀库通电状态下伸入刀库圆盘中。
　　　　　　　　　　2）刀库电路检测注意互锁信号的保护作用，切勿屏蔽互锁信号。

任务评价

任务评价见表8-1-6。

表8-1-6　项目八任务一评价表

评价项目	内容	配分	评分标准	学生评价		教师评价
				自评	互评	
任务实施	确定故障现象	10	1. 不能熟练操作机床、PMC 编辑界面或调不出 PMC 信号界面，扣5分 2. 不能确定故障现象，经一次提示扣2分			
	确定故障范围	20	1. 不能分析故障范围，经一次提示扣5分 2. 检测方法、步骤、万用表档位错误，一次扣5分			
	故障排除	30	1. 查出故障点但不会排除，参数设定不正确，经一次提示扣5分 2. 产生新的故障或扩大故障范围，扣5分			
安全操作与职业素养	安全操作	20	1. 个人安全措施符合要求：穿工作服、电工鞋，停电检修前必须验电；分组实施过程中须有专人监护安全操作 2. 工具和仪表使用得当，不损坏仪器设备			
	5S 管理规范	20	任务实施过程中按照5S 管理规范（整理、整顿、清洁、清扫、素养）执行，仪器、器件、工具摆放合理；任务完成后工位保持整洁			

巩固提高

1. 根据斗笠式刀库结构特点及工作原理，分析其有哪些优势，有哪些不足。

2. 分析以下刀库换刀宏程序，理解各语句功能。

O9001；

N1G91G00G30Z0；

N10 M19；

N20 G4 X0.1；

N30M20；

N40G4X0.1；

N50M31；

N60G4X0.3；

IF［#1001EQ1］GOTO200；

N70G28Z0；

N80M22；

N90 IF［#1000EQ1］GOTO100；

N100G4X0.3；

N110G30Z0；

```
N120G04X0.1；
N130M32；
N140G04X1；
N150M21；
N160G04X0.1；
N170M23；
N180M10；
N190G90；
N200M99；
```

任务二　　主轴故障诊断与维修

任务目标

1. 掌握加工中心主轴电气控制原理。

2. 针对主轴报警，能够熟练查询相关技术资料确定报警范围。

3. 利用常规检测工具进行故障定位，能够解决常见主轴故障。

工作任务

如图 8-2-1 所示，故障描述：机床开机出现"SP1220 无主轴放大器"报警，程序运行 M03 S1000 时，主轴无法运转。任务要求：根据故障现象，查阅相关技术资料，判断故障原因；进行故障排除，并将故障排除过程记录在表 8-2-1 中。

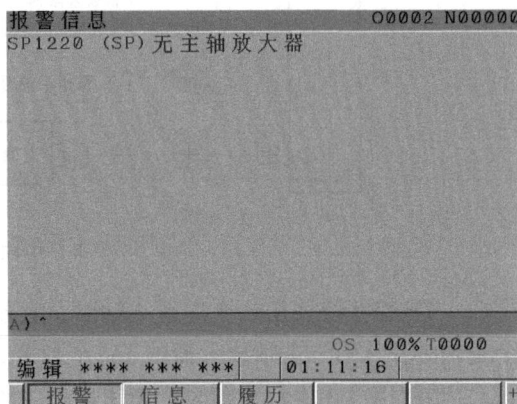

图 8-2-1　VDL-850 加工中心刀库故障

表 8-2-1　故障检测与排除过程记录

检查步骤	参数值	电路检测结果	故障排除结果

知识引导

加工中心主轴系统在机床使用过程中具有非常重要的作用。机床换刀、平面铣削、刚性攻丝、钻孔等生产工艺均和主轴系统有密切关系。以 FANUC 0i 系统为例，从控制原理来分，主轴方式可以分为串行主轴控制和模拟主轴控制。

一、FANUC 0i 系统串行主轴控制

1. 控制原理及硬件连接

FANUC 串行主轴驱动系统包括主轴放大器、主轴电动机以及主轴速度/位置检测装置，如图 8-2-2 所示。FANUC 0i-D 主轴电动机的控制接口备有串行输出是 FANUC 公司特定的主轴系统连接方式，可以通过特定参数的设置进行选择。在串行主轴输出有效的情况下，CNC 具有的主轴控制发挥作用，主轴转速 S 指令的执行主要由 CNC 控制来实现。

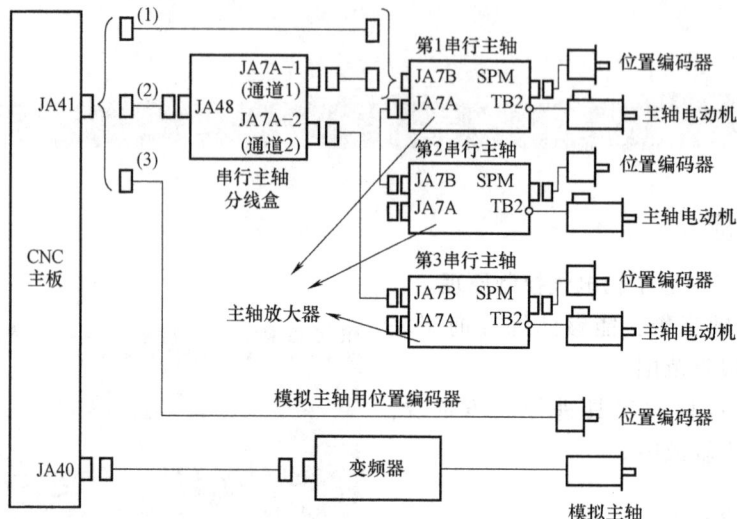

图 8-2-2　串行主轴驱动系统连接框图

1）当数控系统使用一个串行主轴时，直接从 CNC 的 JA41 连接到主轴放大器。当使用两个主轴时，从第 1 主轴放大器的 JA7A 到第 2 主轴放大器。

2）当使用第 3 串行主轴时，使用串行主轴分线盒。从 CNC 的 JA41 到分线盒。从分线盒上的 JA7A-1 到第 1 主轴放大器。从分线盒上的 JA7A-2 到第 3 主轴放大器。

3）模拟主轴使用位置编码器时，编码器直接连接到 JA41。

2. 主轴与检测器的连接与设定

主轴速度、位置控制实际上是一个完整的闭环控制系统。要实现主轴的准确定位、控制，主轴检测器的设定至关重要，同样，主轴检测器也是实际生产中主轴系统经常出现故障的部位。典型的检测器连接形式主要有以下几种。

（1）速度控制而不进行位置控制　不进行位置控制的主轴连接如图 8-2-3 所示，相关的主轴参数的设定见表 8-2-2。

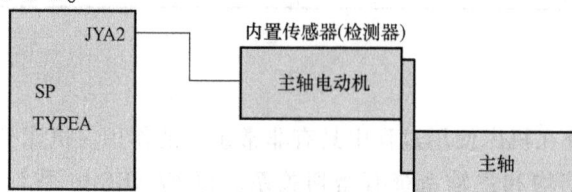

图 8-2-3　不进行位置控制连接

表 8-2-2　不进行位置控制的主轴参数设置

参数	设定值	内　　容
4002#3,2,1,0	0,0,0,0	不进行位置控制
4010#2,1,0	根据检测器而定	电动机传感器种类的设定
4011#2,1,0	根据检测器而定	电动机传感器的轮齿的设定

（2）进行速度及位置控制　进行位置控制的主轴连接如图 8-2-4 所示，相关的主轴参数的设定见表 8-2-3。

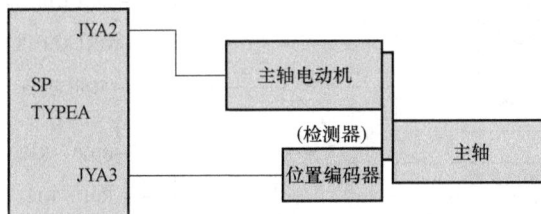

图 8-2-4　使用位置编码器连接

表 8-2-3　位置控制的主轴参数设置

参数	设定值	内　　容
4000#0	根据配置而定	主轴与电动机的旋转方向
4001#4	根据配置而定	主轴传感器的安装方向
4002#3,2,1,0	0,0,1,0	在主轴传感器上使用 α 位置编码器
4003#7,6,5,4	0,0,0,0	主轴传感器的轮齿的设定
4010#2,1,0	根据检测器而定	电动机传感器种类的设定
4011#2,1,0	根据检测器而定	电动机传感器的轮齿的设定
4056-4059	根据配置而定	主轴与电动机之间的齿轮比

3. 主轴控制分析

FANUC 0i-D 系统串行主轴旋转控制原理：主轴转向控制包括转向、起动与停止，通过执行 M 指令或手动实现。

M 指令控制原理分析：以 M03 指令为例，数控系统读入 M 指令，CNC 以二进制形式把"03"输入到 PMC 首地址为 F10 的代码寄存器中；然后经过 M 代码延时时间（由系统参数设定）后发出 M 指令选通信号 MF，通知 PMC 输入的是 M 代码且已输入完毕，PMC 进行 M 指令译码，识别出正转信号；PMC 处理后将串行主轴正转信号 SFRA 输入 CNC，通过 CNC 的串行数字主轴接口向主轴放大器发出串行主轴正转命令，若正转条件满足，则主轴开始正转；当串行数字主轴放大器检测到主轴编码器反馈的转速已经达到指定的实际转速时，通过 CNC 的串行数字主轴接口向 PMC 输入主轴速度到达信号 SARA，PMC 处理后向 CNC 输入结束信号；CNC 延时后先切断 MF 信号，再切断 FIN 信号，不再向 PMC 输入 M 代码，M 指令执行结束，CNC 将执行下一条指令。主轴控制流程如图 8-2-5 所示。

二、模拟主轴控制

1. 主轴连接方式

模拟主轴控制也是数控机床常见的主轴控制方式之一，主要用于主轴转速不高的经济型

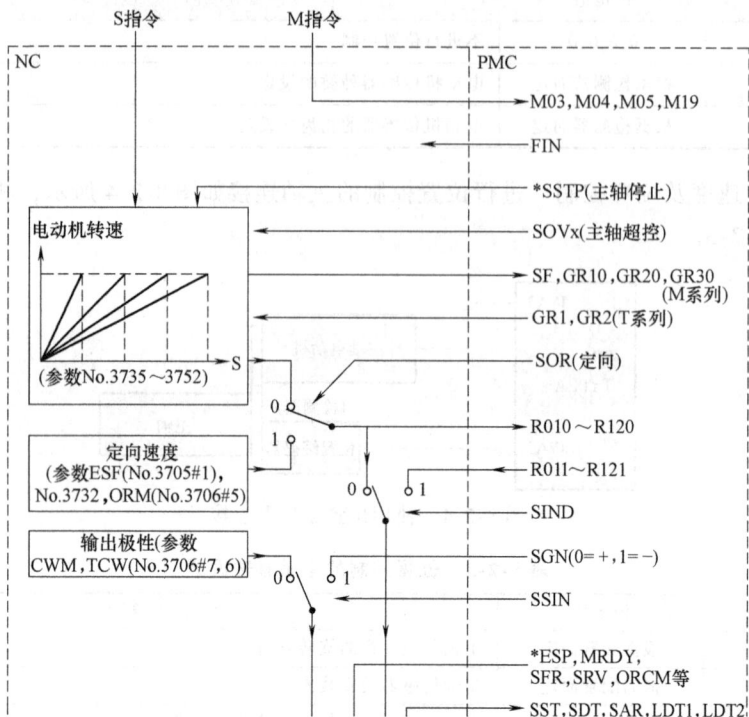

图 8-2-5　主轴控制流程

数控机床上。如图 8-2-6 所示，FANUC 系统 JA40 接口与变频器端口 2 和 5 相连接，数控系统参数 3741 设定主轴最高转速，变频器侧设定主轴最高频率，从而将 CNC 系统与变频器建立速度关系。

2. 主轴方向控制

与串行主轴不同的是，主轴正、反转控制是由变频器接口 STR、STF 确定的。正、反转控制由 PMC 程序进行控制。例如：当主轴需要旋转时，应将 I/O 模块的 Y2.0 和 Y2.1 的常开触点用接插件接至主轴模块的 STF 和 STR 及公共端 SD，确保主轴正/反转正常连接，如图 8-2-7 所示。

3. 模拟主轴控制原理

模拟主轴控制需要另外配置变频器进行速度和位置控制，主轴转速由 CNC 系统发出模拟电压 -10～10V 进行控制。主轴电动机一般采用三相异步电动机进行驱动。模拟主轴的控制如图 8-2-8 所示。

三、串行主轴参数设定

1. 确定主轴电动机代码

FANUC 串行主轴电动机均有对应的代码，不同电动机对应的主轴控制参数也不同，主轴伺服初始化本质就是将 ROM 中预存的主轴参数自动加载，然后实现主轴功能控制。主轴电动机代码可参考表 8-2-4。

•三相400V电源输入

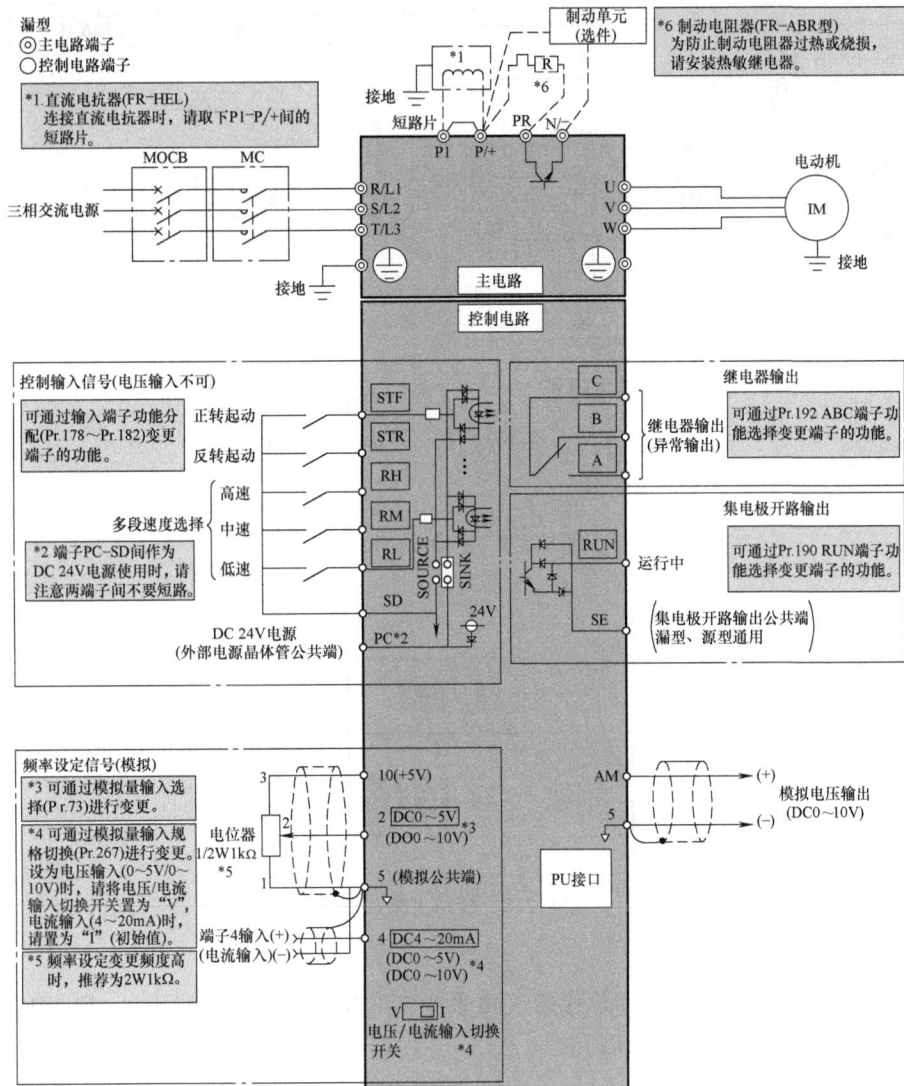

图 8-2-6　主轴变频器接口

表 8-2-4　常用主轴电动机代码

型号	β3/10000i	β6/10000i	β8/8000i	β12/7000i	ac15/6000i
代码	332	333	334	335	246
型号	ac1/6000i	ac2/6000i	ac3/6000i	ac6/6000i	ac8/6000i
代码	240	241	242	243	244
型号	α8/8000i	α12/7000i	α15/7000i	α18/7000i	α30/6000i
代码	312	314	316	318	322
型号	α8/10000i	α12/10000i	α15/10000i	α18/10000i	α22/10000i
代码	402	403	404	405	406

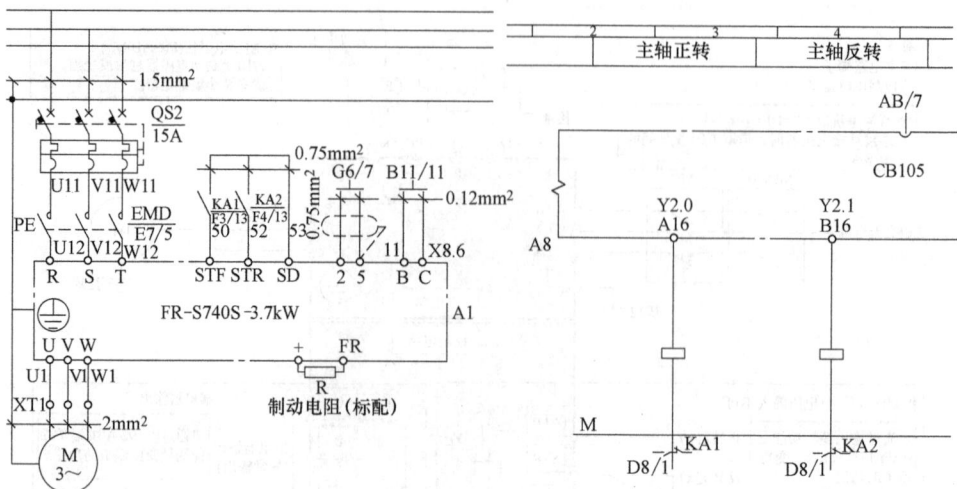

图 8-2-7 主轴方向控制

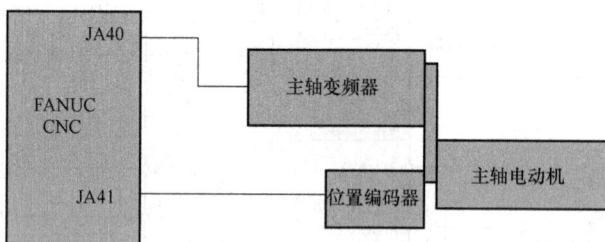

图 8-2-8 模拟主轴控制

2. 参数初始化

在系统参数 4133 中输入电动机代码（由表 8-2-4 查得电动机代码表），把 4019#7 设定为进行自动初始化，断电再上电后。

3. 主轴速度设定

初始化后，需要设定主轴速度主轴才能正常工作。设定相关的电动机速度（3741、3742、3743 等）参数，在 MDI 画面输入 "M03 S100" 检查电动机的运行情况是否正常。

四、加工中心主轴常见故障分析及诊断

目前，绝大多数加工中心主要采用串行主轴方式进行控制。FANUC 串行主轴具有高响应速度、高转速等特点，而且硬件连接简单，主轴运行稳定可靠。以串行主轴为例，主轴常见故障分析及诊断见表 8-2-5。

表 8-2-5　主轴常见故障分析及诊断

序号	故障类型	现象描述	诊 断 方 法
1	无报警提示	自动方式下运行 "M03S500"，主轴无法正转	检查主轴 PMC 信号：G70.5/G70.4/G30,确认主轴正、反转及主轴倍率信号正常

（续）

序号	故障类型	现象描述	诊 断 方 法
2	无报警提示	手动方式下运行主轴,主轴无法运行	1. 手动方式运行主轴前,确认主轴初始速度正常 2. 查看主轴倍率 G30,如果 G30 全为 0 或全为 1 表示主轴无法正常运转 3. 查看主轴运行前机床是否有尚未完成的动作,如刀库换刀、轴锁紧等
3	有报警提示	报警号"SP1220,无主轴放大器"	检查连接于串行主轴放大器的电缆断线,或者尚未连接好串行主轴放大器
4	有报警提示	报警号"SP1221,主轴电动机非法"	检查主轴型号,确认电动机代码与电动机型号之间的对应关系正确
5	有报警提示	报警号"SP1981,串行主轴放大器错误"	在向串行主轴放大器端 SIC-LSI 写入数据时发生了错误
6	有报警提示	报警号"SP1226,格式错误"	在 CNC 与串行主轴放大器之间的通信中发生了格式错误

任务实施

一、准备工作

➢ 设备:VDL-850 加工中心或者具有相似功能的实验台。

➢ 工具:万用表、螺钉旋具等常规检测工具。

➢ 情境导入:操作人员机床开机后,系统出现"SP1220 无主轴放大器"报警,主轴无法运转。

➢ 任务确定:根据报警产生原理,结合 VDL-850 加工中心电气原理图,完成故障诊断与排除。

二、实施步骤

1. 检查主轴硬件配置

理清硬件配置是主轴故障诊断的前提,由于主轴配置种类较多,因此,在实施这一任务中,需要仔细阅读机床厂家电气原理图,从而快速确定故障位置。根据 VDL-850 加工中心主轴系统实际连接情况,明确主轴连接方式,完成表 8-2-6 填写。

表 8-2-6 主轴系统配置情况

部件名称	型 号	功 能

2. 根据报警现象，查阅资料

针对报警现象"SP1220 无主轴放大器",在现场提供的 FANUC 操作说明书、维修说明书以及硬件连接说明书中,查阅报警信息,并分析报警产生原因。

报警原因分析:

根据机床电气原理图，对加工中心主轴系统进行线路检查，找出故障点。在图 8-2-2 中圈出故障点所在位置。

>> **操作提示**

　　1）主轴故障诊断过程中务必断电操作，不得带电插拔电缆。

　　2）故障排除过程中如果主轴参数进行了修改，需要重新起动数控系统。

任务评价

任务评价见表 8-2-7。

表 8-2-7　项目八任务二评价表

评价项目	内容	配分	评 分 标 准	学生评价		教师评价
				自评	互评	
任务实施	确定故障现象	10	1. 不能熟练操作机床、PMC 编辑界面或调不出 PMC 信号界面，扣 5 分 2. 不能确定故障现象，经一次提示扣 2 分			
	确定故障范围	20	1. 不能分析故障范围，经一次提示扣 5 分 2. 检测方法、步骤、万用表档位错误，一次扣 5 分			
	故障排除	30	1. 查出故障点但不会排除、参数设定不正确，经一次提示扣 5 分 2. 产生新的故障或扩大故障范围，扣 5 分			
安全操作与职业素养	安全操作	20	1. 个人安全措施符合要求：穿工作服、电工鞋；停电检修前必须验电；分组实施过程中须有专人监护安全操作 2. 工具和仪表使用得当，不损坏仪器设备			
	5S 管理规范	20	任务实施过程中按照 5S 管理规范（整理、整顿、清洁、清扫、素养）执行，仪器、器件、工具摆放合理；任务完成后工位保持整洁			

巩固提高

1. 根据模拟主轴控制原理，分析引起模拟主轴故障的原因。

2. 分析主轴放大器中 JYA2 和 JYA3 接口的应用区别。

任务三　　机床其他辅助功能故障诊断与维修

任务目标

1. 理解加工中心辅助控制功能原理。

2．利用现有资料分析故障原因，能对机床冷却、润滑等典型故障进行排除。

工作任务

如图 8-3-1 所示，故障描述：机床加工过程中出现 "EX1037 COOL MOTOR OVER-LOAD" 报警，机床冷却失效，进给轴减速停止。

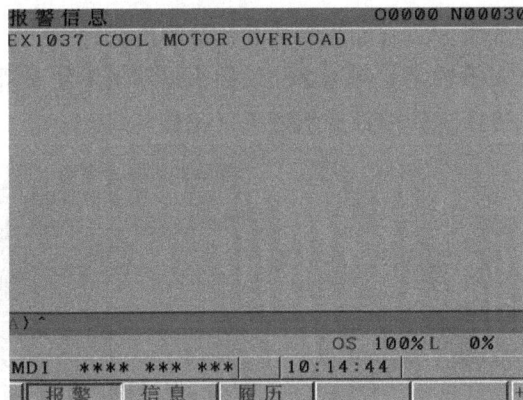

图 8-3-1　冷却电动机故障

1．分析冷却控制电路原理，设计故障诊断流程思路，填入图 8-3-2。

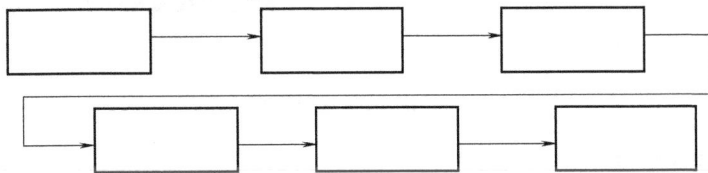

图 8-3-2　冷却故障诊断流程

2．根据上述排故流程，并将检验结果记录在表 8-3-1 中。

表 8-3-1　故障检测

检查内容	检测结果

知识引导

机床辅助功能是指除了机床运动轨迹控制之外，辅助机床切削加工的动作控制。以 FANUC 系统为例，辅助功能一般用 M 代码来表示。M 代码是机床加工程序中的重要组成元素，它控制了包括加工中心换刀、主轴正/反转、冷却、润滑等主要功能，例如，主轴正转功能 M03、切削液打开功能 M08 等。在前面的任务中，已对加工中心刀库、主轴等功能故障进行了详细介绍。在本任务中，将重点对润滑、冷却、排屑等故障进行诊断与分析。

一、润滑功能

加工中心的润滑控制在机床加工过程中具有非常重要的作用，它不仅具有润滑作用，而且还具有冷却作用，以减小机床热变形对加工精度的影响。润滑系统的设计、调试和维修保养，对于保证机床加工精度、延长机床使用寿命等都具有十分重要的意义。

1. 润滑类型

目前，机床上常用的润滑方式有油脂润滑和油液润滑两种方式。油脂润滑是数控机床的主轴支承轴承、滚珠丝杠支承轴承及低速滚动线导轨最常采用的润滑方式；高速滚动直线导轨、贴塑导轨及变速齿轮等多采用油液润滑方式（见图8-3-3）。

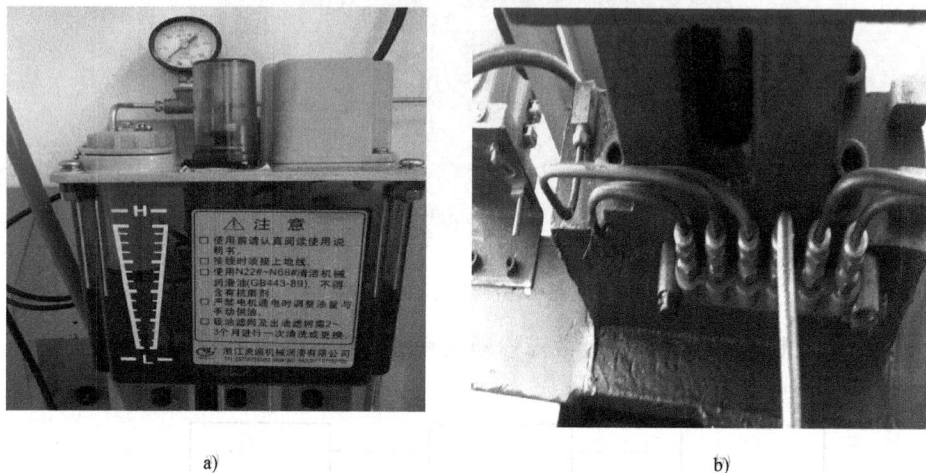

a)   b)

图 8-3-3　机床油泵及油液润滑方式

2. 润滑系统检测装置

润滑系统中因油料消耗或者油箱过少会导致润滑系统供油不足，除此之外，常见的故障还有油泵失效、供油管路堵塞、分流器工作不正常、漏油严重等。因此，在润滑系统中设置了检测装置，用于润滑系统工作状态实施监测，避免机床在缺油状态下工作，影响机床性能和使用寿命。

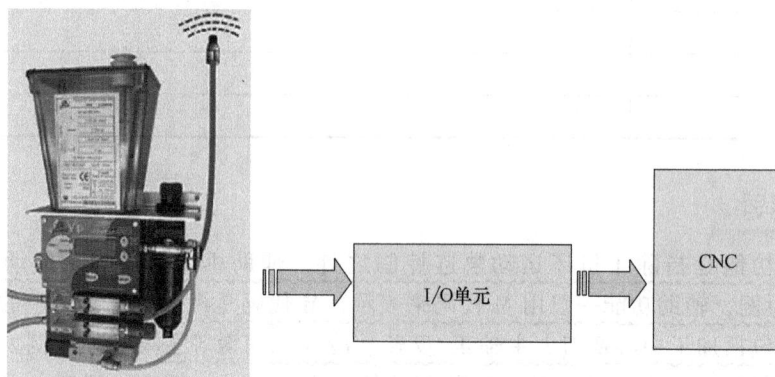

图 8-3-4　润滑报警触发原理

（1）液面检测　机床在工作一段时间后，润滑油液面会降低，根据油泵中润滑油液面高低，在润滑泵内部设置一个液位传感器。当润滑液位低于传感器时，液位开关会将信号输入到系统 PMC 进行报警处理，如图 8-3-4 所示。

（2）过载检测　在润滑泵的供电回路中使用过载保护器件——过载检测断路器（见图 8-3-5），并将其热过载触点作为 PMC 系统的输入信号，一旦油泵出现过载，PMC 系统即可以检测到并处理，切断电动机电路。

3. 润滑系统常见故障分析及诊断

润滑系统常见故障分析及诊断见表 8-3-2。

图 8-3-5　过载检测断路器

表 8-3-2　润滑系统常见故障分析及诊断

序号	故障现象	原因分析	诊断方法
1	油泵不供油或油量不足	1. 油泵供电回路断线 2. 系统产生 PMC 报警,导致润滑控制失效 3. 油管破裂或分油器堵塞	1. 检查油泵供电回路 2. 检查产生 PMC 报警的原因 3. 更换油管或疏通分油器
2	润滑控制报警	1. 润滑液位检测传感器损坏 2. 低压断路器信号电路中断	1. 更换液位检测传感器 2. 检查低压断路器信号电路
3	导轨润滑不良	1. 导轨润滑分油器堵塞 2. 进给轴运行过程导致油管接口脱落	1. 疏通分油器 2. 检查油管的连接
4	滚珠丝杠润滑不良	1. 油管堵塞 2. 分油器损坏	1. 疏通油管 2. 更换分油器

二、冷却功能

加工中心冷却系统是由冷却泵、水管以及控制开关组成（见图 8-3-6），冷却泵安装在机床底座的水箱里，冷却泵将冷却液从水箱打出，经水管、喷嘴对切削刀具、工件进行冲洗。一方面降低加工过程中产生的热量，降低刀具损耗；另一方面，将加工中的铁屑冲出，提高加工质量。

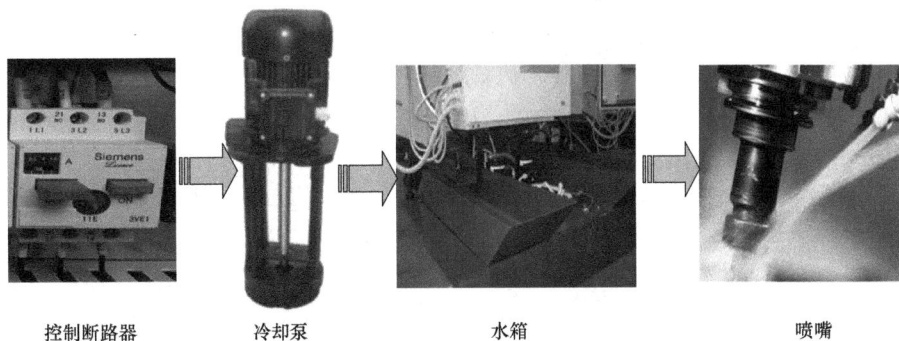

控制断路器　　　　冷却泵　　　　水箱　　　　喷嘴

图 8-3-6　机床冷却系统

1. 冷却系统控制原理分析

加工中心冷却控制是由 PMC 程序经过逻辑处理输出 Y 信号，控制中间继电器线圈，然后触发接触器开关，最后控制冷却泵运转。

（1）PMC 程序 以 VDL-850 加工中心为例，冷却控制的输出信号为 Y2.5（见图 8-3-7）。一般来说，机床冷却控制有手动和自动控制两种方式。手动方式下，按下面板冷却按钮即可控制冷却状态；自动方式下，输入 M08 指令。两种状态下均可触发 Y2.5 信号通断。

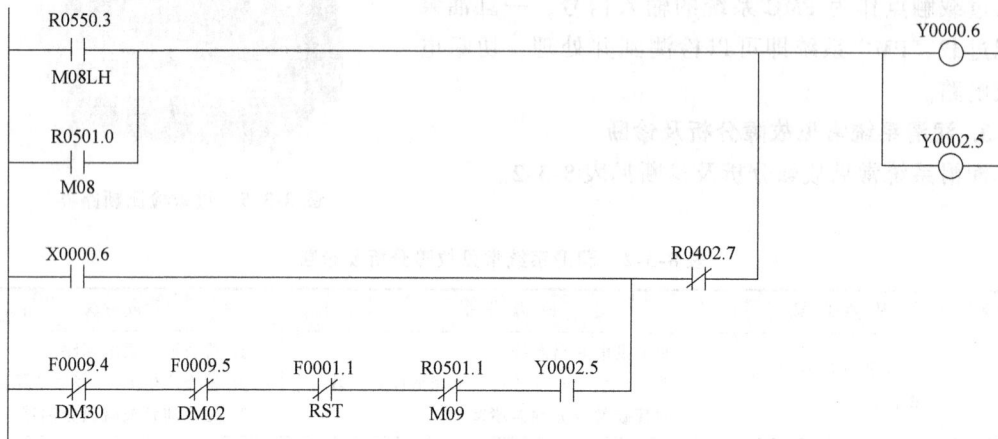

图 8-3-7　VDL-850 加工中心冷却 PMC 程序

（2）电气原理图 图 8-3-8 所示为冷却系统电气原理图，冷却供电回路包含主电路和控制回路两个部分。由控制回路中 KA06 继电器触点触发 KM5 接触器线圈，然后控制 KM5 接触器主触点吸合接通冷却泵电动机。

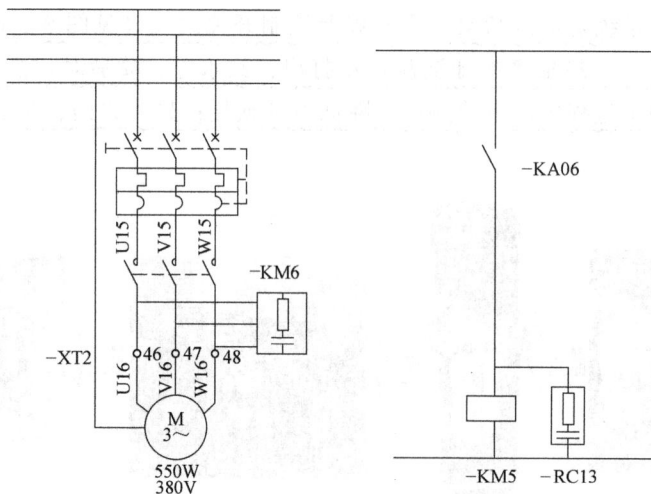

图 8-3-8　冷却系统电气原理

2. 冷却系统常见故障分析及诊断

冷却系统常见故障分析及诊断见表8-3-3。

表8-3-3　冷却系统常见故障分析及诊断

序号	故障现象	原因分析	诊断方法
1	切削液不能喷出，无报警显示	1. 检查PMC程序是否有输出信号 2. 检查冷却供电回路是否断线	1. 确保冷却供电回路连接正常 2. 更换导线，使冷却供电回路接通
2	切削液不能喷出，有电动机报警显示	1. 查看过载断路器是否断开 2. 看PMC程序中输入检测信号是否正常	1. 按下过载断路器使之接通 2. 确保输入检测信号正常
3	切削液流量不足，冷却效果不佳	1. 检查冷却回路水管是否有渗漏 2. 冷却泵电动机是否损坏	1. 更换冷却回路水管 2. 更换冷却泵电动机

三、机床排屑系统

加工中心排屑系统是数控机床普遍配备的装置，其结构较为简单，但在生产过程中却具有重要的作用，一旦发生故障，虽然对操作人员的安全并未构成威胁，但对生产工作也会产生较大的负面影响。

1. 排屑器类型

按照排屑系统结构来分，目前常见的排屑器可以分为螺旋式排屑机和链板式排屑机两种。

（1）螺旋式排屑机　螺旋式排屑机主要用于机械加工过程中金属、非金属材料所切割下来的颗粒状、粉状、块状及卷状切屑的输送，可用于数控车床、加工中心或其他机床安放空间比较狭窄的场合，如图8-3-9所示。

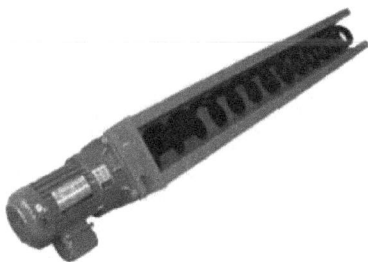

图8-3-9　螺旋式排屑机

（2）链板式排屑机　如图8-3-10所示，链板式排屑机广泛应用于数控机床、组合机床、加工中心、专业化机床、流水线、自动线、大型机床及生产线的远距离的切屑输送。链板排屑机产品具有通用化、标准化程度高，操作简单、运行可靠、拆装方便、维修容易等特点。亦可与其他排屑装置联合使用，形成各种形式排列的切削处理系统。

2. 排屑系统的工作原理

跟上述的冷却系统工作原理相类似，排屑系统同样是机床辅助功能的一种。通过系统PMC程序发出输出信号，触发继电器线圈，然后导通接触器主触点控制电动机运转。目前，考虑到机床排屑过程中会有铁屑卡住排屑系统导致电动机损坏的因素，排屑电动机设计了

图 8-3-10　链板式排屑机

正、反转控制功能。当正转排屑时出现机械卡死的现象时，可以控制排屑系统反转，取出障碍物后再进行正常排屑。以 VDL-850 加工中心为例，排屑系统电气原理图如图 8-3-11、图 8-3-12 所示。

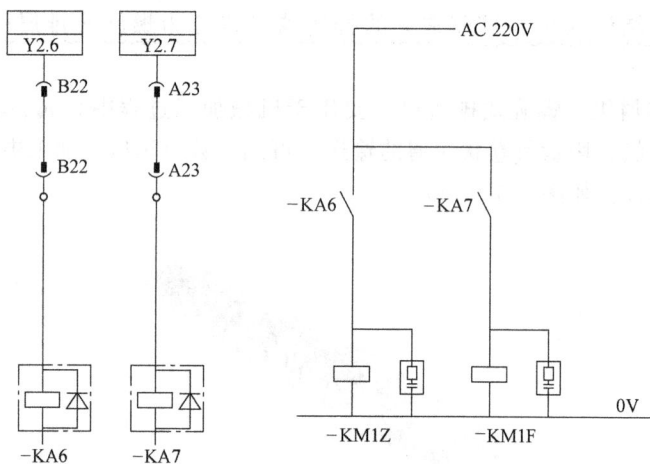

图 8-3-11　排屑系统控制电路

3. 排屑系统常见故障分析及诊断

排屑系统常见故障分析及诊断见表 8-3-4。

表 8-3-4　排屑系统常见故障分析及诊断

序号	故障现象	原因分析	诊断方法
1	排屑电动机不转，无报警显示	1. 检查 PMC 程序是否有输出信号 2. 检查排屑供电回路是否断线	确保排屑供电回路连接正常
2	排屑电动机不转，有电动机报警显示	1. 查看 PMC 输出信号是否正常 2. 根据报警信息查看相关电路	检查电动机相关的主电路以及控制电路
3	排屑电动机转动，但不排屑	1. 电源回路相序错误，调换相序 2. 检查输出信号	确保与电动机相连的 3 根相线连接顺序正确

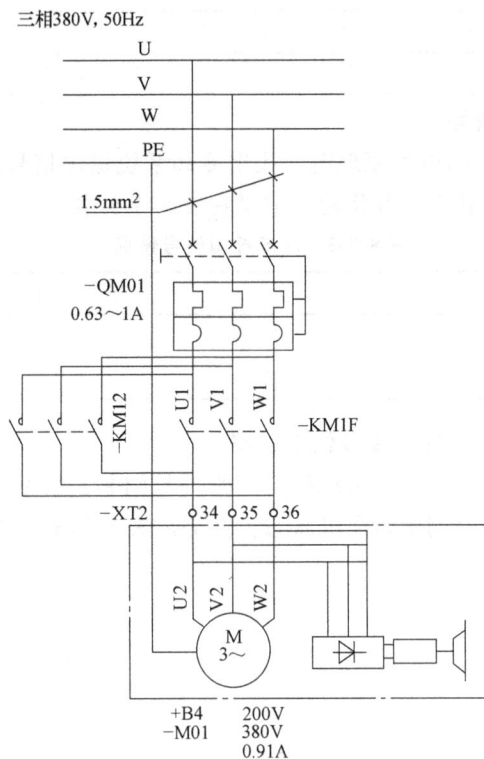

三相380V, 50Hz

U
V
W
PE

1.5mm²

−QM01
0.63～1A

−KM12　U1 V1 W1　−KM1F

−XT2　34　35　36

U2 V2 W2

M
3～

+B4　200V
−M01　380V
　　　0.91A

图 8-3-12　排屑系统主电路

任务实施

一、准备工作

➢ 设备：VDL-850 加工中心或者具有相似功能的实验台。

➢ 工具：万用表、螺钉旋具等常规检测工具。

➢ 情境导入：机床加工过程中，系统出现"EX1037 COOL MOTOR OVERLOAD"报警，加工停止。

➢ 任务确定：根据报警产生原理，结合 VDL-850 加工中心的电气原理图，完成故障诊断与排除。

二、实施步骤

1. 分析报警信息，确定排查思路

根据报警信息"EX1037 COOL MOTOR OVERLOAD"，提示为冷却电动机过载。因此，初步怀疑是由于电动机运转过程中负载太大所引起。

故障排查思路：

2. 查看冷却系统输出信号

查阅 VDL-850 加工中心的电气原理图，找出冷却系统输出信号地址。进入 PMC 程序信号监控画面，观察冷却信号状态，并将检查记录在表 8-3-5 中。

表 8-3-5　冷却控制信号情况

冷 却 地 址	信 号 状 态

3. 根据机床电气原理图，检查冷却供电回路

查看机床电气原理图，找出冷却系统控制回路（见图 8-3-13），分析电气原理图控制原理。利用万用表等常规工具检测电路通电状态，并完成表 8-3-6 的填写。

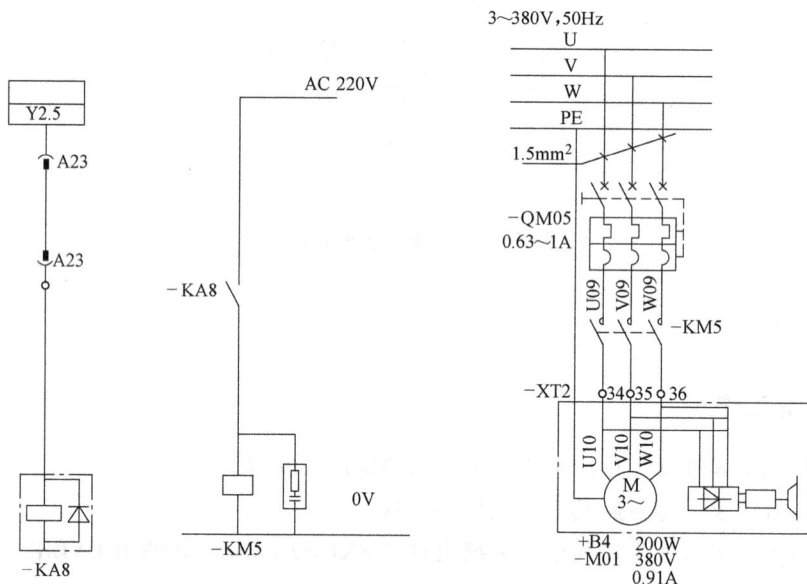

图 8-3-13　VDL-850 冷却回路图

电气原理图分析：

表8-3-6　电路检测状态

电气元器件名称	电路通断状态

4. 故障定位

根据上述故障排除过程，确定故障所在位置，分析故障原因。

_____

_____

_____

_____

任务评价

任务评价见表8-3-7。

表8-3-7　项目八任务三评价表

评价项目	内容	配分	评分标准	学生评价		教师评价
				自评	互评	
任务实施	确定故障现象	10	1. 不能熟练操作机床、PMC编辑界面或调不出PMC信号界面，扣5分 2. 不能确定故障现象，经一次提示扣2分			
	确定故障范围	20	1. 不能分析故障范围，经一次提示扣5分 2. 检测方法、步骤、万用表档位错误，一次扣5分			
	故障排除	30	1. 查出故障点但不会排除，参数设定不正确，经一次提示扣5分 2. 产生新的故障或扩大故障范围，扣5分			
安全操作与职业素养	安全操作	20	1. 个人安全措施符合要求;穿工作服、电工鞋;停电检修前必须验电;分组实施过程中须有专人监护安全操作 2. 工具和仪表使用得当,不损坏仪器设备			
	5S管理规范	20	任务实施过程中按照5S管理规范(整理、整顿、清洁、清扫、素养)执行,仪器、器件、工具摆放合理;任务完成后工位保持整洁			

巩固拓展

根据VDL-850加工中心电气控制原理图，分析引起排屑系统故障的原因。

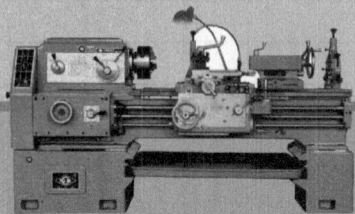

附 录

附录 A　FANUC 0i-D 数控系统常用参数表

表 A-1　SETTING 参数

参数号及数据位	符号或设定值	意　义
0000#0	TVC	代码垂直校验是否有效
0000#1	ISO	数据输出代码选择：EIA/ISO
0000#2	INI	输入单位选择：公制/英制
0000#5	SEQ	自动插入程序段号
0001#1	FVC	纸带格式
0002#0	RDG	远程诊断
0002#7	SJZ	手动返回参考点的设定
0012#0	MIRx	各轴的镜像设定
0012#4	AICx	轴指令的移动量的设定
0012#7	RMVx	各轴是否执行脱离
0020	0,1	RS 232C 串行口 1
0020	2	RS 232C 串行口 2
0020	4	存储卡接口
0020	5	数据服务器接口
0020	6	运行 DNC 或由 FOCAS/Ethernet 指定的 M198
0020	10	DNC2 接口
0020	20~35	组 0~15,CNC 和 Power Mate CNC 之间经 FANUC I/O Link 进行数据传输
0021		设定前后输出设备
0022		设定后台输入设备
0022		设定后台输出设备

表 A-2　通道共用参数

参数号	符号或设定值	意　义
024	0	根据 PMC 在线监控画面的设定
024	1	RS 232C 串行端口 1(JD36A)

（续）

参数号	符号或设定值	意　义
024	2	RS 232C 串行端口 2（JD36B）
024	10	高速接口（HSSB（COP7）或以太网）
024	11	高速接口或 RS 232 串行端口 1（JD36A）
024	12	高速接口或 RS 232 串行端口 2（JD36B）
0100#1	CTV	程序注释部分文字的 TV 校验
0100#2	CRF	在 ISO 代码中 EOB（程序段结束）的输出设定
0100#3	NCR	在 ISO 代码中 EOB（程序段结束）的输出设定
0100#5	ND3	在 NDC 运行时，程序读取方式
0100#6	IOP	规定如何停止输入/输出程序
0100#7	ENS	读 EIA 代码时发现 NULL 代码（无效代码）时的设定

表 A-3　DNC2 接口的参数

参数号	符号或设定值	意　义
0140#0	BBC	是否检查 DNC2 接口 BCC（程序段检查字符）的值
0140#2	NCE	是否检查 ER（RS 232C）和 TR（RS422）信号
0140#3	ECD	是否应答错误代码的设定
0143	1～60	监控响应定时器的时间极限（DNC2 接口）
0144	1～60	监控 EOT 信号的定时器的时间极限（DNC2 接口）
0145	1～60	RECV 和 SEND 切换所需要的时间（DNC2 接口）
0146	1～10	系统尝试保持通信的时间（DNC2 接口）
0147	1～10	系统发送的响应 NAK 信号的信息的次数（DNC2 接口）
0148	10～255	超时时可以接收的字符数目（DNC2 接口）
0149	80～256	通信包数据段的字符数（DNC2 接口）

表 A-4　有关远程诊断的参数

参数号	符号或设定值	意　义
0002#0	RDN	远程诊断是否进行
0201#0	SB2	停止位的设定
0201#1	ASC	数据输出时的代码
0201#2	NCR	EOB 的输出
0203	1～12	波特率
0204	0～2	远程诊断通道
0211	1～99999999	远程诊断密码（口令）1
0212	1～99999999	远程诊断密码（口令）2
0213	1～99999999	远程诊断密码（口令）3
0221	1～99999999	远程诊断关键字 1
0222	1～99999999	远程诊断关键字 2
0223	1～99999999	远程诊断关键字 3
0300#0	PMC	在 CNC 画面显示功能有效时，当 NC 侧具有存储卡接口时（HSSB 连接）

表 A-5　数据服务器的参数

参数号	符号或设定值	意　义
0900#0	DSV	数据服务器功能是否有效
0900#1	ONS	当数据服务器的文件名 0 号和 NC 的 0 号不同时
0921	0,1	选择数据服务器主机 1 的操作系统
0922	0,1	选择数据服务器主机 2 的操作系统
0923	0,1	选择数据服务器主机 3 的操作系统
0924	0~255	DNC1/Ethernet 或 FOCAS/Ethernet 的等待时间设定
0931	32~39	设定对应软键[CHAR-1]的特殊字符代码
0932	32~39	设定对应软键[CHAR-2]的特殊字符代码
0933	32~39	设定对应软键[CHAR-3]的特殊字符代码
0934	32~39	设定对应软键[CHAR-4]的特殊字符代码
0935	32~39	设定对应软键[CHAR-5]的特殊字符代码

表 A-6　轴控制、设定单位的参数

参数号	符号或设定值	意　义
1001#0	INM	直线轴的最小移动单位
1002#0	JAX	JOG 进给、手动快速进给及手动返回参考点时,同时控制的轴数
1002#1	DLZ	无挡块参考点设定功能是否无效
1002#2	SFD	是否使用参考点偏移功能
1002#4	XIK	非直线插补型定位时,对定位移动中的某个轴实行互锁时
1002#5	IDG	当使用无挡块设定参考点功能时,是否进行禁止参考点再设定参数 IDGx(No. 1012#0)的自动设定
1004#0	ISA	最小输入单位,最小指令增量
1004#1	ISC	最小输入单位,最小指令增量
1004#6	IPI	英制输入控制
1004#7	IPR	各轴的最小输入单位是否设定为最小指令增量的 10 倍
1005#0	ZRNx	参考点没有建立时,在自动运行(MEM、RMT 或 MDI)中,指定了除 G28 以外的移动指令时,系统是否报警
1005#1	DLZx	无挡块参考点设定功能是否有效
1005#3	HJZx	当参考点已经建立再进行手动参考点返回时采用减速挡块
1005#4	EDPx	各轴正方向的外部减速信号
1005#5	EDMx	各轴负方向的外部减速信号
1006#0	ROTx	设定直线轴或旋转轴
1006#1	ROSx	设定直线轴或旋转轴
1006#3	DIAx	设定各轴的移动量
1006#5	ZMIx	设定各轴返回参考点方向
1007#0	RTLx	旋转轴返回参考点操作
1007#1	ALZx	自动返回参考点操作

（续）

参数号	符号或设定值	意　义
1007#2	OKIx	对于机械撞块式设定参考点操作在参考点返回完成后,是否出现 P/S000 报警
1008#0	ROAx	设定旋转轴的循环显示功能是否有效
1008#1	RABx	设定绝对指令时轴的旋转方向
1008#2	RRLx	相对坐标值
1008#5	RMCx	对于循环显示功能有效的旋转轴在使用机床系选择(G53)或高速机床坐标系选择(G53P1)指令时,参数 1008#1 是否有效
1010	1,2,3	CNC 控制轴数
1012#0	IDGX	无挡块设定参考点时,是否再次设定参考点
1015#3	RHR	在切换增量系(公制/英制)后,对于旋转轴第一个 G28 指令,参考点返回速度类型
1015#4	ZRL	对于高速型参考点返回指令 G28,第 2～4 参考点返回指令 G30 和 G53 指令,定位类型是否为直线插补型
1015#5	SVS	在关断某伺服轴后,简易同步控制是否释放
1015#6	WIC	工件原点偏置测量值直接输入是否对坐标系有效
1015#7	DWT	用 P 指定暂停时间时,数据单位为 0.1ms 或 1ms
1020		各轴的编程名称
1022	0～7	基本坐标系中各轴的属性
1023	1,2,3	各轴的伺服轴号

表 A-7　坐标系的参数

参数号	符号或设定值	意　义
1201#2	ZCL	手动参考点返回完成后,局部坐标系是否取消
1201#5	AWK	改变工件零点偏移量时是否改变绝对位置显示
1201#7	WZR	复位时工件坐标系是否返回到 G54
1202#0	EWD	外部工件原点偏移量引起的坐标系的移动方向
1202#1	EWS	工件坐标系移动量与外部工件
1202#2	G50	指令了坐标系 G50 代码时,是否报警
1202#3	RLC	复位后,局部坐标系是否取消
1202#5	SNC	在解除伺服报警时,局部坐标系是否清除
1203#0	EMC	扩展型外部机床原点偏移功能是否有效
1203#2	68A	双刀架镜像方式 G68 中,绝对位置检测器自动坐标系设定是否考虑双刀架镜像
1203#6	MMD	在手动操作中,对于镜像功能生效的轴其运动方向是否与自动运行方向相同
1220	－99999999～99999999	外部工件原点偏移量
1221	－99999999～99999999	工件坐标系 1(G54)的原点偏移量
1222	－99999999～99999999	工件坐标系 1(G55)的原点偏移量
1223	－99999999～99999999	工件坐标系 1(G56)的原点偏移量
1224	－99999999～99999999	工件坐标系 1(G57)的原点偏移量

（续）

参数号	符号或设定值	意　义
1225	−99999999 ~ 99999999	工件坐标系1（G58）的原点偏移量
1226	−99999999 ~ 99999999	工件坐标系1（G59）的原点偏移量
1240	−99999999 ~ 99999999	机械坐标系中各轴第1参考点的坐标值
1241	−99999999 ~ 99999999	机械坐标系中各轴第2参考点的坐标值
1242	−99999999 ~ 99999999	机械坐标系中各轴第3参考点的坐标值
1243	−99999999 ~ 99999999	机械坐标系中各轴第4参考点的坐标值
1260	1000 ~ 9999999	设定旋转轴每一转的移动量
1280	0 ~ 65535	扩展外部机床原点偏移信号组的首地址
1290	0 ~ 99999999	设定镜像方式双刀架距离

表 A-8　存储行程检测的参数

参数号	符号或设定值	意　义
1300#0	OUT	用参数（No.1322，No.1323）设定的存储式行程检测2的禁区域为内或外侧区域
1300#2	LMS	存储式行程检测切换信号 EXLM 是否有效
1300#5	RL3	行程检测3解除信号 RLSOT3 是否有效
1300#6	LZR	接通电源后到手动回参考点之前,是否进行第一存储式行程检测
1300#7	BFA	当发出超出存储行程的指令时是否出现报警
1301#0	DLM	各轴各向存储式行程限位切换信号是否有效
1301#2	NPC	作为移动前行程检测功能的一部分,由 G31（跳转）和 G37［自动刀具长度测量（M 系列）或自动刀具补偿（T 系列）］指定的移动程序段
1301#3	OTA	如果在上电时刀具已处于禁止区域,有关存储行程检测2（内侧）和存储行程检测3的报警何时发出
1301#4	OF1	如果出现超程报警后（行程检测1超程）,机床移动至允许范围内时,报警是否取消
1301#6	OTF	当出现超程报警时是否输出信号
1301#7	PLC	移动前行程检测是否执行
1310#0	OT2x	每个轴是否进行存储式行程检测2的检查
1310#1	OT3x	每个轴是否进行存储式行程检测3的检查
1320	−99999999 ~ 99999999	各轴存储式行程检测1的正方向边界的坐标值
1321	−99999999 ~ 99999999	各轴存储式行程检测1的负方向边界的坐标值
1322	−99999999 ~ 99999999	各轴存储式行程检测2的正方向边界的坐标值
1323	−99999999 ~ 99999999	各轴存储式行程检测2的负方向边界的坐标值
1324	−99999999 ~ 99999999	各轴存储式行程检测3的正方向边界的坐标值
1325	−99999999 ~ 99999999	各轴存储式行程检测3的负方向边界的坐标值
1326	−99999999 ~ 99999999	各轴存储式行程检测1的正方向边界的坐标值Ⅱ
1327	−99999999 ~ 99999999	各轴存储式行程检测1的负方向边界的坐标值Ⅱ

表 A-9　进给速度的参数

参数号	符号或设定值	意　义
1401#0	RPD	从接通电源到返回参考点期间,手动2快速运行
1401#1	LRP	定位(G00)
1401#3	JZR	用 JOG 速度手动返回参考点
1401#4	RFO	切削进给倍率为0%时,快速移动
1401#5	TDR	螺纹切削或2攻螺纹(攻丝循环 G74 或 G84,刚性攻丝)期间空运行
1401#6	RDR	对快速运行指令,空运行
1402#0	NPC	是否使用不带位置编码器的每转进给[每转进给方式(G95)时,将每转进给 F 变换为每分钟进给 F 的功能]0:不使用;1:使用
1402#2	JOV	JOG 倍率
1402#4	JRV	手动进给或增量进给
1403#7	RTF	螺纹切削循环刀具回退时倍率0:有效;1:无效
1404#0	HFC	螺旋差给进给速度
1404#1	DLF	参考点建立后,进行手动返回参考点时
1404#2	F8A	每分给时的 F 指令范围(T 系列的情况)
1404#2	F8A	每分进给时带小数点的 F 指令范围(M 系列的情况)
1404#3	FRV	英制输入时每转进给的进给速度指令范围
1404#4	HCF	在 AI 轮廓控制(M 系列)中,螺旋线插补的速度
1404#7	FC0	在自动运行中,当程序段(G01、G02、G03 等)中含有的进给速度指令(F 指令)为0时
1405#0	F1U	指定 F1 位数进给的进给速度参数(No. 1451 ~ 1459)的数据的数据单位
1405#1	FD3	每转进给的进给指令(F 指令)中小数点后位数
1405#5	EDR	对于插补型快移[参数 No. 1401#1(LRP) = 1],外部减速速度
1405#6	FCI	设定了英制输入和每转进给时,切削进给的钳制速度
1406#0	ED2	外部减速速度2
1406#1	ED3	外部减速速度3
1407#3	ACS	在包含 Cs 轴执行直线插补型位定位时,如果 Cs 轴未完成参考点返回
1407#7	ACF	在 AI 先行控制方式或 AI 轮廓控制方式时,钳制进给速度
1408#0	RFD	旋转轴进给速度的控制方法
1410		空运行速度
1411		接通电源时自动方式下的进给速度
1420		各轴快速移动速度
1421		各轴快速移动倍率的 F0 速度
1422		最大切削进给速度(所有轴通用)
1423		各轴手动连续进给(JOG 进给)时的进给速度
1424		各轴手动快速移动速度
1425		各轴返回参考点的 HL 速度
1426		切削进给时的外部减速速度1

（续）

参数号	符号或设定值	意义
1427		各轴快速移动的外部减速速度 1
1428		参考点返回速度
1430		各轴最大切削进给速度
1431		先行控制方式中的最大切削进给速度（所有轴通用）
1432		先行控制方式中每个轴的最大切削进给倍率
		先行控制方式，AI 先行控制方式或 AI 轮廓控制方式中每个轴的最大切削进给速度
1436		速度检查功能中各轴最高速度
1440		切削进给外部减速速度 2
1441		各轴移动外部减速速度 2
1442		各轴手轮进给最高速度 2
1443		切削进给外部减速速度 3
1444		各轴快移外部减速速度 3
1445		各轴手轮进给最高速度 3
1450		F1 位数进给时手摇脉冲发生器每一格的进给速度的变化量
1451		对应 F1 位数指令 F1 的进给速度
1452		对应 F1 位数指令 F2 的进给速度
1453		对应 F1 位数指令 F3 的进给速度
1454		对应 F1 位数指令 F4 的进给速度
1455		对应 F1 位数指令 F5 的进给速度
1456		对应 F1 位数指令 F6 的进给速度
1457		对应 F1 位数指令 F7 的进给速度
1458		对应 F1 位数指令 F8 的进给速度
1459		对应 F1 位数指令 F9 的进给速度
1460		F1 位数指令的进给速度的上限值（F1 ~ F4）
1461		F1 位数指令的进给速度的上限值（F5 ~ F9）
1465	0 ~ 99999999	旋转轴进给速度控制的虚拟半径
1466		螺纹切削循环回退速度

表 A-10 加减速控制的参数

参数号	符号或设定值	意义
1601#2	OVB	0：切削进给时，程序段不重叠；1：切削进给时，程序段重叠
1601#4	RTO	快速运行时，程序段
1601#5	NCI	减速时到位检测
1601#6	ACD	拐角自动减速功能（自动拐角倍率功能）
1602#0	FWB	切削进给插补前的加减速类型
1602#2	COV	是否使用自动拐角倍率的外圆弧切削速度变化功能

（续）

参数号	符号或设定值	意义
1602#3	BS2	在先行控制方式切削进给插补后加减速类型
1602#4	CSD	自动拐角减速功能
1602#5	G8S	串行主轴先行控制
1602#6	LS2	先行控制方式,AI 先行空置方式或 AI 轮廓控制方式中切削进给插补后的加/减速是 0:指数函数型加/减速 1:直线加/减速
1603#4	PRT	插补型快速移动加减速
1603#6	RBP	在 AI 先行控制方式/AI 轮廓控制方式中,快速移动加/减速类型
1603#7	BEL	在 AI 轮廓控制方式
1604#2	DS2	在插补前直线加速度中出现存储行程检测 2 超程报警时,提前减速功能以使在出现报警时减速到参数 No. 12700 中设定的速度
1610#0	CTLx	切削进给(包括空运行进给)的加/减速类型
1610#2	CTBx	在空运行中切削进给加/减速类型
1610#4	JGOx	JGO 进给的加/减速类型
1620		各轴快速进给的直线型加/减速时间常数 T 或铃型加/减速时间常数 T1
1621	0 ~ 512	各轴快速移动铃型加/减速时间常数 T2
1622	0 ~ 4000	各轴插补后切削进给的加/减速时间常数
1623		各轴切削进给的指数型加/减速的 FL 型
1624		插补后各轴 JOG 进给的加/减速时间常数
1625		各轴 JOG 进给的指数型加/减速的 FL 速度
1626		各轴螺纹切削循环时的指数型加/减速时间常数
1627		各轴螺纹切削循环时的指数型加/减速 FL 速度
1710	0 ~ 100	自动拐角倍率时内侧圆弧切削速度的最小减速比(MDR)
1711	1 ~ 179	内侧拐角倍率的内侧拐角判断角度(θp)
1712	1 ~ 100	内拐角的自动倍率值
1713	0 ~ 3999	内拐角倍率的起点至拐点的距离 Le
1714	0 ~ 3999	内拐角倍率的终点至拐点的距离 Ls
1722	1 ~ 100	快速移动程序段重叠时的快速移动速度的减速比
1730		对应圆弧半径 R 的进给速度的上限值
1731	1000 ~ 99999999	对应于进给速度上限值的圆弧半径值
1732		基于圆弧半径的进给速度钳制的下限值 RVmin
1740	0 ~ 180000	自动拐角减速时相邻两程序段的允许夹角
1741		自动拐角减速功能结束速度(插补后加减速)
1762	0 ~ 4000	先行控制方式中切削进给的指数型加/减速时间常数
1763		先行控制方式中切削进给的指数型加/减速的下限速度
1768	0,8 ~ 512	先行控制方式,AI 先行控制方式或 AI 轮廓控制方式中插补后切削进给的直线型或铃型加/减速时间常数
1769	0,8 ~ 512	先行控制方式,AI 先行控制方式或 AI 轮廓控制方式中各轴插补后切削进给的直线型或铃型加/减速时间常数

（续）

参数号	符号或设定值	意义
1770		先行控制方式,AI 先行控制方式或 AI 轮廓控制方式时插补前直线加/减速的加速度参数1(插补前直线加/减速中的最大加工速度)
1771	0 ~ 4000	先行控制方式,AI 先行控制方式或 AI 轮廓控制方式时插补前直线加/减速的加速度参数2(插补前直线加/减速中到最大加工速度的时间)
1772	0 ~ 255	提前插补方式中加速时间固定型铃型加/减速时间常数
1773	0 ~ 4000	在 AI 轮廓控制方式中各轴快移直线型加/减速时间常数 T 或快移铃型加/减速时间常数 T1
1774	0 ~ 512	在 AI 轮廓控制方式中各轴快移铃型加/减速时间常数 T2
1777		自动拐角减速功能下的下限速度(先行控制方式,AI 先行控制方式或 AI 轮廓控制方式用)
1779	0 ~ 180000	自动拐角减速功能中,两个程序段间的临界夹角(先行控制方式,AI 先行控制方式,AI 先行控制方式或 AI 轮廓控制方式用)
1780		根据速度差进行自动拐角减速功能的允许速度差(插补后直线加减速)
1781		各轴根据速度差进行自动拐角减速功能的允许速度差(插补后直线加减速控制
1783		根据速度差进行自动拐角减速功能的各轴允许速度差(插补后直线加减速控制)
1784		插补前加减速期间发生超程报警时的速度
1785	0 ~ 32767	用加速度确定进给速度时,决定允许加速度的参数
1786	0 ~ 4000	先行控制方式,AI 先行控制方式或 AI 轮廓控制方式时插补前直线加减速到达最大加工速度所需的时间(旋转轴用)
1787	0 ~ 255	在 AI 先行控制方式或 AI 轮廓控制方式,提前插补方式加速时间固定型铃型加减速时间常数(旋转轴用)

表 A-11 伺服参数

参数号	符号或设定值	意义
1800#1	CVR	位置控制就绪信号 PRDY 接通之前,速度控制就绪信号 VRDY 接通时是否出现伺服报警
1800#2	OZR	在自动运行进给暂停状态试图手动返回参考点时是否报警
1800#3	FFR	前馈控制是否在切削进给时有效
1800#4	RBK	切削进给和快速移动分别进行反向间隙补偿
1801#0	PM1	当使用伺服电动机速度控制功能时,主轴与电动机的齿轮比
1801#1	PM2	当使用伺服电动机速度控制功能时,主轴与电动机的齿轮比
1801 $ 4	CCI	切削进给时的到位宽度
1801#5	CIN	参数 No.1801#4(CCI)设为 1 时,切削进给的到位宽度有效值
1802#0	CTS	是否使用基于伺服电动机的速度控制功能
1802#1	DC4	带绝对地址参考标记的编码器的轴参考点建立第3、第4参考标记后建立绝对位置
1802#2	DC2	带绝对地址参考标记的直线光栅尺的轴参考点建立
1802#4	B15	在反向间隙补偿中,移动方向的确定是否考虑补偿
1802#7	FWC	指令倍乘(CMR)的处理是否在插补后加减速前
1803#0	TQI	限制转矩时,是否进行到位检查

（续）

参数号	符号或设定值	意义
1803#1	TQA	限制转矩时,停止/移动期间的超声检查是否进行
1803#4	TQF	使用 PMC 轴控制功能的轴在执行转矩控制时,位置跟踪操作是否进行
1804#4	IVO	当"VRDY OFF"报警忽略信号为 1 时,是否要解除急停状态
1804#5	ANA	当一个轴检测到异常负载时,是否报警、停止轴运动
1804#6	SAK	当"VRDY OFF"报警忽略信号"IGNVRY"为 1 或各轴"VRDY OFF"报警忽略信号"IGVRY1-IGVRY4"为 1 时伺服就绪信号是否变为 0
1805#1	TQU	用 PMC 轴控制转矩时,如果不进行位置跳跃,伺服误差计数器是否进行更新
1807#2	SWP	当 αi 系列伺服放大器处于警示状态时,是否产生报警
1815#1	OPTx	位置编码器是否使用分离型脉冲编码器
1851#2	DCLx	分离型位置检测器是否带绝对地址参考标记的编码器
1851#3	DCRx	带绝对地址参考标记的编码器是直线光栅尺或旋转编码器
1815#4	APZx	使用绝对位置检测器时,机械位置与绝对位置检测器的位置是否一致
1815#5	APCx	位置检测器是否使用绝对位置检测器
1815#6	NRTx	当旋转轴的机床坐标值经过零度点或循环显示点时零点是否更换
1817#3	SCRx	对于 B 类型旋转轴,当使用不维持速度数据的光栅尺时,光栅尺数据转换
1817#4	SCPx	当参数 No.1802#2（CD2）设定为 1 时,带绝对地址参考标记的编码器（直线光栅尺或旋转编码器）的零点位于 0:负侧（从直线尺原点来看参考点位于正方向）;1:正侧（从直线尺原点来看参考点位于负方向）
1817#6	TANx	双电动机驱动控制
1818#0	RFSx	带绝对地址参考标记的编码器（直线光栅尺或旋转编码器）或带绝对地址零点的编码器（直线光栅尺或旋转编码器）（检测电路 C）的轴,如果尚未建立建立参考点时,自动返回参考点指令 G28 在建立参考点后
1818#1	RF2x	带绝对地址参考标记的编码器（直线光栅尺或旋转编码器）或带绝对地址零点的编码器（直线光栅尺或旋转编码器）（检测电路 C）的轴,如果参考点已经建立时,自动返回参考点指令 G28
1818#2	DG0x	带绝对地址参考标记的编码器（直线光栅尺或旋转编码器）的轴,使用快移指令或手动给进执行参考点返回
1818#3	SDFx	是否使用带绝对地址零点的编码器（直线光栅尺或旋转编码器）（检测电路 C）
1819#0	FUPx	各轴伺服关断时,是否进行位置跟踪
1819#1	CRFx	发生伺服报警 No.445（软件断线）、No.446、No.447（硬件断线）（分离型）或 No.421（双位置反馈误差过大）时 0:对于参考点建立状态没有影响;1:假设为参考点尚未建立状态。参数 APZ（No.1815#4）被设定为"0"
1819#2	DATx	带绝对地址参考标记的编码器（直线光栅尺或旋转编码器）或带绝对地址零点的编码器（直线光栅尺或旋转编码器）（检测电路 C）的轴,在手动参考点返回结束后是否自动设定参数 No.1883 和 No.1884
1819#7	NAHx	现行控制方式中,提前前馈功能
1820		各轴指令倍乘比（CMR）
1821	0 ~ 999999999	各轴的参考计数器容量

（续）

参数号	符号或设定值	意　义
1825	1～9999	各轴的伺服环增量
1826	0～32767	各轴的到位精度
1827	0～32767	设定各轴切削进给的到位宽度
1828	0～999999999	各轴移动中的最大允许位置偏差量
1829	0～32767	各轴停止时的最大允许位置偏差量
1830	0～999999999	各轴伺服关断时的位置偏差量极限值
1836	0～127	可以进行参考点返回的伺服误差量
1850	0～999999999	各轴的栅格偏移量或参考点偏移量
1851	-9999～9999	各轴反向间隙补偿量
1852	-9999～9999	各轴快速移动时的反向间隙补偿量
1867	0～999999999	光栅尺数据转换阈值（全轴适用）
1868	0～999999999	光栅尺数据转换阈值（全轴适用）
1874		感应同步器转换系数的分子
1875	0～32767	感应同步器转换系数的分母
1876	1～32767	感应同步器的一个节距
1880	0～32767	异常负载检测报警的时间
1881	0～4	检测异常负载时的组号
1882	0～999999999	绝对地址参考标记编码器标记2间隔
1883	-999999999 ～999999999	对于带绝对地址参考标记的编码器或带绝对地址零点的编码器（检测电路C），标记零点到参考点的距离1
1884	-20～20	对于带绝对地址参考标记的编码器或带绝对地址零点的编码器（检测C），标记零点到参考点的距离2
1885		转矩控制期间总行程的最大允许值
1886		取消转矩控制时的位置差量
1895		用于铣削刀具的伺服轴号
1896		伺服电动机轴侧齿轮齿数
1897		铣轴侧齿轮齿数
1901#4	RFD	在手动进给方式，精细加减速功能提前和前馈功能
1902#0	FMD	FSSB设定方式
1902#1	ASE	当选择FSSB自动设定方式时（参数FMD（No.1902#0），自动设定
1904#0	DSPx	伺服放大器和伺服软件之间的接口类型
1905#0	FSLx	伺服放大器和伺服软件之间的接口类型
1905#6	PM1x	第一分离型检测器接口单元
1905#7	PM2x	第二分离型检测器接口单元
1910	0～3,16,40,48	地址转换表slavel（ATR）
1911	0～3,16,40,48	地址转换表slave2（ATR）
1912	0～3,16,40,48	地址转换表slave3（ATR）

（续）

参数号	符号或设定值	意义
1913	0~3,16,40,48	地址转换表 slave4（ATR）
1914	0~3,16,40,48	地址转换表 slave5（ATR）
1915	0~3,16,40,48	地址转换表 slave6（ATR）
1916	0~3,16,40,48	地址转换表 slave7（ATR）
1917	0~3,16,40,48	地址转换表 slave8（ATR）
1918	0~3,16,40,48	地址转换表 slave9（ATR）
1919	0~3,16,40,48	地址转换表 slave10（ATR）
1920	0~3	从属器 1 的控制轴号（用于 FSSB 设定画面）
1921	0~3	从属器 2 的控制轴号（用于 FSSB 设定画面）
1922	0~3	从属器 3 的控制轴号（用于 FSSB 设定画面）
1923	0~3	从属器 4 的控制轴号（用于 FSSB 设定画面）
1924	0~3	从属器 5 的控制轴号（用于 FSSB 设定画面）
1925	0~3	从属器 6 的控制轴号（用于 FSSB 设定画面）
1926	0~3	从属器 7 的控制轴号（用于 FSSB 设定画面）
1927	0~3	从属器 8 的控制轴号（用于 FSSB 设定画面）
1928	0~3	从属器 9 的控制轴号（用于 FSSB 设定画面）
1929	0~3	从属器 10 的控制轴号（用于 FSSB 设定画面）
1931	0~2	第一分离型检测器接口单元的插座号（用于 FSSB 设定画面）
1932		第二分离型检测器接口单元的插座号（用于 FSSB 设定画面）
1933	0,1	Cs 轮廓控制轴（用于 FSSB 设定画面）
1934	0~3	双电动机驱动主轴和从轴轴号（用于 FSSB 设定画面）
1936	0~7	第一分离型检测器接口单元的连接号
1937	0~7	第二分离型检测器接口单元的连接号

附录 B　　FANUC 0i-D 数控系统常用信号地址表

地址	信号名称	符号	T 系列	M 系列
X004#0	测量位置到达信号	XAE	○	○
X004#1		YAE	—	○
X004#1		ZAE	○	—
X004#2		ZAE	—	○
X004#2,#4	各轴手动进给互锁信号	+MIT1,+MIT2	○	—
X004#2,#4	刀具偏移量写入信号	+MIT1,+MIT2	○	○
X004#2~#6,0,1	跳转信号	SKIP2~SKIP6,SKIP7,SKIP8	○	○
X004#3,#5	各轴手动进给互锁信号	-MIT1,-MIT2	○	—
X004#3,#5	刀具偏移量写入信号	-MIT1,-MIT2	○	—

（续）

地址	信号名称	符号	T 系列	M 系列
X004#6	跳转信号（PMC 轴控制）	ESKIP	○	○
X004#7	跳转信号	SKIP	○	○
X004#7	转矩过载信号	SKIP	—	○
X008#4	急停信号	* ESP	○	○
X009	参考点返回减速信号	* DEC1 ~ DEC4	○	○
G000,G001	外部数据输入的数据信号	ED0 ~ ED15	○	○
G002#0 ~ #6	外部数据输入的地址信号	EA0 ~ EA6	○	○
G002#7	外部数据输入的读取信号	ESTB	○	○
G004#3	结束信号	FIN	○	○
G004#4	第 2M 功能结束信号	MFIN2	○	○
G004#5	第 3M 功能结束信号	MFIN3	○	○
G005#0	辅助功能结束信号	MFIN	○	○
G005#1	外部运行功能结束信号	EFIN	—	○
G005#2	主轴功能结束信号	SFIN	○	○
G005#3	刀具功能结束信号	TFIN	○	○
G005#4	第 2 辅助功能结束信号	BFIN	○	—
G005#6	辅助功能锁住信号	AFL	○	○
G005#7	第 2 辅助功能结束信号	BFIN	—	○
G006#0	程序再启动信号	SRN	○	○
G006#2	手动绝对值信号	* ABSM	○	○
G006#4	倍率取消信号	OVC	○	○
G006#6	跳转信号	SKIPP	○	○
G007#1	启动锁住信号	STLK	○	○
G007#2	循环启动信号	ST	○	○
G007#4	行程检测 3 解除信号	RLSOT3	○	○
G007#5	跟踪信号	* FLWU	○	○
G007#6	存储行程极限选择信号	EXLM	○	○
G007#7	行程到限解除信号	RLSOT	—	○
G008#0	互锁信号	* IT	○	○
G008#1	切削程序段开始互锁信号	* CSL	○	○
G008#3	程序段开始互锁信号	* BSL	○	○
G008#4	急停信号	* ESP	○	○
G008#5	进给暂停信号	* SP	○	○
G008#6	复位和倒回信号	RRW	○	○
G008#7	外部复位信号	ERS	○	○
G009#0 ~ 4	工件号检索信号	PN1,PN2,PN4,PN8,PN16	○	○

（续）

地址	信号名称	符号	T系列	M系列
G010,G011	手动移动速度倍率信号	＊JV0～＊JV15	○	○
G012	进给速度倍率信号	＊FV0～＊FV7	○	○
G014#0,#1	快速进给速度倍率信号	ROV1,ROV2	○	○
G016#7	F1位进给选择信号	F1D	—	○
G018#0～#3		HS1A～HS1D	○	○
G018#4～#7	手动进给轴选择信号	HS2A～HS2D	○	○
G019#0～#3		HS3A～HS3D	○	○
G019#4,#5	手轮进给量选择信号（增量进给信号）	MP1,MP2	○	○
G019#7	手动快速进给选择信号	RT	○	○
G023#5	在位检测无效信号	NOINPS	○	○
G024#0～G025#5	扩展工件号检索信号	EPN0～EPN13	○	○
G025#7	扩展工件号检索开始信号	EPNS	○	○
G027#0		SWS1	○	○
G027#1	主轴选择信号	SWS2	○	○
G027#2		SWS3	○	○
G027#3		＊SSTP1	○	○
G027#4	各主轴停止信号	＊SSTP2	○	○
G027#5		＊SSTP3	○	○
G027#7	Cs轮廓控制切换信号	CON	○	○
G028#1,#2	齿轮选择信号（输入）	GR1,GR2	○	—
G028#4	主轴松开完成信号	＊SUCPF	○	—
G028#5	主轴夹紧完成信号	＊SCPF	○	—
G028#6	主轴停止完成信号	SPSTP	○	—
G028#7	第2位置编码器选择信号	PC2SLC	○	○
G029#0	齿轮档选择信号（输入）	GR21	○	
G029#4	主轴速度到达信号	SAR	○	○
G029#5	主轴定向信号	SOR	○	○
G029#6	主轴停止信号	＊SSTP	○	○
G030	主轴速度倍率信号	SOV0～SOV7	○	○
G32#0～G033#3	主轴电动机速度指令信号	R01I～R12I	○	○
G033#5	主轴电动机指令输出极性选择信号	SGN	○	○
G033#6		SSIN	○	○
G033#7	PMC控制主轴速度输出控制信号	SIND	○	○
G034#～G035#3	主轴电动机速度指令信号	R01I2～R12I2	○	○
G035#5	主轴电动机指令输出极性选择信号	SGN2	○	○
G035#6	主轴电动机指令输出极性选择信号	SSIN2	○	○

（续）

地址	信号名称	符号	T 系列	M 系列
G035#7	PMC 控制主轴速度输出控制信号	SIND2	○	○
G036#0 ~ G037#3	主轴电动机速度指令信号	R01I3 ~ R12I3	○	○
G037#5	主轴电动机指令极性选择信号	SGN3	○	○
G037#6	主轴电动机指令极性选择信号	SSIN3	○	○
G037#7	主轴电动机速度选择信号	SIND3	○	○
G038#2	主轴同步控制信号	SPSYC	○	○
G038#3	主轴相位同步控制信号	SPPHS	○	○
G038#6	B-轴松开完成信号	* BECUP	—	○
G038#7	B-轴夹紧完成信号	* BECLP	—	○
G039#0 ~ #5	刀具偏移号选择信号	OFN0 ~ OFN5	○	—
G039#6	工件坐标系偏移值写入方式选择信号	WOQSM	○	○
G039#7	刀具偏移量写入方式选择信号	GOQSM	○	○
G040#5	主轴测量选择信号	S2TLS	○	—
G040#6	位置记录信号	PRC	○	—
G040#7	工件坐标系偏移量写入信号	WOSET	○	—
G041#0 ~ #3		HS1IA ~ HS1ID	○	○
G041#4 ~ #7	手轮中断轴选择信号	HS2IA ~ HS2ID	○	○
G042#0 ~ #3		HS3IA ~ HS3ID	—	○
G042#7	直接运行选择信号	DMMC	○	○
G043#0 ~ #2	方式选择信号	MD1，MD，MD4	○	○
G043#5	DNC 运行选择信号	DNCI	○	○
G043#7	手动返回参考点选择信号	ZRN	○	○
G044#0，G045	跳过任选程序段信号	BDT1 ~ BDT9	○	○
G044#1	所有轴机床锁住信号	MLK	○	○
G046#1	单程序段信号	SBK	○	○
G046#3 ~ #6	储存器保护信号	KEY1 ~ KEY4	○	○
G046#7	空运行信号	DRN	○	○
G047#0 ~ #6	刀具组号选择信号	TL01 ~ TL64	○	○
G047#0 ~ G048#0		TL01 ~ TL256	—	○
G048#5	刀具跳过信号	TLSKP	○	○
G048#6	每把刀具的更换复位信号	TLRSTI	—	○
G048#7	刀具更换复位信号	TLRST	○	○
G019#0 ~ G050#1	刀具寿命计数倍率信号	* TLV0 ~ * TLV9	—	○
G053#0	通用累计计数器启动信号	TMRON	○	○
G053#3	用户宏程序中断信号	UINT	○	○
G053#6	误差检测信号	SMZ	○	○

（续）

地址	信号名称	符号	T 系列	M 系列
G053#7	倒角信号	CDZ	○	—
G054, G055	用户宏程序输入信号	UI000 ~ UI015	○	○
G058#0	程序输入外部启动信号	MINP	○	○
G058#1	外部读开始信号	EXRD	○	○
G058#2	外部阅读/传出停止信号	EXSTP	○	○
G058#3	外部传出启动信号	EXWT	○	○
G060#7	尾架屏蔽选择信号	* TSB	○	—
G061#0	刚性攻螺纹信号	RGTAP	○	○
G061#4, #5	刚性攻螺纹主轴选择信号	RGTSP1	○	—
G062#1	CRT 显示自动清屏取消信号	* CRTOF	○	○
G062#6	刚性攻螺纹回退启动信号	RTNT	—	○
G063#5	垂直/角度轴控制无效信号	NOZAGC	○	○
G066#0	所有轴 VRDY OFF 报警忽略信号	IGNVRY	○	○
G066#1	外部键入方式选择信号	ENBKY	○	○
G066#4	回退信号	RTRCT	○	○
G066#7	键代码读取信号	EKSET	○	○
G067#6	硬拷贝停止信号	HCABT	○	○
G067#7	硬拷贝请求信号	HCREQ	○	○
G070#0	转矩限制 LOW 指令信号（串行主轴）	TLMLA	○	○
G070#1	转矩限制 HIGH 指令信号（串行主轴）	TLMHA	○	○
G070#2, #3	离合器/齿轮信号（串行主轴）	CTH1A, CTH2A	○	○
G070#4	CCW 指令信号（串行主轴）	SRVA	○	○
G070#5	CW 指令信号（串行主轴）	SFRA	○	○
G070#6	定向指令信号（串行主轴）	ORCMA	○	○
G070#7	机床准备就绪信号（串行主轴）	MRDYA	○	○
G071#0	报警复位信号（串行主轴）	ARSTA	○	○
G071#1	急停信号（串行主轴）	* ESPA	○	○
G071#2	主轴选择信号（串行主轴）	SPSLA	○	○
G071#3	动力线切换结束信号（串行主轴）	MCFNA	○	○
G071#4	软启动停止取消信号（串行主轴）	SOCAN	○	○
G071#5	速度积分控制信号	INTGA	○	○
G071#6	输出切换请求信号	RSLA	○	○
G071#7	动力线状态检测信号	RCHA	○	○
G072#0	准停位置变换信号	INDXA	○	○
GO72#1	变换准停位置时旋转方向指令信号	ROTAA	○	○
G072#2	变换准停位置时最短距离移动指令信号	NRROA	○	○

（续）

地址	信号名称	符号	T 系列	M 系列
G072#3	微分方式指令信号	DEFMDA	○	○
G072#4	模拟倍率指令信号	OVRA	○	○
G072#5	增量指令外部设定型定向信号	INCMDA	○	○
G072#6	变换主轴信号时主轴 MCC 状态信号	MFNHGA	○	○
G072#7	用磁传感器时高输出 MCC 状态信号	RCHHGA	○	○
G073#0	用磁传感器的主轴定向指令	MORCMA	○	○
G073#1	从动运行指令信号	SLVA	○	○
G073#2	电机动力关断信号	MPOFA	○	○
G073#4	断线检测无效信号	DSCNA	○	○
G074#0	转矩限制 LOW 指令信号	TLMLB	○	○
G074#1	转矩限制 HIGH 指令信号	TLMHB	○	○
G074#2 , #3	离合器/齿轮档信号	CTH1B, CTH2B	○	○
G074#4	CCW 指令信号	SRVB	○	○
G074#5	CW 指令信号	SFRB	○	○
G074#6	定向指令信号	ORCMB	○	○
G074#7	机床准备就绪信号	MRDYB	○	○
G075#0	报警复位信号	ARSTB	○	○
G075#1	急停信号	* ESPB	○	○
G075#2	主轴选择信号	SPSLB	○	○
G075#3	动力线切换完成信号	MCFNB	○	○
G075#4	软启动停止取消信号	SOCNB	○	○
G075#5	速度积分控制信号	INTGB	○	○
G075#6	输出切换请求信号	RSLB	○	○
G075#7	动力线状态检测信号	PCHB	○	○
G076#0	准停位置变换信号	INDXB	○	○
G076#1	变换准停位置时旋转方向指令信号	ROTAB	○	○
G076#2	变换准停位置时最短距离移动指令信号	NRROB	○	○
G076#3	微分方式指令信号	DEFMDB	○	○
G076#4	模拟倍率指令信号	OVRB	○	○
G076#5	增量指令外部设定型定向信号	INCMDB	○	○
G076#6	变换主轴信号时主轴 MCC 状态信号	MFNHGB	○	○
G076#7	主轴切换 HIGH 侧 MCC 接点 状态信号（串行主轴）	RCHHGB	○	○
G077#0	用磁传感器的主轴定向指令	MORCMB	○	○
G077#1	从动运行指令信号	SLVB	○	○
G077#2	电动机动力关断信号	MPOFB	○	○
G077#4	断线检测无效信号	DSCNB	○	○

（续）

地址	信号名称	符号	T 系列	M 系列
G078#0 ~ G079#3	主轴定向外部停止的位置指令信号	SHA00 ~ SHA11	○	○
G080#0 ~ G081#3		SHB00 ~ SGB11	○	○
G091#0 ~ #3	组号指定信号	SRLNI0 ~ SRLNI3	○	○
G092#0	I/O Link 确认信号	LOLACK	○	○
G092#1	I/O Link 指定信号	LOLS	○	○
G092#2	Power Mate 读/写进行中信号	BGIOS	○	○
G092#3	Power Mate 读/写报警信号	BGIALM	○	○
G092#4	Power Mate 后台忙信号	BGEM	○	○
G096#0 ~ #6	1% 快速进给倍率信号	* HROV0 ~ * HROV6	○	○
G096#7	1% 快速进给倍率选择信号	HROV	○	○
G098	键代码信号	EKC0 ~ EKC7	○	○
G100	进给轴和方向选择信号	+ J1 ~ + J4	○	○
G101#0 ~ #3	外部减速信号 2	* + ED21 ~ * + ED24	○	○
G102	进给轴和方向选择信号	− J1 ~ − J4	○	○
G103#0 ~ #3	外部减速信号 2	* − ED21 ~ * − ED24	○	○
G104	坐标轴方向存储器行程限位开关信号	+ EXL1 ~ + EXL4	○	○
G105		− EXL1 ~ − EXL4	○	○
G106	镜像信号	MI1 ~ MI4	○	○
G107#0 ~ #3	外部减速信号 3	* + ED31 ~ * + ED34	○	○
G108	各轴机床锁住信号	MLK1 ~ MLK4	○	○
G109#0 ~ #3	外部减速信号 3	* − ED31 ~ * − ED34	○	○
G110	行程极限外部设定信号	+ LM1 ~ + LM4	—	○
G112		− LM1 ~ − LM4	—	○
G114	超程信号	* + L1 ~ * + L4	○	○
G116		* − L1 ~ * − L4	○	○
G118	外部减速信号	* + ED1 ~ * + ED4	○	○
G120	外部减速信号	* − ED1 ~ − ED4	○	○
G124#0 ~ #3	控制轴脱开信号	DTCH1 ~ DTCH4	○	○
G125	异常负载检测忽略信号	IUDD1 ~ IUDD4	○	○
G126	伺服关闭信号	SVF1 ~ SVF4	○	○
G127#0 ~ #3	Cs 轮廓控制方式精细加/减速功能无效信号	CDF1 ~ CDF4	○	○
G130	各轴互锁信号	* IT1 ~ * IT4	○	○
G132#0 ~ #3	各轴和方向互锁信号	+ MIT1 ~ + MIT4	—	○
G134#0 ~ #3	各轴和方向互锁信号	− MIT1 ~ − MIT4	—	○
G136	控制轴选择信号（PMC 轴控制）	EAX1 ~ EAX4	○	○
G138	简单同步轴选择信号	SYNC1 ~ SYNC4	○	○

（续）

地址	信号名称	符号	T 系列	M 系列
G140	简单同步手动进给轴选择信号	SYNCJ1	—	○
G142#0	辅助功能结束信号（PMC 轴控制）	EFINA	○	○
G142#1	累积零位检测信号	ELCKZA	○	○
G142#2	缓冲禁止信号	EMBUFA	○	○
G142#3	程序段停信号（PMC 轴控制）	ESBKA	○	○
G142#4	伺服关断信号（PMC 轴控制）	ESOFA	○	○
G142#5	轴控制指令读取信号（PMC 轴控制）	ESTPA	○	○
G142#6	复位信号（PMC 轴控制）	ECLRA	○	○
G142#7	轴控制指令读取信号（PMC 轴控制）	EBUFA	○	○
G143#0 ~ #6	轴控制指令信号（PMC 轴控制）	EC0A ~ EC6A	○	○
G143#7	程序段停禁止信号（PMC 轴控制）	EMSBKA	○	○
G144，G145	轴控制进给速度信号（PMC 轴控制）	EIF0A ~ EIF15A	○	○
G146 ~ G149	轴控制数据信号（PMC 轴控制）	EID0A ~ 31A	○	○
G150#0，#1	快速进给倍率信号（PMC 轴控制）	ROV1E，ROV2E	○	○
G150#5	倍率取消信号（PMC 轴控制）	OVCE	○	○
G150#6	手动快速选择信号（PMC 轴控制）	RTE	○	○
G150#7	空运行信号（PMC 轴控制）	DRNE	○	○
G151	进给速度倍率信号（PMC 轴控制）	* FV0E ~ * FV7E	○	○
G154#0	辅助功能结束信号（PMC 轴控制）	EFINB	○	○
G154#1	累积零检测信号（PMC 轴控制）	ELCKZB	○	○
G154#2	缓冲禁止信号	EMBUFB	○	○
G154#3	程序段停信号（PMC 轴控制）	ESBKB	○	○
G154#4	伺服关闭信号（PMC 轴控制）	ESOFB	○	○
G154#5	轴控制暂停信号（PMC 轴控制）	ESTPB	○	○
G154#6	复位信号（PMC 轴控制）	ECLRB	○	○
G154#7	轴控制指令读取信号（PMC 轴控制）	EBUFB	○	○
G155#0 ~ #6	轴控制指令信号（PMC 轴控制）	EC0B ~ EC6B	○	○
G155#7	程序段停信号（PMC 轴控制）	EMSBKB	○	○
G156，G157	轴控制进给速度信号（PMC 轴控制）	EIF0B ~ EIF15B	○	○
G158 ~ G161	轴控制数据信号（PMC 轴控制）	EID0B ~ 31B	○	○
G166#0	辅助功能结束信号（PMC 轴控制）	EFINC	○	○
G166#1	累积零位检测信号	ELCKZC	○	○
G166#2	缓冲禁止信号	EMBUFC	○	○
G166#3	程序段停信号（PMC 轴控制）	ESBKC	○	○
G166#4	伺服关断信号（PMC 轴控制）	ESOFC	○	○
G166#5	轴控制指令读取信号（PMC 轴控制）	ESTPC	○	○

（续）

地址	信号名称	符号	T系列	M系列
G166#6	复位信号（PMC 轴控制）	ECLRC	○	○
G166#7	轴控制指令读取信号（PMC 轴控制）	EBUFC	○	○
G167#0 ~ #6	轴控制指令信号（PMC 轴控制）	EC0C ~ EC6C	○	○
G167#7	程序段停禁止信号（PMC 轴控制）	EMSBKC	○	○
G168, G169	轴控制进给速度信号（PMC 轴控制）	EIF0C ~ EIF15C	○	○
G170 ~ G173	轴控制数据信号（PMC 轴控制）	EID0C ~ 31C	○	○
G178#0	辅助功能结束信号（PMC 轴控制）	EFIND	○	○
G178#1	累积零位检测信号	ELCKZD	○	○
G178#2	缓冲禁止信号	EMBUFD	○	○
G178#3	程序段停信号（PMC 轴控制）	ESBKD	○	○
G178#4	伺服关断信号（PMC 轴控制）	ESOFD	○	○
G178#5	轴控制指令读取信号（PMC 轴控制）	ESTPD	○	○
G178#6	复位信号（PMC 轴控制）	ECLRD	○	○
G178#7	轴控制指令读取信号（PMC 轴控制）	EBUFD	○	○
G179#0 ~ #6	轴控制指令信号（PMC 轴控制）	EC0D ~ EC6D	○	○
G179#7	程序段停禁止信号（PMC 轴控制）	EMSBKD	○	○
G180, G181	轴控制进给速度信号（PMC 轴控制）	EIF0D ~ EIF15D	○	○
G182 ~ G185	轴控制数据信号（PMC 轴控制）	EID0D ~ 31D	○	○
G192	各轴 VRDY OFF 报警忽略信号	IGVRY1 ~ IGVRY4	○	○
G198	位置显示忽略信号	NPOS1 ~ NPOS4	○	○
G199#0	手摇脉冲发生器选择信号	IOBH2	○	○
G199#1	手摇脉冲发生器选择信号	IOBH3	○	○
G200	轴控制高级指令信号	EASIP1 ~ EASIP4	○	○
G274#4	Cs 轴坐标系建立请求信号	CSFI1		○
G349#0 ~ #3	伺服转速检测有效信号	SVSCK1 ~ SVSCK4	○	○
G359#0 ~ #3	各轴在位检测无效信号	NOINP1 ~ NOINP4	○	○
F000#0	倒带信号	RWD	○	○
F000#4	进给暂停报警信号	SPL	○	○
F000#5	循环启动报警信号	STL	○	○
F000#6	伺服准备就绪信号	SA	○	○
F000#7	自动运行信号	OP	○	○
F001#0	报警信号	AL	○	○
F001#1	复位信号	RST	○	○
F001#2	电池报警信号	BAL	○	○
F001#3	分配结束信号	DEN	○	○
F001#4	主轴使能信号	ENB	○	○

（续）

地址	信号名称	符号	T 系列	M 系列
F001#5	攻螺纹信号	TAP	○	○
F001#7	CNC 信号	MA	○	○
F002#0	英制输入信号	INCH	○	○
F002#1	快速进给信号	RPDO	○	○
F002#2	周速恒定中信号	CSS	○	○
F002#3	螺纹切削信号	THRD	○	○
F002#4	程序启动信号	SRNMV	○	○
F002#6	切削进给信号	CUT	○	○
F002#7	空运行检测信号	MDPN	○	○
F003#0	增量进给选择检测信号	MINC	○	○
F003#1	手轮进给选择检测信号	MH	○	○
F003#2	JOG 进给检测信号	MJ	○	○
F003#3	手动数据输入选择检测信号	MMDI	○	○
F003#4	DNC 运行选择确认信号	MRMT	○	○
F003#5	自动运行选择检测信号	MMEM	○	○
F003#6	储存器编辑选择检测信号	MEDT	○	○
F003#7	示教选择检测信号	MTCHIN	○	○
F004#0 , F005	跳过任选程序段检测信号	MBDT1 ~ MBDT9	○	○
F004#1	所有轴机床锁住检测信号	MMLK	○	○
F004#2	手动绝对值检测信号	MABSM	○	○
F004#3	单程序段检测信号	MSBK	○	○
F004#4	辅助功能锁住检测信号	MAFL	○	○
F004#5	手动返回参考点检测信号	MREF	○	○
F007#0	辅助功能选通信号	MF	○	○
F007#1	高速接口外部运行信号	EFD	—	○
F007#2	主轴速度功能选通信号	SF	○	○
F007#3	刀具功能选通信号	TF	○	○
F007#4	第 2 辅助功能选通信号	BF	○	—
F007#7			—	○
F008#0	外部运行信号	EF	—	○
F008#4	第 2M 功能选通信号	MF2	○	○
F008#5	第 3M 功能选通信号	MF3	○	○
F009#4		DM30	○	○
F009#5	M 译码信号	DM02	○	○
F009#6		DM01	○	○
F009#7		DM00	○	○

（续）

地址	信号名称	符号	T 系列	M 系列
F010 ~ F013	辅助功能代码信号	M00 ~ M31	○	○
F014 ~ F015	第 2M 功能代码信号	M200 ~ M215	○	○
F016 ~ F017	第 3M 功能代码信号	M300 ~ M315	○	○
F022 ~ F025	主轴速度代码信号	S00 ~ S31	○	○
F026 ~ F029	刀具功能代码信号	T00 ~ T31	○	○
F030 ~ F033	第 2 辅助功能代码信号	B00 ~ B31	○	○
F034#0 ~ #2	齿轮选择信号（输出）	GRIO,GR2O,GR3O	—	○
F035#0	主轴功能检测报警信号	SPAL	○	○
F036#0	12 位代码信号	RO10 ~ R12O	○	○
F037#3S			○	○
F038#0	主轴夹紧信号	SCLP	○	—
F038#1	主轴松开信号	SUCLP	○	—
F038#2	主轴使能信号	ENB2	○	○
F038#3		ENB3	○	○
F040,F041	实际主轴速度信号	ARO ~ AR15	○	—
F044#1	Cs 轮廓控制切换结束信号	FSCSL	○	
F044#2	主轴同步速度控制结束信号	FSPSY	○	
F044#3	主轴相位同步控制结束信号	FSPPH	○	
F044#4	主轴同步控制报警信号	SYCAL	○	
F045#0	报警信号（串行主轴）	ALMA	○	○
F045#1	零速度信号（串行主轴）	SSTA	○	○
F045#2	速度检测信号（串行主轴）	SDTA	○	○
F045#3	速度到达信号（串行主轴）	SARA	○	○
F045#4	负载检测信号 1（串行主轴）	LDT1A	○	○
F045#5	负载检测信号 2（串行主轴）	LDT2A	○	○
F045#6	转矩限制信号（串行主轴）	TLMA	○	○
F045#7	定向结束信号（串行主轴）	ORARA	○	○
F046#0	动力线切换信号（串行主轴）	CHPA	○	
F046#1	主轴切换结束信号（串行主轴）	CFINA	○	
F046#2	输出切换信号（串行主轴）	RCHPA	○	
F046#3	输出切换结束信号（串行主轴）	RCFNA	○	
F046#4	从动运动状态信号（串行主轴）	SLVSA	○	
F046#5	用位置编码器的主轴定向接近信号（串行主轴）	PORA2A	○	
F046#6	用磁传感器主轴定向结束信号（串行主轴）	MORA1A	○	○
F046#7	用磁传感器主轴定向接近信号（串行主轴）	MORA2A	○	○
F047#0	位置编码器一转信号检测的状态信号（串行主轴）	PC1DTA	○	○

（续）

地址	信号名称	符号	T 系列	M 系列
F047#1	增量方式定向信号（串行主轴）	INCSTA	○	○
F047#4	电动机励磁关断状态信号（串行主轴）	EXOFA	○	○
F048#4	Cs 轴坐标系建立状态信号	CSPENA	○	○
F049#0	报警信号（串行主轴）	ALMB	○	○
F049#1	零速度信号（串行主轴）	SSTB	○	○
F049#2	速度检测信号（串行主轴）	SDTB	○	○
F049#3	速度到达信号（串行主轴）	SARB	○	○
F049#4	负载检测信号 1（串行主轴）	LDT1B	○	○
F049#5	负载检测信号 2（串行主轴）	LDT2B	○	○
F049#6	转矩限制信号（串行主轴）	TLMB	○	○
F049#7	定向结束信号（串行主轴）	ORARB	○	○
F050#0	动力线切换信号（串行主轴）	CHPB	○	○
F050#1	主轴切换结束信号（串行主轴）	CFINB	○	○
F050#2	输出切换信号（串行主轴）	RCHPB	○	○
F050#3	输出切换结束信号（串行主轴）	RCFNB	○	○
F050#4	从动运动状态信号（串行主轴）	SLVSB	○	○
F050#5	用位置编码器的主轴定向接近信号（串行主轴）	PORA2B	○	○
F050#6	用磁传感器主轴定向结束信号（串行主轴）	MORA1B	○	○
F050#7	用磁传感器主轴定向接近信号（串行主轴）	MORA2B	○	○
F051#0	位置编码器一转信号检测的状态信号（串行主轴）	PC1DTB	○	○
F051#1	增量方式定向信号（串行主轴）	INCSTB	○	○
F051#4	电动机励磁关断状态信号（串行主轴）	EXOFB	○	○
F053#0	键输入禁止信号	INHKY	○	○
F053#1	程序屏幕显示方式信号	PRGDPL	○	○
F053#2	阅读/传出处理中信号	RPBSY	○	○
F053#3	阅读/传出报警信号	RPALM	○	○
F053#4	后台忙信号	BGEACT	○	○
F053#7	键代码读取结束信号	EKENB	○	○
F054,F055	用户宏程序输出信号	UO000 ~ UO015	○	○
F056 ~ F059		UO100 ~ UO131	○	○
F060#0	外部数据输入读取结束信号	EREND	○	○
F060#1	外部数据输入检索结束信号	ESEND	○	○
F060#2	外部数据输入检索取消信号	ESCAN	○	○
F061#0	B 轴松开信号	BUCLP	—	○
F061#1	B 轴夹紧信号	BCLP	—	○
F061#2	硬拷贝停止请求接受确认	HCAB2	○	○

（续）

地址	信号名称	符号	T 系列	M 系列
F061#3	硬拷贝进行中信号	HCEXE	○	○
F062#0	AI 先行控制方式信号	AICC	—	○
F062#3	主轴 1 测量中信号	SIMES	○	—
F062#4	主轴 2 测量中信号	S2MES	○	—
F062#7	所需零件计数到达信号	PRTSF	○	○
F063#7	多边形同步信号	PSYN	○	—
F064#0	更换刀具信号	TLCH	○	○
F064#1	新刀具选择信号	TLNW	○	○
F064#2	每把刀具的切换信号	TLCHI	—	○
F064#3	刀具寿命到期通知信号	TLCHB	—	○
F065#0	主轴的转向信号	RGSPP	—	○
F065#1		RGSPM	—	○
F065#4	回退完成信号	RTRCTF	○	○
F066#0	先行控制方式信号	G08MD	○	○
F066#1	刚性攻螺纹回退结束信号	RTPT	—	○
F066#5	小孔径深孔钻孔处理中信号	PECK2	—	○
F070#0 ~ F071	位置开关信号	PSW01 ~ PSW16	○	○
F072	软操作面板通用开关信号	OUT0 ~ OUT7	○	○
F073#0	软操作面板信号（MD1）	MD1O	○	○
F073#1	软操作面板信号（MD2）	MD2O	○	○
F073#2	软操作面板信号（MD4）	MD4O	○	○
F073#4	软操作面板信号（ZRN）	ZRNO	○	○
F075#2	软操作面板信号（BDT）	BDTO	○	○
F075#3	软操作面板信号（SBK）	SBKO	○	○
F075#4	软操作面板信号（MLK）	MLKO	○	○
F075#5	软操作面板信号（DRN）	DRNO	○	○
F075#6	软操作面板信号（KEY1 ~ KEY4）	KEYO	○	○
F075#7	软操作面板信号（＊SP）	SPO	○	○
F076#0	软操作面板信号（MP1）	MP1O	○	○
F076#1	软操作面板信号（MP2）	MP2O	○	○
F076#3	刚性攻螺纹方式信号	RTAP	○	○
F076#4	软操作面板信号（ROV1）	ROV1O	○	○
F076#5	软操作面板信号（ROV2）	ROV2O	○	○
F077#0	软操作面板信号（HS1A）	HS1AO	○	○
F077#1	软操作面板信号（HS1B）	HS1BO	○	○
F077#2	软操作面板信号（HS1C）	HS1CO	○	○

（续）

地址	信号名称	符号	T系列	M系列
F077#3	软操作面板信号（HS1D）	HS1DO	○	○
F077#6	软操作面板信号（RT）	RTO	○	○
F078	软操作面板信号（＊FV0～＊FV7）	＊FVOO～＊FV7O	○	○
F079，F080	软操作面板信号（＊JV0～＊JV15）	＊JVOO～＊JV15O	○	○
F081#0,2,4,6	软操作面板信号（＋J1～＋J4）	＋J1O～＋J4O	○	○
F081#1,3,5,7	软操作面板信号（－J1～－J4）	－J1O～－J4O	○	○
F090#0	伺服轴异常负载检测信号	ABTQSV	○	○
F090#1	第1主轴异常负载检测信号	ABTSP1	○	○
F090#2	第2主轴异常负载检测信号	ABTSP2	○	○
F094	返回参考点结束信号	ZP1～ZP4	○	○
F096	返回第2参考位置结束信号	ZP21～ZP24	○	○
F098	返回第3参考位置结束信号	ZP31～ZP34	○	○
F100	返回第4参考位置结束信号	ZP41～ZP44	○	○
F102	轴移动信号	MV1～MV4	○	○
F104	到位信号	INP1～INP4	○	○
F106	轴运动方向信号	MVD1～MVD4	○	○
F108	镜像检测信号	MMI1～MMI4	○	○
F110#0～#3	控制轴脱开状态信号	MDTCH1～MDTCH4	○	○
F112	分配结束信号（PMC轴控制）	EADEN1～EADEN4	○	○
F114	转矩极限到达信号	TRQL1～TRQL4	○	—
F120	参考点建立信号	ZRF1～ZRF4	○	○
F122#0	高速跳转状态信号	HDO0	○	○
F124	行程限位到达信号	＋OT1～＋OT4	—	○
F124#0～#3	超程报警中信号	OTP1～OTP4	○	○
F126	行程限位到达信号	－OT1～－OT4	—	○
F129#5	0%倍率信号（PMC轴控制）	EOVO	○	○
F129#7	控制轴选择状态信号（PMC轴控制）	＊EAXSL	○	○
F130#0	到位信号（PMC轴控制）	EINPA	○	○
F130#1	零跟随误差检测信号（PMC轴控制）	ECKZA	○	○
F130#2	报警信号（PMC轴控制）	EIALA	○	○
F130#3	辅助功能执行信号（PMC轴控制）	EDENA	○	○
F130#4	轴移动信号（PMC轴控制）	EGENA	○	○
F130#5	正向超程信号（PMC轴控制）	EOTPA	○	○
F130#6	负向超程信号（PMC轴控制）	EOTNA	○	○
F130#7	轴控制指令读取结束信号（PMC轴控制）	EBSYA	○	○
F131#0	辅助功能选通信号（PMC轴控制）	EMFA	○	○

（续）

地址	信号名称	符号	T系列	M系列
F131#1	缓冲器满信号（PMC 轴控制）	EABUFA	○	○
F131,F142	辅助功能代码信号（PMC 轴控制）	EM11A ~ EM48A	○	○
F133#0	到位信号（PMC 轴控制）	EINP8	○	○
F133#1	零跟随误差检测信号（PMC 轴控制）	BCKZB	○	○
F133#2	报警信号（PMC 轴控制）	EIALB	○	○
F133#3	辅助功能执行信号（PMC 轴控制）	EDENB	○	○
F133#4	轴移动信号（PMC 轴控制）	EGENB	○	○
F133#5	正向超程信号（PMC 轴控制）	EOTPB	○	○
F133#6	负向超程信号（PMC 轴控制）	EOTNB	○	○
F133#7	轴控制指令读取结束信号（PMC 轴控制）	EBSYB	○	○
F134#0	辅助功能选通信号（PMC 轴控制）	EMFB	○	○
F134#1	缓冲器满信号（PMC 轴控制）	EABUFB	○	○
F135,F145	辅助功能代码信号（PMC 轴控制）	EM11B ~ EM48B	○	○
F136#0	到位信号（PMC 轴控制）	EINPC	○	○
F136#1	零跟随误差检测信号（PMC 轴控制）	BCKZC	○	○
F136#2	报警信号（PMC 轴控制）	EIALC	○	○
F136#3	辅助功能执行信号（PMC 轴控制）	EDENC	○	○
F136#4	轴移动信号（PMC 轴控制）	EGENC	○	○
F136#5	正向超程信号（PMC 轴控制）	EOTPC	○	○
F136#6	负向超程信号（PMC 轴控制）	EOTNC	○	○
F136#7	轴控制指令读取结束信号（PMC 轴控制）	EBSYC	○	○
F137#0	辅助功能选通信号（PMC 轴控制）	EMFC	○	○
F137#1	缓冲器满信号（PMC 轴控制）	EABUFC	○	○
F138,F148	辅助功能代码信号（PMC 轴控制）	EM11C ~ EM48C	○	○
F139#0	到位信号（PMC 轴控制）	EINPD	○	○
F139#1	零跟随误差检测信号（PMC 轴控制）	BCKZD	○	○
F139#2	报警信号（PMC 轴控制）	EIALD	○	○
F139#3	辅助功能执行信号（PMC 轴控制）	EDEND	○	○
F139#4	轴移动信号（PMC 轴控制）	EGEND	○	○
F139#5	正向超程信号（PMC 轴控制）	EOTPD	○	○
F139#6	负向超程信号（PMC 轴控制）	EOTND	○	○
F139#7	轴控制指令读取结束信号（PMC 轴控制）	EBSYD	○	○
F140#0	辅助功能选通信号（PMC 轴控制）	EMFD	○	○
F140#1	缓冲器满信号（PMC 轴控制）	EABUFD	○	○
F141,F151	辅助功能代码信号（PMC 轴控制）	EM11D ~ EM48D	○	○
F172#6	绝对位置编码器电池电压零值报警信号	PBATZ	○	○

（续）

地址	信号名称	符号	T 系列	M 系列
F172#7	绝对位置编码器电池电压值低报警信号	PBATL	○	○
F177#0	从装置 I/O Link 选择信号	IOLNK	○	○
F177#1	从装置外部读取开始信号	ERDIO	○	○
F177#2	从装置读/写停止信号	ESTPIO	○	○
F177#3	从装置外部写开始信号	EWTIO	○	○
F177#4	从装置程序选择信号	EPRG	○	○
F177#5	从装置宏变量选择信号	EVAR	○	○
F177#6	从装置参数选择信号	EPARM	○	○
F177#7	从装置诊断选择信号	EDGN	○	○
F178#0 ~ #3	组号输出信号	SRLN00 ~ SRLN03	○	○
F180	冲撞式参考位置设定的转矩极限到达信号	CLRCH1 ~ CLRCH4	○	○
F182	控制信号（PMC 轴控制）	EACNT1 ~ EACNT4	○	○
F274#4	Cs 轴坐标系建立报警信号	CSF01	○	○
F298#0 ~ #3	报警预测信号	TDFSV1 ~ TDFSV4	○	○
F349#0 ~ #3	伺服转速低报警信号	TSA1 ~ TSA4	○	○

注："○"表示可以用；"—"表示不可用。

参 考 文 献

[1]　刘江. FANUC 数控系统 PMC 编程［M］. 北京：高等教育出版社，2011.

[2]　黄文广. FANUC 系统连接与调试［M］. 北京：高等教育出版社，2011.

[3]　杜俊文. 现代机床系统的监控与故障诊断［M］. 北京：机械工业出版社，2011.

[4]　吴国经. 数控机床故障诊断与维修［M］. 北京：电子工业出版社，2005.

[5]　冯志坚. 电气控制线路安装与检修［M］. 北京：中国劳动社会保障出版社，2010.

[6]　许宝发. 电气设备故障快速诊断与维修手册［M］. 上海：上海科学技术出版社，2005.

[7]　王兵. 常用机床电气检修［M］. 北京：中国劳动社会保障出版社，2006.

[8]　邱言龙. 机床维修技术问答［M］. 北京：机械工业出版社，2001.

[9]　晏初宏. 机械设备修理工艺学［M］. 北京：机械工业出版社，2011.

[10]　郁君平. 设备管理［M］. 北京：机械工业出版社，2011.

[11]　张翠凤. 机电设备诊断与维修技术［M］. 北京：机械工业出版社，2006.

[12]　张冬梅. 机械制造工艺学［M］. 北京：北京邮电大学出版社，2011.

[13]　王凤平，许毅. 金属切削机床与数控机床［M］. 北京：清华大学出版社，2009.